21 世纪全国本科院校土木建筑类创新型应用人才培养规划教材

土力学教程(第 2 版)

主　　编　　孟祥波　　徐新生

副主编　　倪宏革　　范庆来

参　　编　　袁立群　　阎凤翔

北京大学出版社

PEKING UNIVERSITY PRESS

内 容 简 介

本书着重论述土力学的基本概念、基本原理和基本方法，力求突出学生实践技能的培养，注重学生综合素质的提高。本书共分 9 章，主要内容包括：土的物理性质和工程分类、土中水的运动规律、土中应力计算、土的压缩性和沉降计算、土的强度、土压力计算、土坡稳定分析、土的地基承载力和土的动力特征。

本书可作为高等院校土木工程专业的教材，也可作为土木工程设计、施工和科研人员的参考用书。

图书在版编目(CIP)数据

土力学教程/孟祥波，徐新生主编. —2 版 .—北京：北京大学出版社，2014.12

(21 世纪全国本科院校土木建筑类创新型应用人才培养规划教材)

ISBN 978-7-301-24661-0

Ⅰ.①土… Ⅱ.①孟…②徐… Ⅲ.①土力学—高等学校—教材 Ⅳ.①TU43

中国版本图书馆 CIP 数据核字(2014)第 272100 号

书　　　名：土力学教程(第 2 版)
著作责任者：孟祥波　徐新生　主编
策 划 编 辑：卢 东　吴 迪
责 任 编 辑：伍大维
标 准 书 号：ISBN 978-7-301-24661-0/TU·0439
出 版 发 行：北京大学出版社
地　　　址：北京市海淀区成府路 205 号　100871
网　　　址：http://www.pup.cn　新浪官方微博:@北京大学出版社
电 子 信 箱：pup_6@163.com
电　　　话：邮购部 62752015　发行部 62750672　编辑部 62750667　出版部 62754962
印 刷 者：北京鑫海金澳胶印有限公司
经 销 者：新华书店
　　　　　787 毫米×1092 毫米　16 开本　15.75 印张　360 千字
　　　　　2011 年 8 月第 1 版
　　　　　2014 年 12 月第 2 版　2015 年 11 月第 2 次印刷
定　　　价：34.00 元

第 2 版前言

土力学是研究土的力学、工程性质和土体及其相关结构受力变形的一门科学，是土木工程专业的一门重要技术基础课。通过该课程的学习，学生能够掌握土力学的基本原理、计算分析方法和基本试验技能，初步具备分析和解决相关工程问题的能力。同时，为进一步学习基础工程、地基处理、路基工程、深基坑工程和地下工程等有关专业课打好基础。

近年来，为适应新形势的要求，土力学课程在教学理念、教学方法和教学手段等方面进行了一系列的改革和建设，并取得了良好的效果，但教材的改进和更新仍不能满足发展的需求。本书力求体现内容的先进性、实用性和科学性，具体体现在以下几方面。

（1）以读者为本，以本科教学为主，强调土的强度、变形和渗透特性与工程问题的对应关系，使本书的理论体现出实用价值。

（2）考虑到土木工程专业涉及领域广，本书编写内容比较全面，介绍了多种规范标准，各院校可以根据自己的教学学时和专业特点精选内容，以满足课程教学的基本要求。

（3）每章都编有"教学目标与要求""导入案例""背景知识""本章小结""思考题与习题"等模块，并配有电子课件，便于教师教学和学生学习。

（4）各章均采用最新国家标准和国际通用符号。

本书由鲁东大学土木工程学院孟祥波副教授和济南大学徐新生教授担任主编，由鲁东大学土木工程学院倪宏革教授和范庆来教授担任副主编，山西大学工程学院阎凤翔讲师和聊城大学土木工程学院袁立群讲师参与编写。本书编写的具体分工为：孟祥波编写绪论、第 1 章、第 5 章和第 6 章，徐新生编写第 4 章，倪宏革编写第 9 章，范庆来编写第 2 章和第 8 章，阎凤翔编写第 7 章，袁立群编写第 3 章。

由于编者水平有限，书中不足和疏漏之处在所难免，敬请广大读者批评指正。

编　者

2014 年 7 月

目　录

绪　论

一、土力学研究内容与本书内容安排

　　土力学是以土为研究对象，首先从土的成因出发，研究土的三相成分组成（矿物颗粒、水和空气），提出土的物理性质和物理状态的指标，并对土进行命名和分类。然后依据力学的一般原理，研究土中应力的计算；分析土的工程特性，如渗透特性、变形特性和强度特性；解决工程中的实际问题，如土中水的渗流速度、渗流量和渗透力计算，地基沉降和固结度计算，土压力计算，土坡稳定分析和地基承载力计算等。

二、土力学学科简介

　　土力学是岩土工程的理论基础之一。岩土工程是以土力学、岩石力学和工程地质学为理论基础的土木工程中与岩土体直接相关的工程。

　　岩土工程隶属于土木工程学科，是由地基与基础工程、边坡工程、基坑工程、路基工程、地下洞室工程、岩土爆破工程、灌浆工程和地质灾害防治工程等分支构成的，其涉及的领域有能源、交通、城市建设、矿山、江河海洋和环境工程等。

　　土力学的研究始于 18 世纪工业革命时期的欧洲。1776 年，法国科学家库仑（Coulomb）发表了砂土的抗剪强度公式和建立在滑动土楔和极限平衡条件分析基础上的土压力理论。1856 年，法国学者达西（Darcy）根据水在砂土中的渗透试验，得出水的渗流速度规律，即达西定律。1857 年，英国科学家朗金（Rankine）又从另一途径建立了土压力理论，并对后来土体强度理论的建立起了推动作用。1885 年，法国物理学家和数学家布辛奈斯克（Boussinesq）提出了半无限弹性体在竖直集中力作用下的应力与变形的理论解答。1922 年，瑞典工程师费伦纽斯（Fellenius）为解决铁路塌方提出了土坡稳定分析方法。在这一阶段中，人们在经验积累的基础上，从不同角度进行了有效益的探索，在理论上有了一些突破，至今这些理论与方法仍在广泛使用着，但当时尚未形成独立的理论科学。

　　1925 年，美国的太沙基（Terzaghi）出版了专著《土力学》一书，首次系统地论述了土力学的若干重要课题，提出了著名的有效应力原理及渗透固结理论，该书的出版标志着土力学这一学科的诞生。随后世界许多学者，如泰勒（Taylor）、斯开普敦（Skempton）、贝伦（Bjer-rum）、毕肖普（Bishop）等，对土的抗剪强度、变形、渗透性、应力-应变关系和破坏机理进行了大量的研究工作，并逐渐将土力学的基本理论用于解决各种不同条件下的工程问题。1936 年土力学和基础工程学会成立，并举行了第一届国际土力学及基础工程会议；至 2005 年已召开过 16 届国际会议。许多国家和地区也召开了专业会议，交流和总结本学科的新成果，这对本学科的发展起到了积极的推动作用。

　　20 世纪 60 年代，由于电子计算机的应用、计算方法的改进以及现代化测试手段的引入，土力学进入了一个全新的发展时期。在基础理论方面，提出了各种应力-应变模型以及各种黏弹性理论模型等，使土的本构关系逐渐符合实际，并将土的变形和强度问题统一起来考虑；在计算方法方面，广泛采用计算机，用数值计算方法，如有限元法、差分法等解决以往无法解决的复杂边界、初始条件以及不均匀土层问题；在试验技术和设备方面，采用动静三轴仪、触探仪、旁压仪、离心模型机等，广泛使用计算机程序自动采集和加工试验数据。

从1958年开始至今，我国已先后召开了11届土力学及岩土工程学术会议，并且建立了许多地基基础研究机构、施工队伍和土工实验室，培养了大量的地基基础专业人才。我国数十年来在土力学基础理论方面，如土的本构模型、非饱和土的强度理论研究等；在土力学先进仪器制造方面，如生产制造较复杂的静力三轴压力仪和动力三轴压力仪，各种原位测试仪等；在新材料和新工艺运用方面，如土工合成材料及粉煤灰在路基中的运用等；在地基基础加固方面，如深层搅拌桩、钻孔桩桩端压浆加固等，都取得了丰硕成果，有的已达到国际先进水平。

在土力学学科发展趋势中，以下几个方向是值得注意的。

（1）室内和原位测试技术和仪器设备的研究，大力引进和发展现代测试技术，使试验结果更符合现场的实际情况。

（2）土的本构关系（土的应力、应变、强度和时间的关系）的研究，将应力与应变问题统一起来考虑，研究应力-应变关系的非线性问题。

（3）计算技术的研究，利用统计数学方法处理试验数据，探求统计规律。

（4）模型试验和现场观测，其结果是验证理论计算和实际工程设计正确性的有力手段。

（5）加强土力学的基础性研究，宏观和微观研究相结合。注意工程地质学与力学的结合，运用数学、力学、物理、化学等学科的最新理论成果来研究土的力学特性的本质。

三、土力学学习要求

通过本课程的学习，学生应牢固掌握土力学的基本原理、计算分析方法和基本实验技能，初步具备分析和解决有关工程问题的能力。同时，为进一步学习基础工程、地基处理、路基工程、深基坑工程和地下工程等有关专业课打好基础。

在学习土力学时，应注意以下特点。

（1）土与金属、混凝土等人工材料不同，它是一种天然介质，其种类繁多，性质复杂，因此有较多的概念、指标和参数等，学习时应注意理解和掌握内容间的区别与联系。

（2）土力学与材料力学及结构力学中以杆、梁等基本构件及其组成的结构为主要研究对象不同，土力学中常将土体作为半无限体计算，这需要应用弹性力学的方法来求解。此外，为研究土体的破坏，还要涉及塑性力学的知识。

（3）土的性质非常复杂。因此在土力学的研究中，除采用理论分析方法外，试验和工程经验也是很重要的手段。这是土力学与理论力学、材料力学、结构力学等的不同之处，读者学习时应特别注意这一特点，在学好理论知识的同时，有意识地培养自己的试验动手能力，重视工程知识的积累。

第**1**章
土的物理性质和工程分类

教学目标与要求

● 概念及基本原理

【掌握】土的粒度、粒组、粒度成分的概念及粒度成分的分析与表示方法；土的物理性质指标和物理状态指标的定义；土的工程分类原则

【理解】土的形成原因和土的塑性图

● 计算理论及计算方法

【掌握】用三相草图法换算土的物理性质指标

● 试验

【掌握】三大指标测定试验和液塑限测定试验

【理解】细粒土分析试验

导入案例

沉井基础是大型桥梁工程常用的一种形式，但在施工中经常会遇到下沉困难的问题。九江长江大桥始建于 1973 年 12 月，1992 年公路桥正式建成通车，1995 年大桥铁路桥贯通（图 1.0）。此桥水中墩沉井基础施工中首次采用泥浆润滑套法施工技术，下沉沉井深度达 50m，为国内桥梁之最。

随着沉井下沉深度的增加，井壁与土的摩阻力越来越大，造成沉井下沉困难。如图 1.1 所示，所谓泥浆润滑套法施工技术，就是在井壁与周围土之间压入泥浆，以减少

图 1.0　九江长江大桥

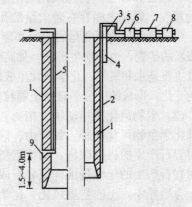

图 1.1　泥浆润滑套法施工技术
1—沉井壁；2—泥浆套；3—地表围圈；
4—储浆池；5—泥浆管；6—压浆机；
7—泥浆池；8—拌和机；9—防护围圈

3

下沉过程中的摩阻力。压入的泥浆为什么使得阻力减少，需要配置何种泥浆，这些问题通过我们学习掌握本章土的物理性质后便能得以解决。

1.1 土 的 形 成

1.1.1 土的成因

土是岩石在长期风化作用下产生的大小不同的颗粒，经过各种地质作用形成的沉积物，是各种矿物的松散集合体。

地壳的外表是由岩石和土形成的。在漫长的地质历史中，地壳的构造、形态和成分在不断地发生变化，导致这种变化的原因是各种地质作用。按能量的来源不同，地质作用可以分为内力地质作用和外力地质作用。前者是由于地球自转动能和放射性元素蜕变产生的热能引起地壳升降、海陆变迁和岩石断裂等，使得地壳内部构造、外表形态和物质成分发生变化，如断层、地震和火山；后者是由于太阳辐射能和地球重力位能引起的，如风、霜、雨、雪、河流、冰川、温度变化和生物等对岩石产生的剥蚀、搬运和沉积作用。

风化作用是由于温度变化，大气、水和生物活动等自然条件使岩石产生破坏的地质作用，一般分为物理风化、化学风化和生物风化三种类型。

（1）物理风化是指在地表或接近地表条件下，岩石在原地发生机械破碎而不改变其化学成分的过程。引起岩石发生物理风化作用的因素主要是岩石释重和温度的变化。此外，岩石裂隙中水的冻结与融化、盐类的结晶与潮解等，也能促使岩石发生物理风化。岩石在这些因素的作用下逐渐变成岩石碎块和细小的颗粒，其大小差别很大，但它们的矿物成分仍与母岩相同，称为原生矿物，如石英、长石和云母。由物理风化生成的土为粗粒土，如碎石、砾石和砂土。物理风化后的土只是颗粒大小上的变化，使原来的大块岩体变成了碎散的颗粒，颗粒之间存在着大量的孔隙，可以透水和透气，土具有碎散性和多相性。

（2）化学风化是指母岩表面和碎散的颗粒受环境因素的作用而改变其矿物的化学成分，形成新的矿物，也称次生矿物，如高岭石、伊利石和蒙脱石。引起岩石发生化学风化作用的因素主要是水和氧气。化学风化生成的土为细粒土，如黏土、粉质黏土和粉土。化学风化是质的变化，形成的十分细微的土颗粒，其比表面积很大，具有吸附水分子的能力。

（3）生物风化是指动物、植物和人类活动对岩石产生的破坏作用，可分为物理生物风化和化学生物风化两种。如开山、修隧道等人类活动对岩石产生的机械破坏；植物根部生长对岩石产生的机械破坏；动植物新陈代谢的分泌排泄物、死亡遗体的腐烂产物和微生物等对岩石产生的化学侵蚀，使岩石成分发生变化，生物风化生成有机土。

自然界中，土的物理风化、化学风化和生物风化并不是孤立进行的，而常常是同时存在、相互影响的，并彼此创造条件。由于形成过程的自然条件不同，自然界的土也就多种多样。同一场地，不同深度处土的性质也不一样，甚至同一位置的土，其性质还往往因方向而异。例如，沉积土往往竖直方向的透水性小，水平方向的透水性大。因此，土是自然界漫长的地质年代内所形成的性质复杂、不均匀、各向异性且随时间在不断变化的材料，土具有自然变异性。

岩石和土的性质与其生成的地质年代有关，一般生成年代越久，则上覆土层越厚，土被压得越密实，土粒间联结越强，土的强度越高，土的压缩性越小，土质好。反之，新近堆积的土，土层薄，土质松软，土的强度低，土的压缩性大，土质差。

现今常见的土绝大多数生成的地质年代为第四纪(符号为 Q)，其距今年代见表 1-1。通常把 Q_3 及其以前时期堆积的土层称为老堆积土；把 Q_4 时期内文化期(有人类文化的时期)以前堆积的土层称为一般堆积土；把文化期以后堆积的土层称为新近堆积土。

表 1-1 第四纪地质年代

纪(系)	世(统)		距今年代/万年
第四纪(系)Q	全新世(统)Q_h 或 Q_4		2.5
	更新世(统)Q_P	晚更新世(上更新统)Q_3	15
		中更新世(中更新统)Q_2	50
		早更新世(中更新统)Q_1	100

1.1.2 搬运与沉积

土的性质与土的形成条件和过程密切相关。母岩表层经风化作用破碎成岩屑或细小颗粒后，未经搬运残留在原地的堆积物称为残积土，此类土颗粒表面粗糙，多棱角，粗细不均，无层理，土质较好。风化所形成的土颗粒，受自然力的作用搬运到远近不同的地点所沉积的堆积物称为运积土，这类土由于搬运原因不同，土质差别较大。其主要类型、搬运方式和沉积物主要性质见表 1-2。

表 1-2 土的沉积类型、搬运方式和主要性质

类 型	搬运方式	沉积物主要特征和性质
残积土	未搬运残留在原地	颗粒表面粗糙，多棱角，粗细不均，无层理，土质较好
坡积土	重力	土粒粗细不同，性质不均匀，厚度变化较大
洪积土	洪水	有分选性，近粗远细，不规律层理结构
冲积土	江河水流	浑圆度分选性明显，土层交叠，层理清楚，厚度较稳定
淤积土	静水或缓慢流水	多为含有机物淤泥，颗粒细，表层松软，强度低，压缩性高，土性差
冰积土	冰川	土粒粗细变化较大，性质不均匀，分选性差
风积土	风	颗粒小而均匀，层厚而不具层理，结构松散，孔隙大

1.2 土的三相组成

土的三相组成指的是土由固相的固体土颗粒、液相的水和气相的空气三部分组成。土中的固体矿物构成土的骨架，骨架之间贯穿着大量孔隙，孔隙中充填着水和空气。

　　随着环境的变化，土的三相比例也发生相应的变化，土体三相比例不同，土的状态和工程性质也随之各异。

　　固体＋气体（液体＝0）为干土。此时，黏土呈干硬状态，砂土呈松散状态。

　　固体＋液体＋气体为湿土。此时，黏土多为可塑状态。

　　固体＋液体（气体＝0）为饱和土。饱和的粉砂或粉土遇到强烈地震，可能产生液化，而使工程遭受破坏；饱和土地基受到建筑荷载作用发生沉降，而沉降得到稳定则需要很长时间，有时需要几十年，甚至上百年。

　　由此可见，研究土的各项工程性质，首先需从土的三相（固相、液相和气相）组成开始。

1.2.1　土中颗粒

　　土中颗粒是土的三相组成中的主体，其颗粒粒度成分、颗粒成分和颗粒形状决定着土的工程性质。

　　1. 颗粒粒度成分

　　1）颗粒的粒组划分

　　自然界中的土是由大小不同的颗粒组成的，土粒的大小称为粒径或粒度。土颗粒大小相差悬殊，有大于几十厘米的漂石，也有小于几微米的胶粒。天然土的粒径一般是连续变化的，为便于研究，工程上把大小相近的土粒合并为组，称为粒组。粒组间的分界线是人为划定的，划分时应使粒组界限与粒组性质的变化相适应，并按一定的比例递减关系划分粒组的界限值。每个粒组的区间内，常以其粒径的上、下限给粒组命名，如砾粒、砂粒、粉粒、黏粒等。各组内还可细分为若干亚组。我国《土的工程分类标准》（GB/T 50145—2007）和《公路土工试验规程》（JTG E40—2007）中的粒组划分标准见表1-3，从表中可以看出两本规范基本相同，只有黏粒与粉粒粒径界限略有不同。

表1-3　我国部分规范粒组划分表

粒组名称	《土的工程分类标准》（GB/T 50145—2007）			《公路土工试验规程》（JTG E40—2007）		
	颗粒名称		粒径范围/mm	颗粒名称		粒径范围/mm
巨粒	漂石（块石）		>200	漂石（块石）		>200
	卵石（碎石）		60～200	卵石（小块石）		60～200
粗粒	砾粒	粗砾	20～60	砾（角砾）	粗砾	20～60
		中砾	5～20		中砾	5～20
		细砾	2～5		细砾	2～5
	砂砾	粗砾	0.5～2	砂砾	粗砾	0.5～2
		中砾	0.25～0.5		中砾	0.25～0.5
		细砾	0.075～0.25		细砾	0.075～0.25

（续）

粒组名称	《土的工程分类标准》 （GB/T 50145—2007）		《公路土工试验规程》 （JTG E40—2007）	
	颗粒名称	粒径范围/mm	颗粒名称	粒径范围/mm
细粒	粉粒	0.005～0.075	粉粒	0.002～0.075
	黏粒	<0.005	黏粒	<0.002

关于划分粒组的名称，已被我国目前工程地质学界广泛采用。至于粒组划分的粒径界限值，至今尚无完全统一的标准，各个国家，甚至一个国家各个部门也有不同的规定，但总的来看，仍可认为是大同小异。现将我国关于主要粒组划分的界限值与英、美、日等国的分类标准列出对照表供参考（表1-4）。

表1-4 我国和英、美、日等国关于主要粒组界限划分对照表

各国分类标准 \ 粒组界限名称		卵石与砾石 界限/mm	砾石与砂粒 界限/mm	砂粒与粉粒 界限/mm	粉粒与黏粒 界限/mm
中国	《土的工程分类标准》 （GB/T 50145—2007）	60	2	0.075	0.005
美国	ASTM(1975)	65	2	0.074	0.005
日本	统一土质分类法(1972)	75	2	0.074	0.005
英国	分类法(B—177—61)	65	2	0.06	0.002
瑞士	SNN—670005—59(1959)	60	2	0.06	0.002

2）颗粒粒度成分的分析方法

土的粒度成分是指土中各个不同粒组的相对含量（以干土质量的百分比表示）。或者说土是由不同的粒组以不同数量的配合，故又称为土的"颗粒级配"。例如，某砂黏土经分析后知道，其中含黏粒25%、粉粒35%、砂粒40%，即为该土中各粒组干重占该土总干重的百分比含量。粒度成分可用来描述土的各种不同粒径土粒的分布特征。

为了准确地测定土的粒度成分所采用的各种手段，统称为粒度成分分析或颗粒分析方法，其目的在于确定土中各粒组颗粒的相对含量。

目前，我国常用的粒度成分分析方法有：对于粗粒土，即粒径大于0.075mm的土，用筛分法直接测定；对于粒径小于0.075mm的土，用沉降分析法测定。当土中粗细粒兼有时，可联合使用上述两种方法。

（1）筛分法。将所称取的一定质量风干土样放在筛网孔逐级减小的一套标准筛上摇震，然后分层测定各筛中土粒的质量，即为不同粒径粒组的土质量，并计算出每一粒组占土样总质量的百分数，还可计算出小于某一筛孔直径土粒的累计质量及累计百分含量。

（2）沉降分析法。沉降分析法就是根据土粒在液体中沉降的速度与粒径的平方成正比的司笃克斯(Stokes)公式来确定土的粒度成分。

土粒越大，在静水中沉降速度越快；反之，土粒越小，沉降速度越慢。设有一个圆球形颗粒在无限大的不可压缩的黏滞性液体中，它在重力作用下产生的稳定沉降速度可以用司笃克斯公式［式(1-1)］计算。

$$v = \frac{\gamma_s - \gamma_w}{18\eta} d^2 \tag{1-1}$$

或者写成为

$$d = \sqrt{\frac{18\eta}{\gamma_s - \gamma_w}} \sqrt{v} \tag{1-2}$$

式中　v——球形颗粒在液体中的稳定沉降速度(m/s)；

　　　d——球形颗粒的直径(m)；

γ_s、γ_w——分别为土粒及液体的容重(N/m³)；

　　　η——液体的黏滞度(Pa·s)。

若近似地取 $\gamma_w = 9.81 \times 10^3 \text{N/m}^3$(水溶液)，$\eta = 0.00114 \text{Pa·s}$(15℃时水溶液的黏滞度)，$\gamma_s = 26 \times 10^3 \text{N/m}^3$，则代入式(1-2)得(土粒直径 d 以 mm 计)

$$d \approx 1.126\sqrt{v} \tag{1-3}$$

式(1-3)表明：粒径与沉降速度的平方根成正比。应当指出，实际土粒并不是刚性的圆球形颗粒，因此，用司笃克斯公式求得的颗粒直径并不是实际土粒的尺寸，而是与实际土粒有相同沉降速度的理想球体的直径，称为水力直径。

在进行粒度成分分析时，取一定质量的干土 m_s(g)制成一定体积的悬液，搅拌均匀后，在刚停止搅拌的瞬间，各种粒径的土粒在悬液中是均匀分布的，即各种粒径的土粒在悬液中的浓度(单位体积悬液内含有的土粒质量)在不同深度处都相等。静置一段时间 t_i(s)后，悬液中粒径为 d_i 的颗粒以相应的沉降速度 v_i 在水中下沉。较粗的颗粒在悬液中沉降较快，较细的颗粒则沉降较慢。

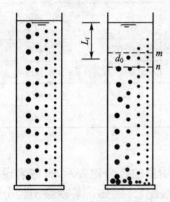

图 1.2　土粒沉降示意图

如图 1.2 所示，在深度 L_i(m)处，沉降速度为 $v_i = L_i/t_i$ 的颗粒，其直径相当于 $d_i = 1.126\sqrt{\dfrac{L_i}{t_i}}$。所有大于 d_i 的土粒，其沉降速度必然大于 v_i，因此，在 L_i 深度范围内，肯定已没有粒径 $> d_i$ 的土粒。如在 L_i 深度处考虑一个小区段 m—n，则 m—n 段内的悬液中只有粒径 $\leqslant d_i$ 的土粒，而且粒径 $\leqslant d_i$ 的颗粒的浓度与开始均匀悬液中粒径 $\leqslant d_i$ 的颗粒的浓度相等。

如果悬液体积为 1000cm³，其中所含粒径 $\leqslant d_i$ 的土粒质量为 m_{si}(g)，则在 m—n 段内的悬液的密度为

$$\rho_i = \frac{1}{1000}\Big[m_{si} + \Big(1000 - \frac{m_{si}}{\rho_s}\Big)\rho_w\Big] \tag{1-4}$$

式中　ρ_i——悬液密度(g/cm³)；

　　m_{si}——悬液中粒径 $\leqslant d_i$ 的土粒质量(g)；

　　ρ_s——土粒密度(g/cm³)；

　　ρ_w——水的密度(g/cm³)。

根据式(1-4)可推出

$$m_{si} = 1000 \frac{\rho_i - \rho_w}{\rho_s - \rho_w}\rho_s \tag{1-5}$$

悬液中粒径 $\leqslant d_i$ 的土粒质量 m_{si} 占土粒总质量分数 P_i 为

$$P_i = \frac{m_{si}}{m_s} \times 100\% \qquad (1-6)$$

式(1-5)中的悬液密度 ρ_i 可用比重计测读，也可用吸管吸取 m—n 段内的悬液试样测定。比重计法的优点是操作简便，不需多次烘干称重；而移液管法则比较麻烦，但对于细砂及黏土来说，它是相对可靠的方法。

3）颗粒粒度成分的表示方法

常用的粒度成分的表示方法有：表格法、粒径级配累计曲线法和三角坐标法。

（1）表格法。

表格法是以列表形式直接表达各粒组的相对含量。它用于粒度成分的分类是十分方便的。表格法有两种不同的表示方法，一种是以累计含量百分比表示的（表1-5）；另一种是以粒组表示的（表1-6）；累计百分含量是直接由试验求得的结果，粒组是由相邻两个粒径土的累计百分含量之差求得的。

表 1-5 粒度成分的累计百分含量表示法

粒径 d_i/mm	粒径小于等于 d_i 的累计百分含量 P_i/(%)			粒径 d_i/mm	粒径小于等于 d_i 的累计百分含量 P_i/(%)		
	土样 a	土样 b	土样 c		土样 a	土样 b	土样 c
10	—	100.0	—	0.10	9.0	23.6	92.0
5	100.0	75.0	—	0.075	—	19.0	77.6
2	98.9	55.0	—	0.01	—	10.9	40.0
1	92.9	42.7	—	0.005	—	6.7	28.9
0.5	76.5	34.7	—	0.001	—	1.5	10.0
0.25	35.0	28.5	100.0				

表 1-6 土的粒度成分分析结果

粒组/mm	粒度成分（以质量百分比计）			粒组/mm	粒度成分（以质量百分比计）		
	土样 a	土样 b	土样 c		土样 a	土样 b	土样 c
5~10	—	25.0	—	0.10~0.075	9.0	4.6	14.4
2~5	1.1	20.0	—	0.075~0.01	—	8.1	37.6
1~2	6.0	12.3	—	0.01~0.005	—	4.2	11.1
0.5~1	16.4	8.0	—	0.005~0.001	—	5.2	18.9
0.25~0.5	41.5	6.2	—	<0.001	—	1.5	10.0
0.10~0.25	26.0	4.9	8.0				

（2）粒径级配累计曲线法。

粒径级配累计曲线法是一种图示的方法。通常用半对数坐标纸绘制。横坐标（按对数比例尺）表示粒径 d_i；纵坐标表示小于某一粒径的土粒的累计百分数 P_i（注意：不是某一粒径的百分含量）。

图 1.3 是根据表 1-6 提供的资料，在半对数坐标纸上点出各粒组累计百分数及粒径对应的点，然后将各点连成一条平滑曲线，即得该土样的累计曲线。

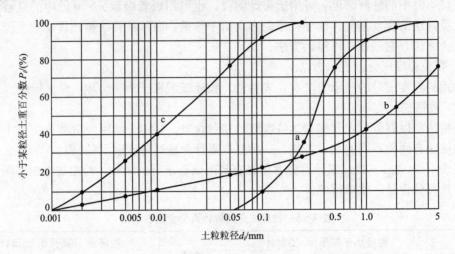

图 1.3 粒径级配累计曲线

粒径级配累计曲线的斜率大小可以反映出土中某粒径范围内颗粒的含量，曲线陡说明相应粒组质量集中，曲线缓说明相应粒组含量少，曲线是一个平台说明相应粒组缺乏。

在工程中，对于粗粒土常采用不均匀系数 C_u 和曲率系数 C_c 来评价土的颗粒级配情况，其定义为

$$C_u = \frac{d_{60}}{d_{10}} \tag{1-7}$$

$$C_c = \frac{d_{30}^2}{d_{10} \cdot d_{60}} \tag{1-8}$$

式中　d_{10}、d_{30}、d_{60}——分别相当于累计百分含量为 10%、30% 和 60% 的粒径；d_{10} 称为有效粒径；d_{60} 称为限制粒径。

不均匀系数 C_u 通常用于判定土的不均匀程度：$C_u \geqslant 5$ 为不均匀土；$C_u < 5$ 为均匀土。而曲率系数 C_c 用于判定土的连续程度：$C_c = 1 \sim 3$ 为级配连续土；$C_c > 3$ 或 $C_c < 1$ 为级配不连续土。在工程上，可以利用不均匀系数 C_u 和曲率系数 C_c 来判定土的级配优劣：如果 $C_u \geqslant 5$ 且 $C_c = 1 \sim 3$，为级配良好的土；如果 $C_u < 5$ 或 $C_c > 3$ 或 $C_c < 1$，为级配不良的土。

例如，图 1.3 中曲线 a，$d_{10} = 0.11\text{mm}$，$d_{30} = 0.22\text{mm}$，$d_{60} = 0.39\text{mm}$，则 $C_u = 3.9$，$C_c = 1.24$，则土样 a 为级配不良的土。

（3）三角坐标法。

三角坐标法也是一种图示法，可用来表达黏粒、粉粒和砂粒三种粒组的百分含量。它是利用几何上等边三角形中任意一点到三边的垂直距离之和恒等于三角形的高的原理，即 $h_1 + h_2 + h_3 = H$ 来表达粒度成分，如图 1.4(a)所示。取三角形的高 $H = 100\%$，h_1 为黏土颗粒的含量，h_2 为砂土颗粒的含量，h_3 为粉土颗粒的含量，则图 1.4(b)中 m 点即表示土样的粒度成分中黏粒、粉粒及砂粒的百分含量分别为 23%、47% 和 30%。

上述三种方法各有其特点和适用条件：①表格法能很清楚地用数量说明土样的各粒组

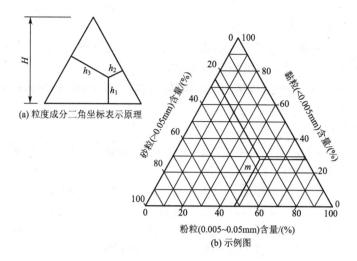

(a) 粒度成分三角坐标表示原理

(b) 示例图

图1.4 三角坐标表示粒度成分

含量，但对于大量土样之间的比较就显得过于冗长，且无直观概念，使用比较困难；②粒径级配累计曲线法能用一条曲线表示一种土的粒度成分，而且可以在一张图上同时表示多种土的粒度成分，能直观地比较其级配状况；③三角坐标法能用一点表示一种土的粒度成分，在一张图上能同时表示许多种土的粒度成分，便于进行土料的级配设计。

2. 颗粒成分

1) 颗粒的成分类型

土颗粒包括矿物颗粒和有机质，是构成土骨架最基本的物质。随着土中矿物成分和有机质含量的不同，土的物理力学性质也不同。组成土的矿物分为原生矿物和次生矿物两大类。

（1）原生矿物。它是直接由岩石经物理风化作用而来的、性质未发生改变的矿物，最主要的是石英，其次是长石、云母等。这类矿物的化学性质稳定，具有较强的抗水性和抗风化能力，亲水性弱。由这类矿物组成的土粒一般较粗大，是砂类土和粗碎屑土（砾石类土）的主要组成矿物。

（2）次生矿物。它主要是在通常温度和压力条件下，矿物经受风化变异，或被分解而形成的新矿物。这类矿物比较复杂，对土的物理力学性质的影响比较大。在对土进行研究时，应着重于这类矿物的研究，虽然其含量有时并不很大。次生矿物又可分为可溶性次生矿物和不溶性次生矿物：

①可溶性次生矿物是由原生矿物遭受化学风化，可溶性物质被水溶走，在别的地方又重新沉淀而成的。根据其溶解的难易程度又可分为易溶的、中溶的和难溶的三类。易溶次生矿物如岩盐；中溶次生矿物如石膏；难溶次生矿物如方解石、白云石。

②不溶性次生矿物主要是风化残余物及新生成的黏土矿物。一般颗粒非常细小，是黏性土的主要组成部分，主要有高岭石、伊利石和蒙脱石等。

（3）有机质。土中常含有生物风化形成的腐殖质、泥炭和生物残骸，统称为有机质。其颗粒很细小，具有很大的比表面积，对土的工程地质性质影响也很大。

2) 矿物成分和粒度成分的关系

土是地质作用的产物，在其形成的长期过程中，一定的地质作用过程和生成条件生成一定类型的土，使它具有某种粒度成分的同时，也必然具有某种矿物成分。这就使土的矿物成分和粒度成分之间存在着极其密切的内在联系。

(1) 粒径＞2mm的砾粒组。其包括砾石、卵石等岩石碎屑，它们仍保持为原有矿物的集合体，是多矿物的，有时也有可能是单矿物的。

(2) 粒径为0.075～2mm的砂粒组。其颗粒与岩石中原生矿物的颗粒大小差不多。砂粒多是单矿物，以石英最为常见，有时为长石、云母及其他深色矿物。在某些情况下，还有白云石组成的砂粒，如白云石砂。

(3) 粒径为0.002～0.075mm的粉粒组。其由一些细小的原生矿物和次生矿物，如粉粒状的石英和难溶的方解石、白云石构成。

(4) 粒径＜0.002mm的黏粒组。其主要是一些不溶性次生矿物，如黏土矿物类、倍半氧化物、难溶盐矿、次生二氧化硅及有机质等构成。

石英抗风化能力很强，尽管在风化、搬运过程中不断破碎变小，但很少发生化学分解。在砂粒、粉粒组中石英是最常见的矿物，并可形成黏粒。白云母也是比较稳定的矿物，在砂粒、粉粒组中常见，甚至在黏粒组中也可见。

长石具有解理易破碎、化学稳定性较差等特性，很易发生变异变为别的矿物。因而只能形成砂粒，有时可形成粉粒，不可能形成黏粒。黑云母也是如此，其他暗色矿物在粉粒中也很少见。在黄土中，粉粒有时为方解石和白云石。

黏粒主要由不可溶的次生矿物组成。这类矿物一般都很细小，成为黏粒。不可溶的次生矿物最常见的有三大类，即次生二氧化硅、倍半氧化物和黏土矿物。

次生二氧化硅是由铝硅酸盐原生矿物分解而成的细小二氧化硅颗粒。因其很细小，所以在水中呈胶体状态。

倍半氧化物是由三价的Fe、Al和O、OH、H_2O等组成的各种矿物的统称。可用R_2O_3表示，R代表三价的Fe或Al，而OH、H_2O等被简化省略了。R_2O_3可看作$RO_{1.5}$，即O为R的一倍半，因此，R_2O_3矿物称为倍半氧化物。三价的Fe往往与Al共生，而三价的Fe使土呈红、棕、黄、褐等色，一般土正是具有这些颜色，可知R_2O_3很常见于土中，多呈细黏粒。

黏土矿物是黏粒中最常见的矿物，这种矿物种类很多，主要有高岭石、伊利石和蒙脱石等，统称为黏土矿物。黏土矿物都是极细小的铝硅酸盐，它们含有SiO_2和R_2O_3等化学成分。这类矿物对黏性土的塑性、压缩性、胀缩性及强度等工程性质影响很大，黏性土的工程性质主要受粒间的各种相互作用力所制约，而粒间的各种相互作用力又与矿物颗粒本身的结晶格架特征有关，也与组成矿物的原子和分子的排列及原子、分子间的键力有关。下面对黏土矿物的性质进行简单介绍。

① 黏土矿物的晶体结构和分类。

黏土矿物是一种复合的铝-硅酸盐晶体，颗粒成片状，是由硅片和铝片构成的晶包所组叠而成。硅片的基本单元是硅-氧四面体，它是由1个居中的硅离子和4个在角点的氧离子所构成 [图1.5(a)]，由6个硅-氧四面体组成一个硅片 [图1.5(b)]，硅片底面的氧离子被相邻两个硅离子所共有，简化图形如图1.5(c)所示。铝片的基本单元则是铝-氢氧八面体，它是由1个铝离子和6个氢氧离子所构成 [图1.6(a)]，4个八面体组成一个铝片，每个氢氧离子都被相邻两个铝离子所共有 [图1.6(b)]，简化图形如图1.6(c)所示。黏土矿物根据硅片和铝片的组叠形式的不同，可以分成高岭石、伊利石和蒙脱石三种类型。

高岭石（$Al_2O_3 \cdot 2SiO_2 \cdot 2H_2O$）的晶层结构是由一个硅片和一个铝片上下组叠而成，

如图 1.7(a)所示。这种晶体结构称为 1∶1 的两层结构。两层结构的最大特点是晶层之间通过 O^{2-} 与 OH^- 相互连接，称为氢键连接。氢键的连接力较强，致使晶格不能自由活动，水难以进入晶格之间，是一种遇水较为稳定的黏土矿物。因为晶层之间的连接力较强，所以能组叠很多晶层（多达百层以上），成为一个颗粒，颗粒大小约 $0.3\sim3\mu m$（$1\mu m=0.001mm$），厚约 $0.03\sim1\mu m$。因此，高岭石的主要特征是颗粒较粗，不容易吸水膨胀，失水收缩，或者说亲水能力差。

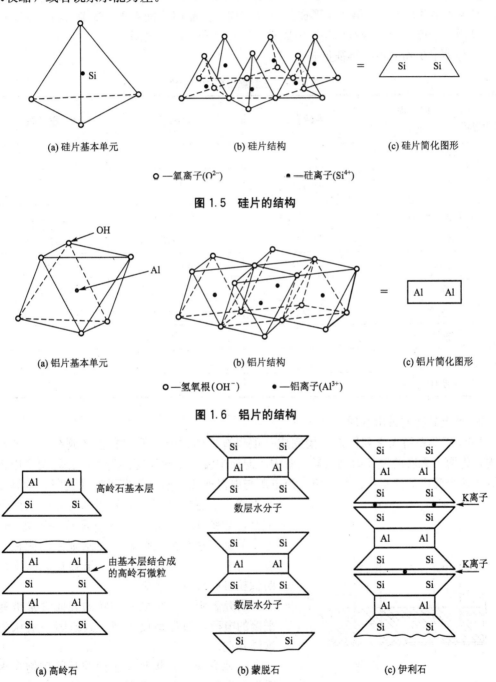

(a) 硅片基本单元　　　　　(b) 硅片结构　　　　　(c) 硅片简化图形

○—氧离子(O^{2-})　　　●—硅离子(Si^{4+})

图 1.5　硅片的结构

(a) 铝片基本单元　　　　　(b) 铝片结构　　　　　(c) 铝片简化图形

○—氢氧根(OH^-)　　　●—铝离子(Al^{3+})

图 1.6　铝片的结构

(a) 高岭石　　　　　(b) 蒙脱石　　　　　(c) 伊利石

图 1.7　黏土矿物的晶格构造

蒙脱石（$Al_2O_3 \cdot 4SiO_2 \cdot nH_2O$）的晶层结构是由两个硅片中间夹一个铝片所构成［图 1.7(b)］，称为 2：1 的三层结构。晶层之间是 O^{2-} 对 O^{2-} 的连接，连接力很弱，水很容易进入晶层之间。每一颗粒能组叠的晶层数较少，颗粒大小约为 $0.1 \sim 1.0 \mu m$，厚约 $0.001 \sim 0.01 \mu m$。因此，蒙脱石的主要特征是颗粒细微，具有显著的吸水膨胀，失水收缩的特性，或者说亲水能力强。

伊利石（$K_2O \cdot 3Al_2O_3 \cdot 6SiO_2 \cdot 2H_2O$）是云母在碱性介质中风化的产物。它与蒙脱石相似，是由两层硅片夹一层铝片所形成的三层结构，但晶层之间有 K^+ 连接，如图 1.7(c)所示。其结合强度弱于高岭石而高于蒙脱石，特征也介于两者之间。

三种黏土矿物的主要特征见表 1-7。

表 1-7　三类黏土矿物的特性

特征指标　　　　矿物	高岭石	伊利石	蒙脱石
长和宽/μm	$0.3 \sim 3.0$	$0.1 \sim 2.0$	$0.1 \sim 1.0$
厚/μm	$\frac{1}{3} \sim \frac{1}{10}$长（宽）	$0.01 \sim 0.2$	$0.001 \sim 0.01$
比表面积/(m^2/g)	$10 \sim 20$	$80 \sim 100$	800
流限	$30 \sim 110$	$60 \sim 120$	$100 \sim 900$
塑限	$25 \sim 40$	$35 \sim 60$	$50 \sim 100$
胀缩性	小	中	大
渗透性	大（$<10^{-5}$ cm/s）	中	小（$<10^{-10}$ cm/s）
强度	大	中	小
压缩性	小	中	大
活动性	小	中	大

② 黏土矿物的带电性质。

1809 年莫斯科大学列伊斯教授完成一项很有趣的试验。他把黏土膏放在一个玻璃器皿内，将两个无底的玻璃筒插入黏土膏中，向筒中注入相同深度的清水，并将两个电极分别放入两个筒内的清水中，然后将直流电源与电极连接。通电后即可发现放阳极的筒中水面下降，水逐渐变浑；而放阴极的筒中水面逐渐上升，如图 1.8 所示。这种现象说明在电场中，土中的黏土颗粒泳向阳极，而水则渗向阴极。前者称为电泳，后者称为电渗。土颗粒泳向阳极说明颗粒表面带有负电荷。

研究表明，片状黏土颗粒的表面常常带有不平衡的电荷，通常是负电荷。其原因一般认为有这样几点。

a. 水化离解：指晶体表面的某些矿物在水介质中产生离解，离解后阳离子扩散于水中，阴离

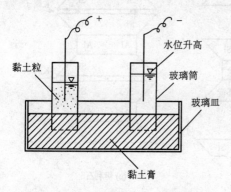

图 1.8　黏土膏的电渗、电泳试验

子留在颗粒表面。

b. 选择性吸附：指晶体表面的某些矿物把水介质中一些带电荷的离子吸附到颗粒的表面。

c. 同晶型置换：黏土矿物中八面体的晶型保持不变，但内部的铝被镁或铁所替换，由于前者的电价比后者高，置换后，相当于晶体表面有不平衡的负电荷。研究还表明，在颗粒侧面断口处常带正电荷。这样黏土颗粒的表面电荷分布通常如图 1.9 所示。

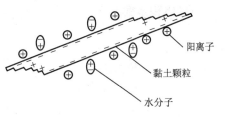

阳离子

黏土颗粒

水分子

图 1.9 黏土颗粒的表面电荷

3. 颗粒形状

土粒形状对土体的密度和强度有显著影响。土粒的形状主要取决于矿物成分，原生矿物一般是圆状、浑圆状或棱角状等，而次生矿物一般为针状、片状或扁平状等。所以大部分卵石接近圆形，碎石多有棱角，粉砂粒和砂粒是浑圆或棱角状的，如图 1.10 所示；而黏土颗粒则往往是薄片状的，通常可以借助电子显微镜观察到其形状，如图 1.11 所示。

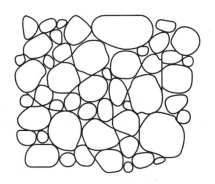

图 1.10 粗粒土颗粒的形状

图 1.11 黏土颗粒的形状

在描述土粒形状时，一般利用浑圆度和球度两个指标，也可使用体积系数和形状系数。

1）浑圆度和球度

（1）浑圆度 R_s 反映土粒角的尖锐程度的指标，为颗粒突出角的半径与颗粒内接圆半径比值的平均值。

$$R_s = \sum_{i=1}^{N} \frac{r_i/R}{N} \tag{1-9}$$

式中 r_i——为颗粒突出角的半径；

R——为颗粒内接圆的半径；

N——为颗粒尖角的数量。

（2）球度是指颗粒的形状与球体相似的程度。克鲁宾所提出的计算球度的公式如下

$$\Psi = 3BCA \tag{1-10}$$

式中 Ψ——碎屑颗粒三个轴的位置球度系数；

A、B、C——分别代表颗粒的长、中、短三个轴的长度（A 和 B 在最大投影面中度量，C 在垂直 AB 面方向上度量）。

近于球形的颗粒，球度接近1；针状颗粒的球度最小，接近于0。球度为1，即为圆球体。

2）体积系数和形状系数

（1）体积系数 V_c

$$V_c = \frac{6V}{\pi d_m^3} \qquad (1-11)$$

式中　V——土粒体积；

　　　d_m——土粒的最大直径。

V_c 越小，土粒离圆体越远。圆球 $V_c=1$，立方体 $V_c=0.37$，棱角状土粒 V_c 更小。

（2）形状系数 F

$$F = \frac{AC}{B^2} \qquad (1-12)$$

式中　A、B、C——分别为土粒的最大、中间、最小尺寸。

1.2.2　土中水

土中的水以不同形式和不同状态存在着，其性质也不一样。它们对土的工程性质起着不同的作用和影响。土中的水一般分为结合水和自由水。

1. 结合水

土在孔隙中的水分子(H_2O)为极性分子，其氢端带正电荷，氧端带负电荷。黏土颗粒表面通常是带负电荷的，在土粒周围就产生一个电场，吸引水分子的氢端，使其定向排列，形成结合水膜，故称之为结合水，如图 1.12 所示。

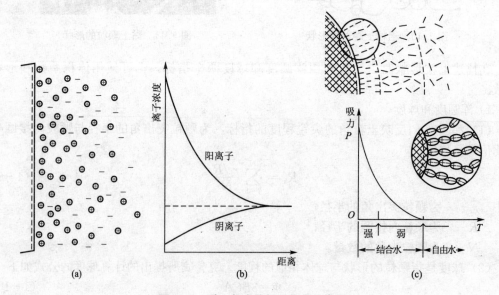

图 1.12　黏土与水分相互作用示意图

水分子距离土粒表面越近，电分子引力越大，水分子与土粒表面结合的紧密程度越强。在土粒表面被电分子引力强烈吸附的水分子，厚度只有几个水分子厚，小于

$0.003\mu m$，受到约 $10^6 kPa(10^4$ 个大气压，$1atm\approx100kPa)$ 的静电引力，使水分子紧密而整齐地排列在土粒表面不能自由移动，这部分结合水的性质与普通水不同，其性质接近固体，不传递静水压力，$-78℃$ 低温才冻结成冰，温度高于 $105℃$ 才蒸发，密度 $\rho_w=(1.2\sim2.4)g/cm^3$，平均约为 $2.0g/cm^3$，所以称为强结合水（又称吸附层）。当黏土只含强结合水时呈固体坚硬状态。

在强结合水外，随着离土粒表面距离的加大，电分子引力越来越小，阳离子浓度逐渐降低，直至达到孔隙中水溶液的正常浓度为止，这个范围的水称为弱结合水（又称为扩散层）。当然，在扩散层内阴离子则被土粒表面的负电荷所排斥，随着离土粒表面距离的加大，阴离子浓度逐渐增高，最后阴离子也达到水溶液中的正常浓度，土粒表面吸附层和扩散层合起来称为双电层。

弱结合水在强结合水外侧，呈薄膜状，也是由黏土表面的电分子力吸引的水分子，水分子排列也较紧密，密度 $\rho_w=(1.3\sim1.7)g/cm^3$，仍大于普通液态水。弱结合水也不传递静水压力，呈黏滞体状态，也具有较高的黏滞性和抗剪强度。其厚度变化较大，水分子有从厚膜处向较薄处缓慢移动的能力，在其最外围有成为普通液态水的趋势。其冰点为 $-30\sim-20℃$，此部分水对黏性土的影响最大。当黏土含弱结合水时呈可塑状态。

2. 自由水

自由水离土粒较远，在土粒表面的电场作用以外，水分子自由散乱地排列，主要受重力作用的控制。自由水包括下列两种。

1）重力水

重力水位于地下水位以下较粗颗粒的孔隙中，是只受重力控制，水分子不受土粒表面吸引力影响的普通液态水。受重力作用由高处向低处流动，具有浮力的作用。在重力水中能传递静水压力，并具有溶解土中可溶盐的能力。

2）毛细水

毛细水位于地下水位以上的土粒细小孔隙中，是介于结合水与重力水之间的一种过渡型水，受毛细作用而上升。粉土中孔隙小，毛细水上升高。在寒冷地区要注意由于毛细水而引起的路基冻胀问题，尤其要注意毛细水源源不断地使地下水上升产生的严重冻胀。

毛细水水分子排列的紧密程度介于结合水和普通液态水之间，其冰点也在普通液态水之下。毛细水还具有极微弱的抗剪强度，在剪应力较小的情况下会立刻发生流动。

1.2.3 土中气体

土中气体指土的固体矿物之间的孔隙中，没有被水充填的部分。土的含气量与含水量有密切关系。土孔隙中占优势的是气体还是水，对土的性质有很大的影响。

土中气体的成分与大气成分比较，主要区别在于 CO_2、O_2 及 N_2 的含量不同。一般土中气体含有更多的 CO_2 和 N_2，较少的 O_2。土中气体与大气的交换越困难，两者的差别就越大。

土中气体可分为自由气体和封闭气泡两类。自由气体与大气相连通，通常在土层受力压缩时即逸出，对土的工程性质影响不大；封闭气泡与大气隔绝，对土的工程性质影响较大，在受外力作用时，随着压力的增大，这种气泡可被压缩或溶解于水中，压力减小时，气泡会恢复原状或重新游离出来。若土中封闭气泡很多时，将使土的压缩性增高，渗透性降低。

1.3 土 的 结 构

1.3.1 土的结构的概念

土的结构是指土粒或团粒（几个或许多个土颗粒联结成的集合体）在空间的排列和它们之间的相互联结（粒间的结合力）。土的天然结构是在其沉积和存在的整个历史过程中形成的，因其组成、沉积环境和沉积年代不同而形成各种各样复杂的结构。

同一种土，原状土样和重塑土样（将原状土样破碎，在实验室内重新制备的土样，称为重塑土样）的力学性质有很大的区别。甚至用不同方法制备的重塑土样，尽管组成一样，密度也控制一样，性质也还是有所差别。这就是说，土的组成和物理状态还不是决定土的性质的全部因素。另一种对土的性质很有影响的因素就是土的结构，它影响着土的透水性、压缩性等物理力学性质。

1.3.2 粗粒土结构

粗粒土的比表面积小，在粒间作用力中，重力起决定性的作用。粗颗粒在重力作用下下沉时，一旦与已经稳定的颗粒相接触，找到自己的平衡位置就稳定下来，就形成单粒结构。这种结构的特点是颗粒之间点与点的接触。当颗粒缓慢沉积，没有经受很高的压力作用，特别是没有受过动力作用时，所形成的结构为松散的单粒结构，如图 1.13(a) 所示。

在静荷载作用下，尤其在振动荷载作用下，具松散结构的土粒易于变位压密，孔隙度降低，形成紧密的单粒结构，如图 1.13(b) 所示。从工程要求来看，紧密结构是最理想的结构。

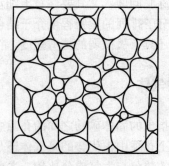

(a) 松散的单粒结构　　　　　　　　　(b) 紧密的单粒结构

图 1.13　粗粒土的结构——单粒结构

单粒结构的紧密程度取决于矿物成分、颗粒形状、均匀程度和沉积条件等。片状矿物组成的砂土最松散；浑圆的颗粒组成的砂土比带棱角的颗粒组成的砂土紧密；土粒越不均匀，结构越紧密；急速沉积的比缓慢沉积的土结构松散些。

1.3.3 细粒土结构

土中的细颗粒，尤其是黏土颗粒，比表面积很大、颗粒很薄、质量很小、重力不起重要的作用。在结构形成中，起主导作用的粒间力包括以下几种。

1. 范德华力

范德华力是分子间的引力，力的作用范围很小，只有几个分子的距离。因此，这种粒间引力只发生于颗粒间紧密接触点处。距离很近时，范德华力很大，但它随距离的增加而迅速衰减。经典概念的范德华力与距离的 7 次方成反比。但有的学者研究表明，土中的范德华力与距离的 4 次方成反比。总之，距离稍远，这种力就不存在了。范德华力是细粒土黏结在一起的主要原因。

2. 库仑力

库仑力即静电作用力。黏土颗粒表面带电荷，上下平面带负电荷而边角处带正电荷。因此，当颗粒按平衡位置，面对面叠合排列时［图 1.14(a)］，颗粒之间因同号电荷而存在静电斥力。一般库仑力的大小与电荷间距离的平方成反比。两个带同号电荷的平面间的斥力与平面间的距离的关系很复杂，但是作用力随距离而急减的速度总是远比范德华力慢。当颗粒间的排列是边对面［图 1.14(b)］或角对面［图 1.14(c)］时，接触点处或接触线处因异号电荷而产生静电引力。因此静电力是斥力还是引力，要视颗粒的排列情况而定。

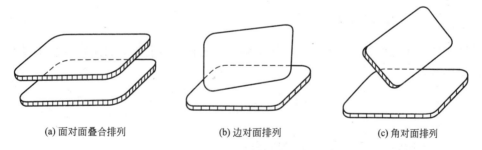

(a) 面对面叠合排列　　　　(b) 边对面排列　　　　(c) 角对面排列

图 1.14　片状颗粒的连接形式

3. 胶结作用力

土粒间通过游离氧化物、碳酸盐和有机质等胶体而连接在一起，一般认为这种胶结作用力是化学键，即原子与原子之间的连接，具有较高的强度。

总之，细粒土的天然结构是在其沉积的过程中受上述力的共同作用而形成的。当微细的颗粒在淡水中沉积时，因为淡水中离子的浓度小，颗粒表面吸附的阳离子较少，存在着较高的未被平衡的负电位，因此颗粒间的结合水膜比较厚，粒间作用力以斥力占优势，这种情况下沉积的颗粒常形成面对面的片状堆积，如图 1.15(a)所示。这种结构称为分散结构或片堆结构。分散结构的特点是密度较大，土在垂直于定向排列的方向和平行于定向排列的方向上的性质不同，即具有各向异性。

　　当细颗粒在海水中沉积时，海水中含有大量的阳离子，浓密的阳离子被吸附于颗粒表面，平衡了相当数量的负电位，使颗粒得以相互靠近，因此斥力减少而引力增加。这种情况容易形成以角、边与面或边与边搭接的排列形式［图1.15(b)］，称为凝聚结构(也称片架结构)。凝聚结构具有较大的孔隙，对扰动比较敏感，性质比较均匀，且各向同性。

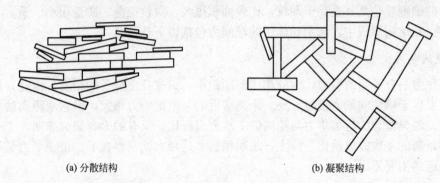

(a) 分散结构　　　　　　　　　　　(b) 凝聚结构

图 1.15　黏土的结构

　　总的说来，当孔隙比相同时，凝聚结构较之分散结构具有较高的强度、较低的压缩性和较大的渗透性。当颗粒处于不规则排列状态时，粒间的吸引力大，不容易相互移动；同样大小的过水断面，流道少而孔隙的直径大。

　　以上是细粒土的两种典型的结构形式。实际上，天然土的结构要复杂得多，通常不是单一的结构，而是呈多种类型的综合结构，或者由一种结构过渡为另一种结构。

1.3.4　反映细粒土结构的指标——黏性土的灵敏度

　1. 黏性土的灵敏度的定义

　　黏性土的原状土无侧限抗压强度与原土结构完全破坏的重塑土的无侧限抗压强度的比值，其表达式为

$$S_t = \frac{q_u}{\bar{q}_u} \tag{1-13}$$

式中　S_t——土的灵敏度；

　　　q_u——无侧限条件下，原状土抗压强度；

　　　$\bar{q}_u$——无侧限条件下，重塑土抗压强度。

　2. 黏性土的灵敏度的物理意义

　　灵敏度能够反映黏性土结构性的强弱(表1-8)。此值越大，说明其结构越容易受到外界扰动影响，强度丧失越厉害。

表 1-8　土的粒度成分分析结果

S_t	黏性土分类	S_t	黏性土分类
1	不灵敏	4~8	灵敏
1~2	低灵敏	8~16	很灵敏
2~4	中等灵敏	>16	流动

1.4　土的物理性质指标及物理状态指标

土的物理性质指标及物理状态指标能够反映土的工程性质的特征,具有重要的实用价值,用于土的分类和命名,评价土的力学性质,反映土的软硬状态或紧密程度等,是最基本的指标。

1.4.1　土的物理性质指标

土是由固相的土颗粒、液相的水和气相的空气组成的三相分散体系,定量表达三相物质之间在体积和质量上的比例关系的指标,被称为土的物理性质指标,也可称之为三相比例指标,是评价土的工程性质最基本的指标。

为了导得三相比例指标,把土体中实际上是分散的三个相抽象地分别集合在一起,固相集中于下部,液相居中部,气相集中于上部,构成理想的二相图(图1.16),在三相图的右边注明各相的体积,左边注明各相的质量。

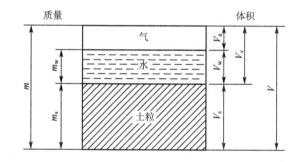

图中:m_s——土粒质量(g);

$\quad\quad m_w$——土中水质量(g);

$\quad\quad m$——土的总质量(g);

$\quad\quad V_s$——土粒体积(cm^3);

$\quad\quad V_w$——土中水体积(cm^3);

$\quad\quad V_a$——土中气体积(cm^3);

$\quad\quad V_v$——土中孔隙体积(cm^3);

$\quad\quad V$——土的总体积(cm^3)。

图1.16　土的三相图

由土的三相图可知土样的总体积 V 和总质量 m 分别为

$$V=V_s+V_w+V_a \tag{1-14}$$

$$m=m_s+m_w+m_a\approx m_s+m_w \tag{1-15}$$

土的物理性质指标有些需要通过试验测定,称为试验指标;有些需要通过试验指标计算出来,被称为换算指标。下面分别阐述土的物理性质指标的名称和符号、定义、表达式、单位、常见值和确定方法。

1. 试验指标

1) 土的密度 ρ 和土的容重(或称重度)γ

(1) 定义。土的密度 ρ 为单位体积土的质量;土的容重 γ 为单位体积土的重力,即 $\gamma=\rho g\approx10\rho(kN/m^3)$。

土的密度与土的结构、所含水分多少以及矿物成分有关,在测定土的天然密度时,必须用原状土样,即其结构未受扰动破坏,并且保持其天然结构状态下的天然含水量。

(2) 表达式。

$$\rho = \frac{土的总质量}{土的总体积} = \frac{m}{V}(\mathrm{g/cm^3}) 或 (\mathrm{kg/m^3}) \tag{1-16}$$

(3) 常见值。$\rho = (1.6 \sim 2.2)\mathrm{g/cm^3}$，$\gamma = (16 \sim 22)\mathrm{kN/m^3}$。

(4) 常用测定方法。

① 环刀法。适用于细粒土。

用内径 $6 \sim 8\mathrm{cm}$，高 $2 \sim 3\mathrm{cm}$，壁厚 $1.5 \sim 2\mathrm{mm}$ 的不锈钢环刀切土样，用天平称其质量，按密度表达式计算而得。

② 灌水法。适用于粗粒土和巨粒土。

现场挖试坑，将挖出的试样装入容器，称其质量，再用塑料薄膜平铺于试坑内，然后将水缓慢注入塑料薄膜中，直至薄膜袋内水面与坑口齐平，注入的水量即为试坑的体积。

2) 土粒比重 G_s

(1) 定义。土粒比重 G_s 是土粒质量与同体积 4℃蒸馏水质量的比值。

土粒比重只与组成土粒的矿物成分有关，而与土的孔隙大小及其中所含水分多少无关。

(2) 表达式。

$$G_s = \frac{固体颗粒的质量}{同体积 4℃蒸馏水质量} = \frac{m_s}{V_s \rho_w} = \frac{m_s}{V_s} = \rho_s (数值上)$$

ρ_s 称为土粒密度，是干土粒的质量 m_s 与其体积 V_s 之比。

(3) 常见值。砂土 $G_s = 2.65 \sim 2.69$，粉土 $G_s = 2.70 \sim 2.71$，黏性土 $G_s = 2.72 \sim 2.75$。含有机质多的土，土粒比重较小；含铁质矿物较多的土，土粒比重较大。

(4) 常用测定方法。

① 比重瓶法。适用于粒径小于 5mm 的土。

用容积为 100mL 的比重瓶，将烘干土样 15g 装入比重瓶，用感重为 0.001g 的天平称瓶加干土质量。注入半瓶纯水后煮沸 1h 左右以排除土中气体，冷却后将纯水注满比重瓶，再称总质量并测定瓶内水温后经计算而得。

② 浮称法。适用于粒径≥5mm 的土，且其中粒径为 20mm 的土质量应＜总土质量的 10%。

③ 虹吸筒法。适用于粒径≥5mm 的土，且其中粒径为 20mm 的土质量应≥总土质量的 10%。

④ 经验法。因各种土的比重值相差不大，仅小数点后第二位不同。若当地已进行大量土粒比重试验，则常采用经验值，但新到一地区则必须通过试验测定。

3) 土的含水量 w（或称含水率）

(1) 定义。土的含水量 w 表示土中含水的数量，为土体中水的质量占土体总质量的分数，用百分数表示。

土的含水量只能表明土中固相与液相之间的数量关系，不能描述有关土中水的性质；只能反映孔隙中水的绝对值，不能说明其充满程度。

(2) 表达式。

$$w = \frac{水的质量}{土体总质量} = \frac{m_w}{m_s} \times 100\% \tag{1-17}$$

（3）常见值。砂土 $w=0\sim40\%$，黏性土 $w=20\%\sim60\%$，当 $w\approx0$ 时，砂土呈松散状态，黏土呈坚硬状态。黏性土的含水量很大时，其压缩性高，强度低。《公路桥涵地基与基础设计规范》(JTG D63—2007)将粉土用含水量作为湿度划分的标准：稍湿($w<20\%$)、湿($20\%\leqslant w\leqslant30\%$)和很湿($w>30\%$)三种湿度状态。

（4）常用测定方法。

① 烘干法。适用于黏质土、粉质土、砂类土和有机质土类。

取代表性试样，细粒土 $15\sim30g$，砂类土、有机土 $50g$，装入称量盒内称其质量后，放入烘箱内，在 $105\sim110℃$ 的恒温下烘干(通常需 8h 左右)，取出烘干后土样冷却后再称量，计算而得。

② 酒精燃烧法。适用于快速简易测定细粒土(含有机质的除外)的含水量。

将称完质量的试样盒放在耐热桌面上，倒入酒精(纯度 95% 以上)至与试样表面齐平，点燃酒精，熄灭后用针仔细搅拌试样，重复倒入酒精燃烧三次，冷却后称质量，计算而得。

土的密度 ρ、土粒比重 G_s、土的含水量 w 三项试验指标又被称为土的三大基本物理性质指标。试验的详细内容和要求请参阅《公路土工试验规程》(JTG E40—2007)或其他土工试验规程。

2. 换算指标

下述换算指标均是根据 ρ、G_s 和 w 实测值计算而得。

1）土的孔隙比 e

（1）定义。土的孔隙比 e 为土中孔隙体积与固体颗粒的体积之比值。

土的孔隙比在某种程度上反映土的松密程度，孔隙比越大，土越疏松；孔隙比越小，土越密实，它是用规范确定地基容许承载力的一个参数。

（2）表达式。

$$e=\frac{孔隙体积}{固体颗粒体积}=\frac{V_v}{V_s} \tag{1-18}$$

（3）常见值。土的孔隙比一般为 $0.3\sim1.2$，砂土 $e=0.3\sim1.0$；一般黏性土 $e=0.4\sim1.2$。少数近代沉积未经压实的黏性土可大于 4，泥炭一般为 $5\sim15$，有的高达 25。

2）土的孔隙度(孔隙率) n

（1）定义。土的孔隙度 n 表示土中孔隙大小的程度，为土中孔隙体积占总体积的百分比。它的大小在某种程度上也可以反映土的松密程度。

（2）表达式。

$$n=\frac{孔隙体积}{土体总体积}=\frac{V_v}{V} \tag{1-19}$$

（3）常见值。砂土 $n=25\%\sim45\%$；一般黏性土 $n=30\%\sim55\%$。

（4）土的孔隙度 n 与孔隙比 e 的关系。

$$n=\frac{e}{1+e} \tag{1-20}$$

3）土的饱和度 S_r

（1）定义。土的饱和度指土中水的体积与土的全部孔隙体积的比值，表示孔隙被水充满的程度。

（2）表达式。

$$S_r = \frac{水的体积}{孔隙体积} = \frac{V_w}{V_v} \qquad (1-21)$$

（3）常见值。$S_r = 0 \sim 1$，$S_r = 0$ 为干土，$S_r = 1$ 为饱和土。

砂土和粉土以饱和度作为湿度划分的标准：稍湿（$S_r \leqslant 0.5$）、很湿（$0.5 < S_r \leqslant 0.8$）和饱和（$S_r > 0.8$）三种湿度状态。

4）土的干密度 ρ_d 和土的干容重 γ_d

（1）定义。土的干密度指干燥状态下单位体积土的质量。土的干容重指干燥状态下单位体积土的重力，即 $\gamma_d = \rho_d g \approx 10 (kN/m^3)$。

土的干密度值的大小，主要取决于土的结构。因为它在这一状态下与含水量无关，加之土粒部分的矿物成分又是固定的，因此，土的结构，即孔隙度的大小，影响着干密度值。一般规律是土的孔隙度越小，土越密实，其干密度值越大。

（2）表达式。

$$\rho_d = \frac{固体颗粒质量}{土的总体积} = \frac{m_s}{V} (g/cm^3) \qquad (1-22)$$

（3）常见值。$\rho_d = (1.3 \sim 2.0) g/cm^3$；$\gamma_d = (13 \sim 20) kN/m^3$。

土的干密度通常用作人工填土压实质量控制的标准。土的干密度 ρ_d（或干容重 γ_d）越大，表明土体压得越密实，即工程质量越好，但花费的压实费用也越高。一般认为 $\rho_d = 1.6 g/cm^3$ 以上，土就比较密实了。

5）土的饱和密度 ρ_{sat} 和土的饱和容重 γ_{sat}

（1）定义。土的饱和密度为孔隙中全部充满水时，单位体积土的质量。土的饱和容重为孔隙中全部充满水时，单位体积土的重量（重力），即

$$\gamma_{sat} = \rho_{sat} g \approx 10 \rho_{sat} (kN/m^3)$$

（2）表达式。

$$\rho_{sat} = \frac{饱和土的总质量}{总体积} = \frac{m_s + m_w + V_a \rho_w}{V} (g/cm^3) \qquad (1-23)$$

（3）常见值。$\rho_{sat} = (1.8 \sim 2.3) g/cm^3$；$\gamma_{sat} = (18 \sim 23) kN/m^3$。

6）土的浮容重（有效容重）γ'

（1）定义。土的有效容重指地下水位以下，土体受水的浮力作用时，单位体积土的重力。

（2）表达式。

$$\gamma' = \gamma_{sat} - \gamma (g/cm^3) \qquad (1-24)$$

（3）常见值。$\gamma' = (8 \sim 13) kN/m^3$。

3. 各种密度、容重之间的大小关系

（1）土的密度 ρ、土的干密度 ρ_d、土的饱和密度 ρ_{sat} 比较：$\rho_{sat} > \rho > \rho_d$。

（2）土的容重 γ、土的干容重 γ_d、土的饱和容重 γ_{sat} 和土的浮容重 γ' 比较：$\gamma_{sat} > \gamma > \gamma_d > \gamma'$。

由三个试验指标 ρ、G_s 和 w 计算其余换算指标的公式见表 1-9。

表 1-9 换算指标的计算公式

指标名称	换算公式	指标名称	换算公式
孔隙比 e	$e=\dfrac{\rho_s(1+w)}{\rho}-1$	干密度 ρ_d	$\rho_d=\dfrac{\rho}{1+w}$
孔隙度 n	$n=1-\dfrac{\rho}{\rho_s(1+w)}$	饱和密度 ρ_{sat}	$\rho_{sat}=\dfrac{\rho(\rho_s-1)}{\rho_s(1+w)}+1$
饱和度 S_r	$S_r=\dfrac{\rho_s\cdot\rho\cdot w}{\rho_s(1+w)-\rho}$	浮容重 γ'	$\gamma'=\dfrac{\gamma(\gamma_s-\gamma_w)}{\gamma_s(1+w)}$

作为工程技术人员，不必死记这些换算公式，只要掌握每个指标的定义，运用三相图，就能很容易求出其他换算指标。其方法是先绘制三相草图，然后假定 $V=1$ 或 $V_s=1$，根据已知指标数值和其表达式，将三相图两侧的质量和体积全部求出，再根据所求换算指标的定义和表达式计算即可。

【例题 1-1】 某原状土样，经试验测得土的密度 $\rho=1.80\text{g/cm}^3$，土粒密度 $\rho_s=2.70\text{g/cm}^3$，土的含水量 $w=18.0\%$。求表 1-9 中的 6 个换算指标。

解 （1）绘制三相计算草图，如图 1.17 所示。

（2）假设 $V=1\text{cm}^3$，计算其质量和体积。

已知 $\rho=\dfrac{m}{V}=1.80\text{g/cm}^3$，故 $m=1.80\text{g}$。

已知 $w=\dfrac{m_w}{m_s}=0.18$，所以，$m_w=0.18m_s$。

又知 $m_w+m_s=1.80\text{g}$，所以，$m_s=\dfrac{1.80\text{g}}{1.18}$

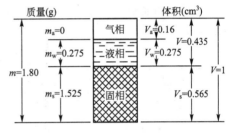

图 1.17 土的三相图

$\approx1.525\text{g}$。

故 $m_w=m-m_s=1.80\text{g}-1.525\text{g}=0.275\text{g}$。

所以 $V_w=\dfrac{m_w}{\rho_w}=\dfrac{0.275\text{g}}{1\text{g/cm}^3}=0.275\text{cm}^3$。

已知 $\rho_s=\dfrac{m_s}{V_s}=2.70\text{g/cm}^3$，所以 $V_s=\dfrac{m_s}{\rho_s}=\dfrac{1.525\text{g}}{2.70\text{g/cm}^3}\approx0.565\text{cm}^3$。

孔隙体积 $V_v=V-V_s=1\text{cm}^3-0.565\text{cm}^3=0.435\text{cm}^3$。

气相体积 $V_a=V_v-V_w=0.435\text{cm}^3-0.275\text{cm}^3=0.16\text{cm}^3$。

至此，三相草图中 8 个未知量（质量和体积）全部算出。

（3）根据所求换算指标的定义和表达式计算得：

孔隙比 $$e=\frac{V_v}{V_s}=\frac{0.435}{0.565}\approx0.77$$

孔隙度 $$n=\frac{V_v}{V}=0.435=43.5\%$$

饱和度 $$S_r=\frac{V_w}{V_v}=\frac{0.275}{0.435}\approx0.632$$

干密度 $$\rho_d=\frac{m_s}{V}\approx1.53\text{g/cm}^3，干容重\ \gamma_d=15.3\text{kN/m}^3$$

饱和密度 $\quad \rho_{sat}=\dfrac{m_w+m_s+V_a\rho_w}{V}=(1.80+0.16)\text{g/cm}^3=1.96\text{g/cm}^3$

饱和容重 $\quad\quad\quad\quad\quad\quad \gamma_{sat}=19.6\text{kN/m}^3$

有效容重 $\quad\quad\quad\quad \gamma'=\gamma_{sat}-\gamma_w=(19.6-10)\text{kN/m}^3=9.6\text{kN/m}^3$

上述三相计算中，也可以假设 $V_s=1\text{cm}^3$ 计算，方法和步骤类似，其计算结果与假设 $V=1\text{cm}^3$ 的结果完全相同。

1.4.2 土的物理状态指标

土的物理状态指标，对于粗粒土，是指反映土的密实程度的指标；对于细粒土，是指反映土的软硬程度（又称稠度）的指标。

1. 反映粗粒土密实程度的指标

粗粒土多为砂石单粒结构，它们最主要的物理状态指标为密实程度。工程上常用孔隙比 e、相对密度 D_r 和标准贯入试验 N 作为划分其密实程度的标准。

1）用孔隙比 e 为标准

《公路桥涵地基与基础设计规范》（JTG D63—2007）将粉土的密实度以孔隙比 e 作划分标准（表 1-10）。

表 1-10 按孔隙比 e 划分砂土密实度表

孔隙比 e	密实度	孔隙比 e	密实度
$e<0.75$	密实	$e>0.90$	稍密
$0.75\leqslant e\leqslant0.90$	中密		

用孔隙比指标为标准来确定粗粒土的密实度，优点是简单方便，但缺点是无法反映土的颗粒级配的影响。例如，两种级配不同的砂，一种颗粒均匀的密砂，其孔隙比为 e_1，另一种级配良好的松砂，孔隙比为 e_2，结果 $e_1>e_2$，即密砂孔隙比反而大于松砂的孔隙比。为了克服用一个指标 e 对级配不同的砂土难以准确判断其密实程度的缺陷，工程上引用相对密度 D_r 这一指标。

2）用相对密度 D_r 为标准

用天然孔隙比 e 与同一种砂的最疏松状态孔隙比 e_{max} 和最密实状态孔隙比 e_{min} 进行对比，看 e 靠近 e_{max} 还是靠近 e_{min}，以此来判别它的密实度，故称为相对密度法。相对密度表达式为

$$D_r=\frac{e_{max}-e}{e_{max}-e_{min}} \tag{1-25}$$

当 $D_r=0$，即 $e=e_{max}$ 时，表示砂土处于最疏松状态；当 $D_r=1$，即 $e=e_{min}$ 时，表示砂土处于最紧密状态。一般根据相对密度 D_r 的大小将砂土密实度分为三级：密实（$D_r\geqslant0.67$），中密（$0.67>D_r>0.33$），松散（$D_r\leqslant0.33$）。

用相对密度指标为标准来确定粗粒土的密实度，优点是可以反映土的颗粒级配的影响，是合理的。但缺点是目前对 e_{max} 和 e_{min} 尚难准确测定，加之取原状粗粒土样十分困难，故 D_r 值的测定误差很大。因此，工程上常利用标准贯入试验法或动力触探试验法，根据锤击次数的多少来判别砂土的密实度。

3）标准贯入试验

标准贯入试验是在现场进行的一种原位测试，其试验的方法是：用卷扬机将质量为63.5kg的钢锤，提升76cm高度，让钢锤自由下落，打击贯入器，使贯入器贯入土中深为30cm所需的锤击数，记为 $N_{63.5}$（简化为 N），以锤击次数的多少来判别砂土的密实度（表1-11）。

表1-11 《公路桥涵地基与基础设计规范》(JTG D63—2007)砂土的密实度

标准贯入锤击次数 N	密实度	标准贯入锤击次数 N	密实度
$N \leqslant 10$	松散	$15 < N \leqslant 30$	中密
$10 < N \leqslant 15$	稍密	$N > 30$	密实

4）动力触探试验

动力触探试验简称动探，也称为圆锥动力触探，是利用一定质量的重锤，将与探杆相连接的标准规格的探头打入土中，根据探头贯入土中30cm时，所需要的锤击数，判断土的力学特性，具有勘察与测试的双重性能。根据穿心锤质量和提升高度的不同，动力触探试验一般分为轻型、重型、超重型动力触探。动力触探试验一般用来衡量碎石土的密实度，根据碎石土的平均粒径和最大粒径不同选用的型号也不同，表1-12为重型动力触探密实度判别标准。

表1-12 《公路桥涵地基与基础设计规范》(JTG D63—2007)碎石土的密实度

锤击次数 $N_{63.5}$	密实度	锤击次数 $N_{63.5}$	密实度
$N_{63.5} \leqslant 5$	松散	$10 < N_{63.5} \leqslant 20$	中密
$5 < N_{63.5} \leqslant 10$	稍密	$N_{63.5} > 20$	密实

注：1. 本表适用于平均粒径≤50mm且最大粒径≤100mm的卵石、碎石和圆角砾。

2. 表内 $N_{63.5}$ 是经修正后锤击数的平均值，其修正值是杆长的函数。

2. 反映黏性土稠度的指标

黏性土主要的物理状态特征是它的稠度，即土的软硬程度。土中含水量很低时，水都被颗粒表面的电荷紧紧吸附于颗粒表面，成为强结合水，其性质接近固态。因此，当土粒之间只有强结合水时［图1.18(a)］，按水膜厚薄不同，土表现为固态或半固态。

当含水量增加，被吸附在颗粒周围的水膜加厚，土粒周围除强结合水外还有弱结合水［图1.18(b)］，弱结合水呈黏滞状态，不能传递静水压力，不能自由流动，但受力时可以变形，能从水膜较厚处向邻近较薄处移动。在这种含水量情况下，土体受外力作用可以被捏成任意形状而不破裂，外力取消后仍然保持改变后的形状，这种状态称为塑态。弱结合水的存在是土具有可塑状态的主要原因。土处在可塑状态的含水量变化范围，大体上相当于土粒所能够吸附弱结合水的含量，其含量大小主要决定于土的比表面积和矿物成分。比表面积大和矿物亲水能力强的土，能够吸附较多的结合水，其塑态含水量的变化范围大。

当含水量继续增加，土中除结合水外，已有相当数量的水处于电场引力影响范围以外，成为自由水。这时土粒之间被自由水隔开［图1.18(c)］，土体不能承受任何剪应力而呈流动状态。黏性土的稠度实际上是反映了土中水的形态。

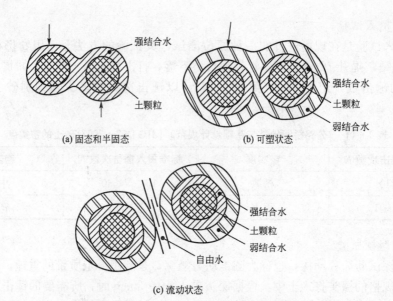

(a) 固态和半固态   (b) 可塑状态

(c) 流动状态

图 1.18　土中水的形态与稠度状态的关系

黏性土的稠度，反映土粒之间的连接强度随着含水量高低而变化的性质。其中，各不同状态之间的界限含水量具有重要的意义。

1）界限含水率

黏性土从某种状态进入另外一种状态的分界含水率称为土的界限含水率，又称为稠度界限。

（1）液限 w_L。可塑状态与流动状态的界限含水率称液限 w_L，这时土中水的形态除结合水外，已开始有自由水。

液限的测定主要使用碟式液限仪（图 1.19）或平衡锥式液限仪（图 1.20）。前者多为欧美等国家采用，中国则采用后者。

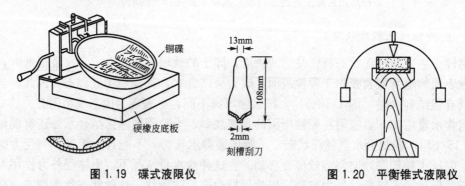

图 1.19　碟式液限仪　　　　　　　　　　**图 1.20　平衡锥式液限仪**

使用碟式液限仪测定液限，是将土膏分层填在圆碟内，表面刮平，使试样中心厚度为 10mm，然后用刻刀在土膏中刮一条底宽为 2mm 的 V 形槽，以每秒两次的速度转动摇柄，使圆碟上抬 10mm 后自由落下，当碟的下落次数为 25 次时，两半土膏在碟底的合拢长度刚好达到 13mm 时土的含水率即为液限。

使用平衡锥式液限仪测定液限，平衡锥的质量为 76g，锥角为 30°。试验时使平衡锥在自重作用下沉入土膏，当刚好能锥入规定的深度时的含水率即为液限。规定的锥入深度一般采用 17mm，也有采用 10mm 的，见表 1-13。显然，两重规定测得的液限值是不同的。另外，使用上述两种不同的液限仪测定的液限值也有差别。

表 1-13　平衡锥式液限仪测液限各个规范规定的沉入深度值

规范规定的锥入深度值/mm	规范名称
10	《建筑地基基础设计规范》（GB 50007—2011）、《岩土工程勘察规范》（GB 50021—2001）
17	《土的工程分类标准》（GB/T 50145—2007）、《公路土工试验规程》（JTG E40—2007）

（2）塑限 w_P。半固体状态与可塑状态的界限含水率称塑限 w_P，这时土中水的形态是强结合水含量达到最大。

塑限的测定主要用搓条法，把可塑状态土在毛玻璃上用手滚搓成圆土条，在搓的过程中，土条水分渐渐蒸发变干，当搓到土条直径恰好为 3mm 左右时，土条自动断裂为若干段，此时土条的含水率即为塑限。

塑限和液限的测定方法目前也有采用液限塑限联合仪测定（如我国公路系统），其原理类同于平衡锥式液限仪，平衡锥的质量为 76g 或 100g，锥角为 30°。《公路土工试验规程》（JTG E40—2007）规定：当采用 76g 平衡锥时，锥入深度值为 17mm 时的含水率为液限，同时在锥入深度与含水率的关系曲线上查得锥入深度为 2mm 时所对应的含水率为该土样的塑限；当采用 100g 平衡锥时，沉入深度值为 20mm 时的含水率为液限，该土样的塑限类似方法可求出，详细内容参阅规范。

（3）缩限 w_S。半固态与固态之间的界限含水率称缩限 w_S，这是因为土样中水量减少至缩限后，土的体积开始发生收缩。

2）液性指数 I_L

含水率在某种程度上可以反映土的软硬程度，但是黏性土的比表面积和矿物成分有较大差异，其吸附结合水的能力是不同的。因此，同样含水率的黏性土其稠度状态也就可能不同。就像加同样的水给不同的米，做出来的饭稠度是不一样的。换句话说，仅仅知道含水率的绝对值，并不能说明土处于什么状态。要说明黏土的稠度状态，需要有一个表征土的天然含水率与分界含水率之间相对关系的指标，即是液性指数，定义为

$$I_L = \frac{w - w_P}{w_L - w_P} \tag{1-26}$$

当液性指数 I_L 在 0~1 之间，土为可塑状态；当液性指数 >1，土为流动状态；当液性指数 <1，土为固态或半固态。《岩土工程勘察规范》（GB 50021—2001）和《公路桥涵地基与基础设计规范》（JTG D63—2007）都是根据黏性土液性指数划分稠度状态，其划分标准和状态名称是一样的（表 1-14）。

表 1-14　黏性土的状态划分

液性指数 I_L	状　态	液性指数 I_L	状　态
$I_L \leqslant 0$	坚硬	$0.75 < I_L \leqslant 1$	软塑
$0 < I_L \leqslant 0.25$	硬塑	$I_L > 1$	流塑
$0.25 < I_L \leqslant 0.75$	可塑		

3）塑性指数 I_P

黏性土的塑性大小，可用土处于塑性状态的含水率变化范围来衡量，这个范围即液限与塑限之差值（去掉百分数），称为塑性指数 I_P。

$$I_P = w_L - w_P \qquad\qquad (1-27)$$

应当指出：w_L 与 w_P 都是界限含水量，以百分数表示。而 I_P 只取其数值，去掉百分数。例如，某一土样，$w_L = 32.6\%$，$w_P = 15.4\%$，则 $I_P = 17.2$，而不是 17.2%。

塑性指数反映了黏性土可塑状态下含水量变化的最大区间。黏性土的塑性指数大，说明该土的含水量变化区间大，表明该土能吸附较多的结合水，但仍处于可塑状态，即该土黏粒含量高或矿物成分吸水能力强。吸附结合水的能力是土的黏性大小的标志，弱结合水是使土具有可塑性的原因，黏性和可塑性是细粒土的重要属性，因此塑性指数可以作为细粒土工程分类的依据。

4）活性指数 A

活性指数 A 是指黏性土的塑性指数与土中黏粒质量含量百分数的比值，即

$$A = \frac{I_P}{P_{0.002}} \qquad\qquad (1-28)$$

式中　I_P——黏性土的塑性指数；

$P_{0.002}$——土中黏粒（小于 0.002mm）的质量占土总质量的分数（百分比）。

从式（1-28）可以看出，若两种黏土的塑性指数相同，则黏粒含量小（$P_{0.002}$小）的黏土的矿物活性指数大，因此可以根据该指数的大小，从宏观上判断其矿物的成分。主要黏土矿物的活性指数 A 的范围是：蒙脱石 1～7，伊利石 0.5～1，高岭石 0.2～0.5。工程上常根据活性指数的大小分为非活动性黏土（$A < 0.75$），正常性黏土（$0.75 \leqslant A \leqslant 1.25$），活动性黏土（$A > 1.25$）。

1.5 土的工程分类

土是自然地质历史的产物，它的成分、结构和性质千变万化，其工程性质也千差万别。为了能大致地判断土的基本性质，合理地选择研究内容及方法，以及在科学技术交流中有共同的语言，有必要对土进行科学的分类。

1.5.1 分类的基本原则

土的分类一般遵循以下原则。

（1）分类体系采用的指标，要既能综合反映土的主要工程性质，又能便于测定且使用方便。

（2）分类体系采用的指标在一定程度上能反映土在不同用途和不同工作条件下的不同特性。

（3）分类体系要有一定的科学逻辑性，不仅要自成体系、纲目分明，而且要简单易记、便于应用。

1.5.2 分类的依据

自然界中的各种土,从直观上可以分成两大类:一类是肉眼可见的松散颗粒所堆成,颗粒通过接触点直接接触的粗粒土,又称为无黏性土;另一类是由肉眼难以辨别的微细颗粒所组成的细粒土,又称为黏性土。但是在实际的工程应用中,仅有这种感性的、粗糙的分类是不够的,还必须更进一步地用某种最能反映土工程性质的指标来进行系统的分类。对于无黏性土,颗粒级配对其工程性质起着决定性的作用,因此颗粒级配是无黏性土工程分类的依据和标准。而对于黏性土,由于它与水作用十分明显,土粒的比表面积和矿物成分在很大程度上决定了这种土的工程性质,而体现土的比表面积和矿物成分的指标主要有液限和塑性指数,所以液限和塑性指数是对黏性土进行分类的主要依据。

1.5.3 土的分类方法

国内外关于土的分类方法很多。不同国家根据各自的地域特点和需要,制定了相应的分类系统和分类方法。在美国,比较具有代表性的两种分类方法是农业部的 AASHTO 分类体系和统一分类体系(USCS),详见 ASTM 设计规程的 D2487。这两种分类体系均考虑了土的结构性和土的可塑性,其中统一分类体系得到了更广泛的应用。目前国内尚无一种统一的分类标准,不同的部门根据各自行业特点和需要建立了各自的分类标准,但由于土性质的复杂性和多变性,至今还没有一个能涵盖任何一种土和适合任何情况的统一分类体系。目前国内土的分类标准主要有以下几种:《土的工程分类标准》(GB/T 50145—2007)、《建筑地基基础设计规范》(GB 50007—2011)、《公路土工试验规程》(JTG E40—2007)以及《水电水利工程土工试验规程》(DL/T 5355—2006)。

本节主要介绍前三种规范中土的分类标准。

1.《土的工程分类标准》(GB/T 50145—2007)

该分类体系考虑了土的有机质含量、颗粒组成特征及土的塑性指标(液限、塑限和塑性指数),和国际上一些分类体系比较接近。

按照这一体系对土进行分类时,首先要判断该土是有机土还是无机土。《土的工程分类标准》(GB/T 50145—2007)规定,当有机质含量超过 5% 时,定名为有机土。若土的全部或大部分是有机质,则该土就属于有机土;否则就属于无机土。土中有机质是指未完全分解的动植物残骸和无定形物质。若属于无机土,则可按表 1-15 划分其粒组,即根据土内各粒组的相对含量,将土分为巨粒组、粗粒组和细粒组三大类。

表 1-15 粒组划分(GB/T 50145—2007)

粒组名称	颗粒名称	粒径 d 的范围/mm
巨粒	漂石(块石)	>200
	卵石(碎石)	200~60

（续）

粒组名称	颗粒名称		粒径 d 的范围/mm
粗粒	砂粒	粗砾	60～20
		中砾	20～5
		细砾	5～2
	砂砾	粗砾	2～0.5
		中砾	0.5～0.25
		细砾	0.25～0.075
细粒	粉粒		0.075～0.005
	黏粒		＜0.005

1）巨粒类土的分类

巨粒类土的划分，详见表1-16。

表1-16　巨粒类土的分类标准

土　类	粒组含量		土代号	土名称
巨粒土	75%≤巨粒含量≤100%	漂石粒含量＞50% 漂石粒含量≤50%	B Cb	漂石（块石） 卵石（碎石）
混合巨粒土	50%≤巨粒含量≤75%	漂石粒含量＞50% 漂石粒含量≤50%	BSl CbSl	混合土漂石（块石） 混合土卵石
巨粒混合土	15%≤巨粒含量＜50%	漂石含量＞卵石含量 漂石含量≤卵石含量	SlB SlCb	漂石（块石）混合土 卵石（碎石）混合土

注：巨粒混合土可根据所含粗粒或细粒的含量进行细分。试样中巨粒含量不大于15%时可扣除巨粒，按粗粒类土或细粒类土的相应规定分类；当巨粒对土的总体性状有影响时，可将巨粒计入砾粒组进行分类。

2）粗粒类土的分类

试样中粗粒组含量超过全部质量50%的土称为粗粒土。粗粒类土又分为砾类土和砂类土两类，详见表1-17。

表1-17　粗粒土的分类标准

土　类		粒组含量	土代号
粗粒土	砾类土	粒径＞2mm的颗粒含量大于全部质量的50%	G
	砂类土	粒径＞2mm的颗粒含量不超过全部质量的50%	S

砾类土和砂类土按照试样中粒径小于0.075mm的细颗粒含量和土的颗粒级配进一步细分，具体见表1-18和表1-19。对于细粒土质砾和细粒土质砂，定名时根据粒径小于0.075mm土的液限和塑性指数按塑性图分类：当属于黏土时，则该土定名为黏土质砾（GC）或黏土质砂（SC）；当属于粉土时，该土定名为粉土质砾（GM）或粉土质砂（SM）。

表 1-18 砾类土的分类标准

土 类		粒组含量		土代号	土名称
砾类土	砾	细粒含量<5%	级配：$C_u \geqslant 5$ 且 $C_c = 1 \sim 3$	GW	级配良好砾
			级配：不能同时满足 $C_u \geqslant 5$ 且 $C_c = 1 \sim 3$	GP	级配不良砾
	含细粒砾	细粒含量 5%～15%		GF	含细粒土砾
	细粒土质砾	15%<细粒含量≤50%	细粒为黏粒	GC	黏土质砾
			细粒为粉粒	GM	粉土质砾

注：细粒含量指粒径小于 0.075mm 的颗粒的百分含量。

表 1-19 砂类土的分类标准

土 类		粒组含量		土代号	土名称
砂类土	砂	细粒含量<5%	级配：$C_u \geqslant 5$ 且 $C_c = 1 \sim 3$	SW	级配良好砂
			级配：不能同时满足 $C_u \geqslant 5$ 且 $C_c = 1 \sim 3$	SP	级配不良砂
	含细粒砂	细粒含量 5%～15%		SF	含细粒土砂
	细粒土质砂	15%<细粒含量≤50%	细粒为黏粒	SC	黏土质砂
			细粒为粉粒	SM	粉土质砂

注：细粒含量指粒径小于 0.075mm 的颗粒的百分含量。

3) 细粒土的分类

试样中粒径小于 0.075mm 的细粒组含量大于或等于全部质量的 50% 的土称为细粒土。细粒土按塑性图分类。塑性图是一个以液限为横坐标，以塑性指数为纵坐标的坐标系，如图 1.21 所示。图中用 A、B 两根线和 $I_P = 10(I_P = 6)$ 的一段水平线将坐标系分为不同的区域，每一区域代表不同的细粒土。塑性图是一种目前国内外比较普遍的细粒土分类方法。塑性图最早由美国的卡萨格兰地于 1948 年提出，现已广泛为各国所接受，并且以卡萨格兰地的塑性图为基础，各国都根据本国的具体土质特点，对卡萨格兰地的塑性图做了必要的修正。目前我国很多部门对细粒土分类时均采用了塑性图。图 1.21 是我国《土的工程分类标准》(GB/T 50145—2007) 中的塑性图，它的横坐标对应的液限 I_P 是用质量为 76g、锥角为 30° 的液限仪，以锥尖入土深度为 17mm 的标准测得的。

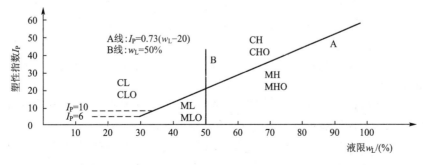

图 1.21 细粒土分类塑性图

在图 1.21 中，当由塑性指数和液限确定的点位于 B 线以右、A 线以上时，该土为高液限黏土或高液限有机质土，分别标记为 CH 和 CHO；位于 B 线以右、A 线以下时，为高液限粉土或高液限有机粉土，分别标记为 MH 和 MHO；位于 B 线以左、A 线与 $I_P=10$ 线以上时，该土为低液限黏土或低液限有机黏土，分别标记为 CL 和 CLO；位于 B 线以左、A 线和 $I_P=10$ 线以下时，为低液限粉土或低液限有机粉土，分别标记为 ML 和 MLO。这一范围的土还可按 $I_P=6$ 再划分。

表 1-20 提供了与图 1.21 对应的细粒土分类定名方法。《土的工程分类标准》（GB/T 50145—2007）还提供了以锥尖入土深度为 10mm 所测得液限为指标的细粒土分类塑性图和分类定名法，以供不同单位、不同行业在选用液限标准不同时采用，在此不再赘述。

表 1-20　细粒土分类定名法（17mm 液限）

土的塑性指数和液限		土代号	土名称
塑性指数 I_P	液限 w_L		
$I_P \geqslant 0.73 \times (w_L-20)$ 和 $I_P \geqslant 10$	$w_L \geqslant 50\%$	CH	高液限黏土
	$w_L < 50\%$	CL	低液限黏土
$I_P < 0.73 \times (w_L-20)$ 或 $I_P < 10$	$w_L \geqslant 50\%$	MH	高液限粉土
	$w_L < 50\%$	ML	低液限粉土

注：1. 若细粒土内含部分有机质，土代号后加 O，如高液限有机黏土（CHO）、低液限有机质粉土（MLO）等。

2. 若细粒土内粗粒含量为 25%～50%，则该土属含粗粒的细粒土。

3. 当粗粒中砂粒占优势，则该土属含砂细粒土，并在土后代号加 S，如 CLS、MHS 等。

用塑性图划分细粒土，是以扰动土的两个指标（I_P 及 w_L）为依据，它能较好地反映土粒与水相互作用的一些性质，却忽略了决定天然土工程性质的另一重要因素——土的结构性。因此对于以土料为工程对象时，它是一种较好的分类方法，而对于以天然土作为地基时，却还存在着不足。

2.《建筑地基基础设计规范》（GB 50007—2011）分类标准

《建筑地基基础设计规范》（GB 50007—2011）分类体系的主要特点是，考虑划分标准时，注重土的天然结构特征和强度，并始终与土的主要工程特性——变形和强度特征紧密联系，并且给出了岩石的分类标准，尽管这应该属于工程地质或岩体力学的研究范畴。按这种分类方法，作为建筑地基的岩土被分为岩石、碎石土、砂土、粉土、黏性土和人工填土 6 大类。从土力学的学科意义而言，整体岩体不属于土，而人工填土主要是成因上的区别。因此天然土实际上是分成碎石土、砂土、粉土和黏性土 4 大类。碎石土和砂土属于粗粒土，粉土和黏性土属于细粒土。粗粒土按粒径级配分类，细粒土则按塑性指数 I_P 分类，具体标准如下。

（1）岩石。岩石是颗粒间牢固连接，呈整体或具有节理裂隙的岩体。作为建筑物地基，除应确定岩石的地质名称外，还应确定其坚硬程度和完整程度。

（2）碎石土。粒径大于 2mm 的颗粒含量超过全重 50% 的土称为碎石土。根据颗粒级配和颗粒形状按表 1-21 分为漂石、块石、卵石、碎石、圆砾和角砾 6 类。

表 1-21　碎石土的分类

土的名称	颗粒形状	颗粒级配
漂石	圆形及亚圆形为主	粒径大于 200mm 的颗粒超过全重 50%
块石	棱角形为主	
卵石	圆形及亚圆形为主	粒径大于 20mm 的颗粒超过全重 50%
碎石	棱角形为主	
圆砾	圆形及亚圆形为主	粒径大于 2mm 的颗粒超过全重 50%
角砾	棱角形为主	

注：分类时应根据粒组含量栏从上到下以最先符合者确定。

（3）砂土。粒径大于 2mm 的颗粒含量不超过全重 50%，粒径大于 0.075mm 的颗粒含量超过全重 50% 的土称为砂土。根据粒组含量按表 1-22 分为砾砂、粗砂、中砂、细砂和粉砂五类。

表 1-22　砂土的分类

土的名称	颗粒级配
砾砂	粒径大于 2mm 的颗粒含量占全重 25%～50%
粗砂	粒径大于 0.5mm 的颗粒含量超过全重 50%
中砂	粒径大于 0.25mm 的颗粒含量超过全重 50%
细砂	粒径大于 0.075mm 的颗粒含量超过全重 85%
粉砂	粒径大于 0.075mm 的颗粒含量超过全重 50%

注：分类时应根据粒组含量栏从上到下以最先符合者确定。

（4）粉土。粉土为介于砂土与黏性土之间，塑性指数 $I_P \leq 10$ 且粒径大于 0.075mm 的颗粒含量不超过全重 50% 的土。这类土既不具有砂土透水性大、容易排水固结、抗剪强度较高的优点，又不具有黏性土防水性能好、不容易被水冲蚀流失、具有较大黏聚力的优点。在许多工程问题上，表现出较差的工程性质。

（5）黏性土。黏性土是指塑性指数 $I_P > 10$ 的土。根据塑性指数 I_P 按表 1-23 又细分为粉质黏土和黏土。

表 1-23　黏性土分类

土的名称	塑性指数 I_P 值	土的名称	塑性指数 I_P 值
黏土	$I_P > 17$	粉质黏土	$10 < I_P \leq 17$

注：塑性指数由相应于 76g 圆锥体沉入土样中深度为 10mm 时测定的液限计算而得。

（6）人工填土。人工填土是指由于人类活动而堆积的土，其物质成分杂乱，均匀性较差。根据其物质组成和成因可分为素填土、压实填土、杂填土和冲填土 4 类。通常把堆填时间超过 10 年的黏性填土或超过 5 年的粉性填土称为老填土，否则称为新填土。

① 素填土。其由碎石土、砂土、粉土、黏性土等组成的填土。

② 压实填土。其为经分层压实的素填土。

③ 杂填土。其含有大量建筑垃圾、工业废料或生活垃圾等杂物的填土。

④ 冲填土。其为水力冲填泥沙形成的填土。

通常人工填土的强度低，压缩性大且不均匀，工程性质较差。其中压实填土的工程性质相对较好，而杂填土的工程性质最差。

除了上述 6 大类岩土，自然界中还分布着许多具有特殊性质的土，如淤泥、淤泥质土、红黏土、湿陷性黄土、膨胀土、冻土等。它们的性质与上述 6 大类岩土不同，需要区别对待，这里不再详述。

3.《公路土工试验规程》(JTG E40—2007) 分类标准

《公路土工试验规程》(JTG E40—2007)中提出了公路工程用土的分类标准，其分类体系参照《土的工程分类标准》(GB/T 50145—2007)，将土分为巨粒土、粗粒土、细粒土和特殊土，分类总体系如图 1.22。试样中巨粒组质量多于总质量 50% 的土称巨粒土，分类体系如图 1.23。试样中粗粒组质量多于总质量 50% 的土称砾类土，分类体系见图 1.24。粗粒土中砾粒组质量少于或等于总质量 50% 的土称砂类土，分类体系如图 1.25 所示。试样中细粒组质量多于总质量 50% 的土称细粒土，分类体系如图 1.26 所示。细粒土的塑性图分类采用 76g 平衡锥沉入 17mm 时测定 I_P 和 w_L。

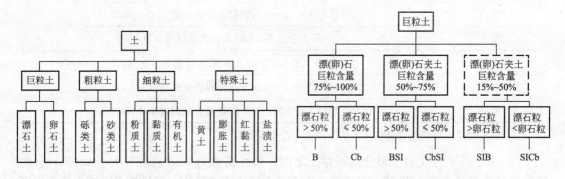

图 1.22　土的分类总体系　　　　　　图 1.23　巨粒土分类体系

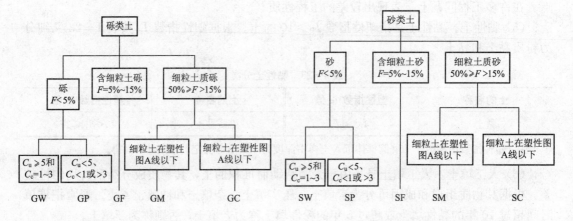

图 1.24　砾类土分类体系　　　　　　图 1.25　砂类土分类体系

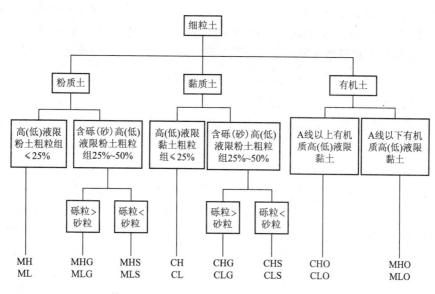

图 1.26 细粒土分类体系

【例题 1-2】 取 100g 的土样，颗粒分析试验结果见表 1-24，试分别用《土的工程分类标准》（GB/T 50145—2007）分类法和《建筑地基基础设计规范》（GB 50007—2011）分类法确定这种土的名称，比较其结果是否一致。

表 1-24 土样颗粒分析试验结果

试样编号	A								
筛孔直径/mm	200	60	20	2	0.5	0.25	0.075	<0.075	合计
留筛质量/g	0	34.7	5.5	30.8	5.2	13.82	9.98	0	100
大于某粒径含量占全部土样质量的分数/(%)	0	34.7	40.2	71	76.2	90.0	100	0	100
通过某筛孔径的土样质量分数/(%)	100	65.3	59.8	29	23.8	9.98	0	0	

解 (1) 采用《建筑地基基础设计规范》（GB 50007—2011）分类法。分类时应根据粒组含量由大到小，以最先符合者确定。根据颗粒分析结果知，粒径大于 2mm 的颗粒含量占全部质量的 71%。查表 1-21 知，粒径大于 2mm 的颗粒含量超过全部质量 50% 的，定义为圆砾（角砾）。

(2) 采用《土的工程分类标准》（GB/T 50145—2007）。因为土样中粒径大于 60mm 的颗粒含量占全部质量的 34.7%，介于 15%~50%，所以该土属于巨粒混合土。又因为 $d>$ 200mm 的漂石粒组含量为 0，$d>$60mm 的卵石粒组含量为 34.7%，所以漂石含量<卵石含量。所以根据表 1-16 定义该土为卵石混合土，土代号为 SICb。

评价：对同一种土样，采用不同的分类方法，得到的土的名称并不相同。可见分类方法影响土的定名。在实践中应根据具体工程所属的行业，选择适宜的分类方法。

【例题 1-3】 已知某细粒土的液限 $w_L=46\%$，塑限 $w_P=32\%$，天然含水量 $w=$

42%。试分别用《建筑地基基础设计规范》(GB 50007—2011)分类法和《土的工程分类标准》(GB/T 50145—2007)分类法确定这两种土的名称，并比较结果的一致性。

解 (1) 采用《建筑地基基础设计规范》(GB 50007—2011)分类法。土的塑性指数

$$I_P = w_L - w_P = 14$$

因为 I_P 值在 10～17 之间，所以该土属于粉质黏土。

(2) 采用《土的工程分类标准》(GB/T 50145—2007)分类法。已知土的液限和塑性指数，可根据塑性图进行分类。由于该土样 $w_L = 46\% < 50\%$，土的塑性指数

$$I_P = w_L - w_P = 14 < 0.73 \times (w_L - 20) = 18.98$$

对照图 1.21(没有特别指明，此处液限按 17mm 液限)或查表 1-20 可知，由上述各参数所确定的点落在塑性图的 ML 区。所以该土属于低液限粉土，土的代号是 ML。

评价：对于细粒土，不同的分类方法得出的土的名称也有可能不一致。本题一个分类标准判别为粉质黏土，另一个判别为粉土。但由于《建筑地基基础设计规范》(GB 50007—2011)分类法只有一个参数指标，即塑性指数 I_P，而《土的工程分类标准》(GB/T 50145—2007)分类法中的塑性图采用双标准，还考虑了有机物的含量，与国际上对细粒土的分类法比较一致。所以对于细粒土，当采用不同的标准所得结论不一致时，建议以塑性图的结果为准。

背 景 知 识

触变性和触变性泥浆

黏性土与灵敏度密切相关的另一种特性是其触变性。当土体结构受破坏，含水量不变，密度不变，因重塑而强度降低，又因静置而逐渐强化，强度逐渐恢复的现象，称为黏性土的触变性。土的触变性是黏性土结构中连接形态发生变化引起的，是土结构随时间变化的宏观表现。一般来说，灵敏度高的土，其触变性也大。

在工程建设中，黏性土的触变性已经被广泛应用。将黏性土与水制成泥浆，称为触变泥浆。该泥浆中的矿物颗粒吸附大量水化离子和水分子，由于颗粒的水膜很厚，颗粒间的引力很薄弱，可以长期悬浮在水中。当悬浮液在静止状态时，颗粒间微弱引力使其聚集，悬浮液便成为一种糊状黏滞度较大的流体。当悬浮液一旦受到振动或扰动，颗粒间的连接会立即丧失。例如，在桩基和地下连续墙施工过程中，广泛使用触变泥浆来保护钻孔壁或沟槽壁；在沉井下沉中利用触变泥浆来减少下沉阻力等。

本 章 小 结

本章从土的成因出发，介绍了土的三相组成，即土颗粒、水和空气，重点描述了土的物理性质指标和物理状态指标，并对土进行了科学的分类，这些内容是学习土力学的基础。应该理解土的形成原因和土的状态发生变化的原因；掌握土的粒度、粒组、粒度成分的概念及粒度成分的分析与表示方法；掌握土的物理性质指标和物理状态指标的定义；熟

练运用三相草图法换算土的物理性质指标；熟练完成三大指标测定试验和液塑限测定试验；熟悉土的各种分类方法的共性和区别。

思考题与习题

1-1 什么是土的三相体系？土的相系组成对土的状态和性质有何影响？

1-2 什么叫粒组？试从表1-4分析我国与欧美日对粒组划分的异同。

1-3 土的粒径分哪几组？何谓黏粒？各粒组的工程性质有什么不同？

1-4 什么叫粒度成分和粒度分析？简述筛分法和沉降分析法的基本原理。

1-5 累计曲线法在工程上有何用途？

1-6 何谓土的颗粒级配？当土的不均匀系数 $C_u > 10$ 反映土的什么性质？

1-7 什么叫土的结构？土的结构对其工程性质有什么影响和意义？

1-8 土的矿物成分与粒度成分有何关联？

1-9 黏土矿物一般分为哪几大类？它们对土的工程性质有何影响？

1-10 土的物理性质指标有哪些？其中哪几个可以直接测定？常用的测定方法是什么？

1-11 土的密度 ρ 与土的重力密度 γ 的物理意义和单位有何区别？说明天然重度 γ、饱和重度 γ_{sat}、有效重度 γ' 和干重度 γ_d 之间的相互关系，并比较其数值的大小。

1-12 何谓孔隙比？何谓饱和度？用三相草图计算时，为什么要设总体积 $V=1$？什么情况下设 $V_s=1$ 计算简便？

1-13 土粒比重 G_s 的物理意义是什么？如何测定 G_s 值？常见值砂土 G_s 是多少？黏土 G_s 是多少？

1-14 无黏性土最主要的物理状态指标是什么？用孔隙比 e、相对密度 D_r 和标准贯入试验锤击数 N 来划分密实度各有何优缺点？

1-15 黏性土最主要的物理特征是什么？何谓塑限？何谓液限？如何测定？

1-16 塑性指数的定义和物理意义是什么？I_P 大小与土颗粒粗细有何关系？I_P 大的土具有哪些特点？

1-17 何谓液性指数？如何应用液性指数 I_L 来评价土的工程性质？

1-18 为什么要引用相对密度的概念评价砂土的密实度？为什么要引用液性指数的概念评价黏性土的稠度状态？在实际应用中应注意哪些问题？

1-19 已知甲土的含水量 w_1 大于乙土的含水量 w_2，试问甲土的饱和度 S_{r1} 是否大于乙土的饱和度 S_{r2}？

1-20 下列土的物理性质指标中，哪几项对黏性土有意义？哪几项对无黏性土有意义？

(1)粒径级配 (2)相对密度 (3)塑性指数 (4)液性指数 (5)灵敏度

1-21 按照《土的工程分类标准》(GB/T 50145—2007)地基土分几大类？各类土的划分依据是什么？说明粒组含量和塑性指数在土分类中的作用。

1-22 按照《建筑地基基础设计规范》(GB 50007—2011)地基土分哪几类？各类土的划分依据是什么？

1-23 某原状土，天然含水量为 32％，液限为 30％，塑限为 18％。试分别用《土的工程分类标准》（GB/T 50145—2007）分类法和《建筑地基基础设计规范》（GB 50007—2011）分类法确定这种土的名称。

1-24 土的工程分类原则和分类依据是什么？

1-25 在土类定名时，无黏性土与黏性土各主要依据什么指标？

1-26 野外目力鉴别方法主要有哪些内容？

1-27 某碎屑土，取风干土样 300g，经筛分计算后得土样筛分分析成果见表 1-25。试用累计曲线法画出该土样的曲线，并分别求出 C_u 及 C_c 值，并分析该土样的级配情况。（参考答案：3.57，1.26，级配不良）

表 1-25 土样筛分分析成果

粒组名称	粒径/mm	质量/g	百分含量/(%)
卵砾组	>2	3	1
极粗砂粒组	2～1	36	12
粗砂粒组	1～0.5	96	32
中砂粒组	0.5～0.25	120	40
细砂粒组	0.25～0.1	30	10
极细砂粒、更细土粒	<0.1	15	5
总计		300	100

1-28 试证明以下关系式：

(1) $e = \dfrac{\rho_s(1+w)}{\rho} - 1$

(2) $\rho_d = \dfrac{\rho}{1+w}$

(3) $\gamma' = \dfrac{\gamma(\gamma_s - \gamma_w)}{\gamma_s(1+w)}$

(4) $G_s = \dfrac{\rho_d S_r}{S_r \rho_w - \rho_d w}$

1-29 某基础工程地质勘查中取原状土做试验。用天平称 50cm³ 湿土质量为 95.15g，烘干后质量为 75.05g，土粒比重为 2.67。计算此土样的天然密度、干密度、饱和密度、天然含水量、孔隙比、孔隙度和饱和度。（参考答案：1.90g/cm³，1.50g/cm³，1.94g/cm³，26.8％，0.78，0.438，91.7％）

1-30 饱和土的孔隙比为 0.70，土粒比重为 2.72。用三相草图计算干重度 γ_d、饱和重度 γ_{sat} 和浮重度 γ'，并求饱和度为 75％ 时的容重和含水量（分别设 $V_s=1$ 和 $V=1$），比较哪种方法更简便。（参考答案：16kN/cm³，20.12kN/cm³，10.12kN/cm³，19.3％，19.09kN/cm³）

1-31 取得某湿土样 1955g，测知其含水量为 15％，若在土样中再加入 85g 水后，试问此时该土样的含水量为多少。（参考答案：20.0％）

1-32 某地基表层为杂填土厚 1.2m，第二层为黏性土，厚 5m，地下水位深 1.8m。在黏性土中部取土做试验，测得天然密度 $\rho = 1.84$g/cm³，土粒比重 $G_s = 2.75$，计算此土的 w，ρ_d 和 e。（参考答案：39.39％，1.32，1.083）

1-33 从甲、乙两地黏性土中各取出土样进行稠度试验。两土样的液限、塑限都相同，$w_L=40\%$，$w_P=25\%$。但甲地的天然含水量 $w=45\%$，而乙地的 $w=20\%$。两地的液性指数 I_L 各为多少？属何种状态？（参考答案：1.33，流塑；-0.33，坚硬）

1-34　甲、乙两种土的细颗粒含量和液限、塑限分别见表 1-26，求这两种土的活动度，并判断哪一种土黏土矿物的活动性高。（参考答案：0.31，1.30）

表 1-26　甲、乙两种土的细颗粒含量和液限、塑限

土　样	<0.005	<0.002	w_L	w_P
甲土	67%	55%	53%	36%
乙土	33%	27%	70%	35%

第2章
土中水的运动规律

教学目标与要求

● **概念及基本原理**

【掌握】土的毛细性、土的渗透性、渗流速度、动水力、流沙、管涌、流网

【理解】达西定律、渗透系数的影响因素、土的冻结机理

● **计算理论及计算方法**

【掌握】动水力的计算、临界水力梯度的计算、流网的绘制方法、流网的工程应用

● **试验**

【掌握】常水头渗透试验、变水头渗透试验

【理解】现场抽水试验

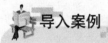导入案例

九江大堤决口

九江长江大堤始建于20世纪60年代末期,70年代初具规模,现有堤长17.46km。早期兴建的堤防没有对堤基进行处理,1998年汛期渗水严重,险象环生。1998年8月7日,城西4♯~5♯闸间决堤30m左右,这是1998年长江发生特大洪水时,在长江干堤上唯一的一处决口(图2.0)。为此,举世震惊,造成了极大的影响和惨重的损失。1998年汛后,国家十分重视堤防加固整治工程建设,并委托长江水利委员会承担九江长江大堤决口事故分析和加固整治工程设计。

我国河道堤防工程大多修建在河流中下游冲积平原上,基础大都为砂基。而且这些堤防往往是民间历年逐渐堆积培修加固而成的,大都没有进行基础处理。因此,当遇到洪水时,经常会发生基础渗透破坏和塌坡等险情,极易导致大堤溃决。另外,在现有堤防上,为满足当地群众排涝水和交通等生产、生活需要,修

图2.0 大堤决口

建了穿堤涵闸。这些小型穿堤涵闸大都由群众自建,不少是没有经过设计的。有的标准太低,结构安全度太小,施工质量差,回填土不密实,年久失修。基础渗漏,闸身有裂缝,有的闸门开启困难,高水位时险情频出,甚至决堤。从1998年九江长江大堤的决口原因看出,基础渗漏是决堤的主要原因之一。我国大部分堤防建筑工程的建设一般对堤防建筑物高度、宽度等形象直观的断面尺寸是比较重视的,但对基础部分

则考虑不够，很多基础未处理就直接将建筑物放在透水层上。当水位不高，或建筑物挡水时间短时，可能穿过建筑物的渗流还未穿透，洪水就过去了。但当挡水时间一长，加上水位高时，渗流就能绕过建筑物穿透地基，在堤背面形成翻砂鼓水，严重时则会造成渗流破坏，堤防决口，被保护区受淹。因此，建议对重点堤防的现有穿堤建筑物进行全面调查、评估、计算，在此基础上，对这些有问题的涵闸等考虑采取基础防渗处理或拆除重建等措施。

2.1 土的毛细性

土是固体颗粒的集合体，是一种碎散的多孔介质，其孔隙在空间互相连通。土中水在土的孔隙中运动，其运动原因和形式很多，例如，在重力的作用下，地下水的流动（土的渗透性问题）；在土中附加应力作用下，孔隙水的挤出（土的固结问题）；由于表面现象产生的水分移动（土的毛细现象）；在土颗粒的分子引力作用下结合水的移动（冻结时土中水分的移动）；由于孔隙水溶液中离子浓度的差别产生的渗附现象等。土中水的运动将对土的性质产生影响，在许多工程实践中碰到的问题，如流沙、冻胀、渗透固结、渗流时的边坡稳定性等，都与土中水的运动有关，故本章着重研究土中水的运动规律及其对土的性质的影响。

土的毛细性是指土中的细小孔隙能使水产生毛细现象的性质。土的毛细现象是指土中水在表面张力作用下，沿着细小孔隙向上及向其他方向移动的现象，这种细小孔隙中的水称为毛细水。土的毛细现象在以下几方面对工程有影响。

（1）毛细水的上升是引起路基冻害的因素之一。

（2）对于房屋建筑，毛细水的上升会引起地下室过分潮湿。

（3）毛细水的上升可能引起土的沼泽化和盐渍化，对土木工程及农业经济都有很大影响。

为了认识土的毛细现象，下面分别讨论土层中的毛细水带、毛细水上升高度和上升速度，以及毛细压力。

2.1.1 土层中的毛细水带

土层中由于毛细现象所湿润的范围称为毛细水带。根据毛细水带的形成条件和分布状况，将土层中的毛细水划分为三个带，即正常毛细水带、毛细网状水带和毛细悬挂水带，如图2.1所示。

（1）正常毛细水带，又称毛细饱和带，它位于毛细水带的下部，与地下潜水连通。这一部分的毛细水主要是由潜水面直接上升而形成，毛细水几乎充满了全部孔隙。正常毛细水带受地下水位季节性升降变化的影响很大，会随着地下水位的升降做相应的移动。

（2）毛细网状水带，它位于毛细水带的中部。当地下水位急剧下降时，它也随着急速下降,这时在较细的毛细孔隙中有一部分毛细水来不及移动,仍残留在孔隙中,而在较粗的孔隙中因毛细水下降,孔隙中留下空气泡,从而使毛细水呈网状分布。毛细网状水带中的水,可以在表面张力和重力作用下移动。

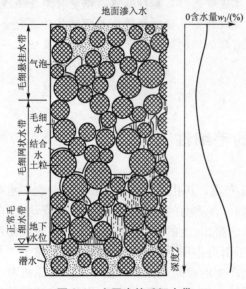

图 2.1 土层中的毛细水带

(3)毛细悬挂水带,又称上层毛细水带,它位于毛细水带的上部。这一带的毛细水是由地表水渗入而形成的,水悬挂在土颗粒之间,它不与中部或下部的毛细水相连。毛细悬挂水受地面温度和湿度的影响很大,常发生蒸发与渗透的"对流"作用,使土的表层结构遭到破坏。当地表有大气降水补给时,毛细悬挂水在重力作用下向下移动。

上述三个毛细水带不一定同时存在,这取决于当地的水文地质条件。当地下水位很高时,可能就只有正常毛细水带,而没有毛细悬挂水带和毛细网状水带;反之,当地下水位较低时,则可能同时出现三个毛细水带。在毛细水带内,土的含水量是随深度而变化的,如图 2.1 右侧的含水量分布曲线所示。曲线表明:自地下水位向上含水量逐渐减小,但到毛细悬挂水带后,含水量又有所增加。调查了解土层中毛细水含水量的变化,对土质路基、地基的稳定性分析具有重要意义。

2.1.2 毛细水上升高度及上升速度

为了了解土中毛细水的上升高度,可以借助于水在毛细管内上升的现象来说明。一根毛细管插入水中,可以看到水会沿毛细管上升,使毛细管内的液面高于其外部水面。出现这一现象的原因主要有两方面:一方面,我们知道水与空气的分界面上存在着表面张力,而液体总是力图缩小自己的表面积,以使表面自由能变得最小,这也就是一滴水珠总是成为球状的原因。另一方面,毛细管管壁的分子和水分子之间有引力作用,这个引力使与管壁接触部分的水面呈向上的弯曲状,这种现象称为湿润现象。当毛细管的直径较细时,毛细管内水面的弯曲面互相连接,形成内凹的弯液面状,如图 2.2 所示。这种内凹的弯液面表明管壁和液体是互相吸引的,即可湿润;如果管壁和液体之间不互相吸引,称为不可湿润的,那么毛细管内液体弯液面的形状是外凸的,如毛细管内的水银柱面就是这样。

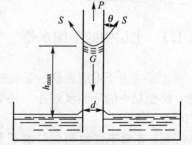

图 2.2 毛细管中水柱的上升

在毛细管内的水柱,由于湿润现象使得弯液面呈内凹状时,水柱的表面积就增加了,这时由于管壁与水分子之间的引力很大,促使管内的水柱升高,从而改变弯液面形状,缩小表面积,降低表面自由能。但当水柱升高改变了弯液面的形状时,管壁与水之间的湿润现象又会使水柱面恢复为内凹的弯液面状。这样周而复始，使毛细管内的水柱上升，直到升高的水柱重力和管壁与水分子间的引力所产生的上举力平衡为止。

若毛细管内的水柱上升到最大高度 $h_{\max}$，如图 2.2 所示，根据平衡条件知道管壁与弯液面水分子间引力的合力 S 等于水的表面张力 σ，若 S 与管壁间的夹角为 θ，则作用在毛细水柱上的上举力 P 为

$$P = S \cdot 2\pi r \cos\theta = 2\pi r \sigma \cos\theta \tag{2-1}$$

式中　σ——水的表面张力(N/m)，在表 2-1 中给出了不同温度时，水与空气间的表面张力值；

　　　r——毛细管的半径；

　　　θ——湿润角，它的大小取决于管壁材料及液体性质，对于毛细管内的水柱，可以认为 $\theta=0$，即认为是完全湿润的。

表 2-1　水与空气间的表面张力 σ

温度/℃	-5	0	5	10	15	20	30	40
表面张力 σ/(N/m)	76.4×10^{-3}	75.6×10^{-3}	74.9×10^{-3}	74.2×10^{-3}	73.5×10^{-3}	72.8×10^{-3}	71.2×10^{-3}	69.6×10^{-3}

毛细管内上升水柱的重力 G 为

$$G = \gamma_{\mathrm{w}} \pi r^2 h_{\max} \tag{2-2}$$

式中　γ_{w}——水的容重。

当毛细水上升到最大高度时，毛细水柱所受到的上举力 P 和水柱重力 G 相等，由此得

$$2\pi r \sigma \cos\theta = \gamma_{\mathrm{w}} \pi r^2 h_{\max} \tag{2-3}$$

若令 $\theta=0$，可求得毛细水上升最大高度的计算公式为

$$h_{\max} = \frac{2\sigma}{r\gamma_{\mathrm{w}}} = \frac{4\sigma}{d\gamma_{\mathrm{w}}} \tag{2-4}$$

式中　d——毛细管的直径。

从式(2-4)可以看出，毛细水上升高度是和毛细管直径成反比的，毛细管直径越细时，毛细水上升高度越大。

在天然土层中毛细水的上升高度是不能简单地直接引用式(2-4)计算的，这是因为土中的孔隙是不规则的，与圆柱状的毛细管根本不同，特别是土颗粒与水之间的物理化学作用，使得天然土层中的毛细现象比毛细管的情况要复杂得多。例如，假定黏土颗粒为直径等于 0.0005mm 的圆球，那么这种假想土粒堆置起来的孔隙直径 d 约为 0.00001cm，代入式(2-4)中，将得到毛细水的上升高度 $h_{\max}=300\text{m}$，这在实际土层中是根本不可能观测到的。实际上，在天然土层中毛细水的上升高度很少超过数米。

在实践中也有一些估算毛细水上升高度的经验公式，如海森(A. Hazen)的经验公式

$$h_{\mathrm{c}} = \frac{C}{ed_{10}} \tag{2-5}$$

式中　h_{c}——毛细水上升高度(m)；

　　　e——土的孔隙比；

　　　d_{10}——土的有效粒径(m)；

　　　C——与土粒形状及表面洁净情况有关的系数，一般 $C=1\times10^{-5}\sim5\times10^{-5}\text{m}^2$。

在黏性土颗粒周围吸附着一层结合水膜，这一层水膜将影响毛细水弯液面的形成。此外，结合水膜将减小土中孔隙的有效直径，使得毛细水在上升时受到很大阻力，上升速度很慢，上升的高度也受到影响。当土粒间的孔隙被结合水完全充满时，毛细水的上升也就停止了。

关于毛细水的上升速度和上升高度一样，也与土粒及其粒间孔隙大小密切相关。根据试验，以不同粒径的石英砂测试其毛细水上升速度与上升高度的关系，结果如图 2.3 所示。

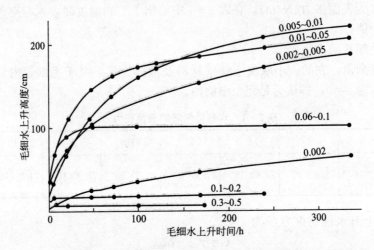

图 2.3　在不同粒径的石英砂中毛细水上升速度与上升高度的关系曲线

通过图 2.3 可以看到：

（1）粒径 $d=0.005\sim0.05$mm 的粉土。上升的最大高度可达 200cm 以上，其上升速度开始为 1.75cm/h，100h 以后毛细水上升速度明显减慢，约为 0.17cm/h，直到达到最大高度为止。

（2）粒径 $d=0.06\sim0.1$mm 的极细砂土。开始以 4.5cm/h 速度上升，20h 以后上升速度骤减为以 0.125cm/h 上升，在 80h 内毛细水仅上升 10cm。

（3）粒径 $d=0.1\sim0.2$mm 的细砂及中砂土。毛细水上升的最大高度约 20cm，开始以 5.5～6cm/h 速度上升很快，在数小时即可接近最高值，然后以极慢的速率上升直到最高值。

总的来说，毛细水在土中不是匀速上升的，而是随着高度的增加而减慢，直至接近最大高度时，渐趋近于零。从粒径而言，在较粗颗粒土中，毛细水上升开始进行得很快，以后逐渐缓慢，而且较粗颗粒的曲线为细颗粒的曲线所穿过，这说明细颗粒土毛细水上升高度较大，但上升速度较慢。

2.1.3　毛细压力

干燥的砂土是松散的，颗粒间没有黏结力，水下的饱和砂土也是这样。而有一定含水量的湿砂，却表现出颗粒间有一些黏结力，如湿砂可捏成砂团。在湿砂中有时可挖成直立的坑壁，短期内不会坍塌。这些都说明湿砂的土粒间有一定的黏结力，这个黏结力是由于土粒间接触面上有一些水的毛细压力所形成的。

毛细压力可以用图 2.4 来说明。图中两个土粒(假想是球体)的接触面间有一些毛细水，由于土粒表面的湿润作用，使毛细水形成弯液面。在水和空气的分界面上产生的表面张力 T 是沿着弯液面切线方向作用的，它促使两个土粒互相靠拢，在土粒的接触面上就产生一个压力，称为毛细压力 P_c。由毛细压力所产生的土粒间的黏结力称为假内聚力。当砂土完全干燥时，颗粒间没有孔隙水，当砂土完全浸没在水中，孔隙中完全充满水时，孔隙水不存在弯液面，这两种情况下毛细压力也就消失了。

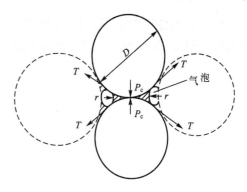

图 2.4　毛细压力示意图

2.2 土的渗透性

本节主要研究土中孔隙水(主要是指重力水)的运动规律。土是固体颗粒的集合体，是一种碎散的多孔介质，其孔隙在空间互相连通。当饱和土中的两点存在能量差时，水就在土的孔隙中从能量高的点向能量低的点流动。土孔隙中的自由水在重力作用下发生运动的现象，称为水的渗透。在道路及桥梁工程中常需要了解土的渗透性。例如，桥梁墩台基坑开挖排水时，需要了解土的渗透性，以配置排水设备；在河滩上修筑渗水路堤时，需要考虑路堤填料的渗透性；在计算饱和黏土层上建筑物的沉降和时间的关系时，需要掌握土的渗透性。

土的渗透性同土的强度和变形特性一起，是土力学中所研究的几个主要的力学性质。岩土工程的各个领域内，许多课题都与土的渗透性有密切的关系。

2.2.1 土的层流渗透定律

1. 伯努利方程

饱和土体中的渗流，一般为层流运动，水流流线互相平行，服从伯努利方程，即饱和土体中的渗流总是从能量高处向能量低处流动。伯努利方程可用下式表示为

$$z + \frac{u}{\gamma_w} + \frac{v^2}{2g} = h = 常数 \qquad (2-6)$$

式中　z——位置水头(所谓水头，实际上就是单位重量水体所具有的能量)；

　　　u——孔隙水压力；

　　　v——孔隙水的流速；

　　　g——重力加速度。

式(2-6)中的第二项表示饱和土体中孔隙水受到的压力(如加荷引起)，称为压力水头，第三项称为流速水头，由于通常情况下土中水的流速很小，流速水头一般忽略不计，因此研究土力学渗流问题常用的伯努利方程形式为

$$z + \frac{u}{\gamma_w} = h = 常数 \qquad (2-7)$$

2. 达西定律

水在土孔隙中渗流，如图2.5所示，土中a、b两点，已测得a点的水头为H_1，b点的水头为H_2，$H_1>H_2$，则水自高水头的a点流向低水头的b点，水流流径长度为l。

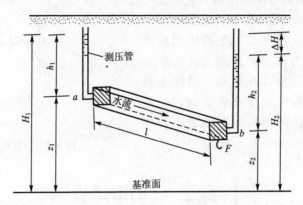

图2.5　水在土中的渗流

由于土的孔隙通道很小，而且很曲折，渗流过程中黏滞阻力很大，所以在大多数情况下，水在土孔隙中的流速较小，属于层流运动，那么土中水的渗流规律可以认为是符合层流渗透定律，这个定律是一百多年前法国工程师达西（H. Darcy）根据砂土的试验结果得到的，也称达西定律。它是指在层流状态的渗流中，渗透速度v与水力梯度I的一次方成正比，并与土的性质有关。即

$$v=kI \tag{2-8}$$

或

$$q=kIF \tag{2-9}$$

式中　v——断面平均渗透速度（m/s）；

I——水力梯度，即沿着水流方向单位长度上的水头差，如图2.5所示a、b两点的水力梯度$I=\dfrac{\Delta H}{\Delta l}=\dfrac{H_1-H_2}{l}=\dfrac{(z_1+h_1)-(z_2+h_2)}{l}$；

k——反映土的透水性能的比例系数，称为土的渗透系数，它相当于水力梯度$I=1$时的渗透速度，故其量纲与流速相同（m/s），各种土的渗透系数参考数值见表2-2；

q——渗透流量（m³/s），即单位时间内流过土截面积F的流量。

表2-2　土的渗透系数参考值

土的类别	渗透系数/(m/s)	土的类别	渗透系数/(m/s)
黏土	$<5\times10^{-8}$	细砂	$1\times10^{-5}\sim5\times10^{-5}$
粉质黏土	$5\times10^{-8}\sim1\times10^{-6}$	中砂	$5\times10^{-5}\sim2\times10^{-4}$
粉土	$1\times10^{-6}\sim5\times10^{-6}$	粗砂	$2\times10^{-4}\sim5\times10^{-4}$
黄土	$2.5\times10^{-6}\sim5\times10^{-6}$	圆砾	$5\times10^{-4}\sim1\times10^{-3}$
粉砂	$5\times10^{-6}\sim1\times10^{-5}$	卵石	$1\times10^{-3}\sim5\times10^{-3}$

应当指出，式(2-8)中的渗透流速v并不是土孔隙中水的实际平均流速，因为公式推

导中采用的是土样的整个断面积 F，其中包括了土粒骨架所占的部分面积在内。显然，土粒本身是不能透水的，所以实际的过水断面积 ΔF 应小于 F，从而土中孔隙水的实际平均流速 v_0 要比式（2-8）的计算平均流速 v 要大，它们间的关系为

$$\frac{v}{v_0}=n \qquad (2-10)$$

式中 n——土的孔隙率。

由于水在土中沿孔隙流动的实际路径十分复杂，v_0 也并非渗流的真实速度。要想真正确定某一具体位置的真实流动速度，无论理论分析还是试验方法都很难做到。从工程应用角度而言，也没有必要。对于解决实际工程问题，最重要的是在某一范围内宏观渗流的平均效果，所以渗流计算中，均采用式（2-8）计算的渗流速度 v，也称为假想渗流速度。

由于达西定律只适用于层流的情况，故一般只适用于中砂、细砂、粉砂等。对粗砂、砾石、卵石等粗颗粒土就不适用，因为这时水的渗流速度较大，已不是层流而是紊流，即水流是紊乱的，各质点运动轨迹不规则，质点互相碰撞、混杂。这时，渗流速度 v 与水力梯度 I 之间的关系不再是直线，而变为曲线关系。

另一种情况，黏土的渗透特征也偏离达西定律，其中的渗透规律须将达西定律进行修正。在黏土中，由于黏粒（尤以其中含有胶粒时）的表面能很大，其周围的结合水具有极大的黏滞性和抗剪强度。也正由于这种黏滞作用，自由水在黏土层中必须具备足够大的水力梯度，克服结合水的抗剪强度才能发生渗流。我们把克服此抗剪强度所需的水力梯度，称为黏土的起始水力梯度 I_0。于是，在计算黏土的渗流速度时，应按下述修正后的达西定律进行计算，即

$$v=k(I-I_0) \qquad (2-11)$$

2.2.2 土的渗透系数

土的渗透系数 k 是一个代表土的渗透性强弱的定量指标，也是渗流计算时必须用到的一个基本参数。不同种类的土，k 值差别很大。因此，准确地测定土的渗透系数 k 是一项十分重要的工作。渗透系数的测定方法主要分室内试验测定法和野外现场测定法两大类。但在实际工程中，常采用的最简便的方法是根据经验数值查表2-2选用。

1. 室内试验测定法

目前试验室中测定渗透系数 k 的仪器种类和试验方法很多，但从试验原理上大体可分为常水头法和变水头法两种。

常水头试验法就是在整个试验过程中保持水头为一常数，从而水头差也为常数；变水头试验法就是试验过程中水头差一直随时间而变化。

1）常水头渗透试验

常水头渗透试验装置的示意图如图2.6所示。在圆柱形试验筒内装置土样，土的断面积，

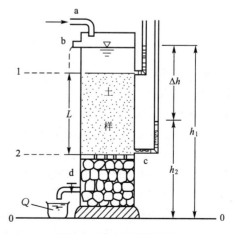

图2.6 常水头渗透试验

即试验筒截面积为 F，在整个试验过程中，土样的压力水头维持不变。在土样中选择两点 1、2，两点的距离为 L，分别在两点设置测压管。试验开始时，水自上而下流经土样，待渗流稳定后，测得在时间 t 内流过土样的流量为 Q，同时读得 1、2 两点测压管的水头差为 Δh，则由式(2-9)可得

$$Q=qt=kIFt=k\frac{\Delta h}{L}Ft$$

由此求得土样的渗透系数 k 为

$$k=\frac{QL}{\Delta hFt} \tag{2-12}$$

2）变水头渗透试验

变水头渗透试验装置如图2.7所示，在试验筒内装置土样，土样的断面积为 F，高度为 L，试验筒上设置储水管，储水管截面积为 a，在试验过程中储水管的水头不断减小。

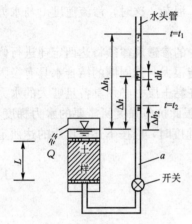

图 2.7　变水头渗透试验

若试验开始时，储水管水头为 Δh_1，经过时间 t 后降为 Δh_2，假设在时间增量 dt 内，水头降低了 $-dh$，则在 dt 时间内通过土样的流量为

$$dQ=-adh$$

而根据式(2-9)可知

$$dQ=qdt=kIFdt$$
$$=k\frac{\Delta h}{L}Fdt$$

故得

$$-adh=k\frac{\Delta h}{L}Fdt$$

方程两边进行积分，得到

$$-\int_{\Delta h_2}^{\Delta h_1}\frac{dh}{\Delta h}=\frac{kF}{aL}\int_0^t dt$$

$$\ln\frac{\Delta h_1}{\Delta h_2}=\frac{kF}{aL}t$$

由此求得渗透系数

$$k=\frac{aL}{Ft}\ln\frac{\Delta h_1}{\Delta h_2} \tag{2-13}$$

2. 现场抽水试验

对于粗颗粒土或成层的土，由于室内试验时不易取得原状土样，或者土样不能反映天然土层的层次或土颗粒排列情况，这时用现场测定法测出的 k 值要比室内试验准确。在现场研究场地的渗透性，进行渗透系数 k 值测定时，常用现场井孔抽水试验或井孔注水试验的方法。下面主要介绍用现场抽水试验确定 k 值的方法。注水试验的原理与抽水试验类似，需用时可参考水文地质有关资料。

图2.8为一现场井孔抽水试验示意图。在现场打一口试验井，贯穿要测定 k 值的砂土层，打到其下的不透水层，这样的井称为完整井，在距井中心不同距离处设置两个观测孔，然后自井中以不变速率连续进行抽水。抽水造成井周围的地下水位逐渐下降，形成一个以井孔为轴心的降落漏斗状的地下水面。测管水头差形成的水力坡降，使水流向井内。假定水流是水平流向时，则流向水井的渗流过水断面应是一系列的同心圆柱面。待出水量

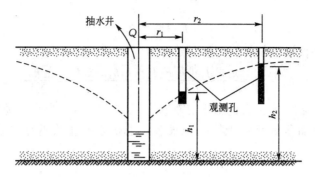

图 2.8 现场抽水试验

和井中的动水位稳定一段时间 t 后，若测得在时间 t 内从抽水井内抽出的水量为 Q，观测孔距井轴线的距离分别为 r_1、r_2，观测孔内的水头分别为 h_1、h_2，假定土中任一半径处的水力梯度为常数，即 $I=\dfrac{\mathrm{d}h}{\mathrm{d}r}$，则由达西定律可得

$$q=\frac{Q}{t}=kIF=k\,\frac{\mathrm{d}h}{\mathrm{d}r}\times 2\pi rh$$

$$\frac{\mathrm{d}r}{r}=\frac{2\pi k}{q}h\,\mathrm{d}h$$

方程两边积分，得

$$\ln\frac{r_2}{r_1}=\frac{\pi k}{q}(h_2^2-h_1^2)$$

求得渗透系数为

$$k=\frac{q}{\pi}\frac{\ln(r_2/r_1)}{(h_2^2-h_1^2)} \tag{2-14}$$

3. 成层土的渗透系数

黏性土沉积有水平分层时，对于土层的渗透系数有很大影响。从工程实用出发，在计算渗透流量时，常常把几个土层等效为厚度等于各土层之和，渗透系数为等效渗透系数的单一土层。图 2.9 表示土层由两层组成，其渗透系数分别为 k_1、k_2，厚度分别为 h_1、h_2。

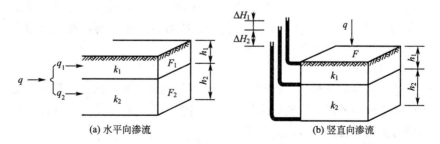

图 2.9 成层土的渗透系数

考虑水平向渗流时（水流方向与土层平行），如图 2.9(a) 所示。因为各土层的水力梯度相同，总的流量等于各土层流量之和，总的截面积等于各土层截面积之和，即

$$I=I_1=I_2$$

$$q = q_1 + q_2$$
$$F = F_1 + F_2$$

因此土层沿水平方向的等效渗透系数 k_h 为

$$k_h = \frac{q}{FI} = \frac{k_1 F_1 I_1 + k_2 F_2 I_2}{FI} = \frac{k_1 h_1 + k_2 h_2}{h_1 + h_2} = \frac{\sum k_i h_i}{\sum h_i} \qquad (2-15)$$

考虑竖直向渗流时（水流方向与土层垂直），如图 2.10(b) 所示。总的流量等于每一土层的流量，总的截面积等于各土层的截面积，总的水头损失等于各层土的水头损失之和，即

$$q = q_1 = q_2$$
$$F = F_1 = F_2$$
$$\Delta H = \Delta H_1 + \Delta H_2$$

因此土层竖向的等效渗透系数 k_v 为

$$k_v = \frac{q}{FI} = \frac{q}{F} \cdot \frac{h_1 + h_2}{\Delta H_1 + \Delta H_2} = \frac{q}{F} \cdot \frac{h_1 + h_2}{\dfrac{q_1 h_1}{k_1 F_1} + \dfrac{q_2 h_2}{k_2 F_2}} = \frac{h_1 + h_2}{\dfrac{h_1}{k_1} + \dfrac{h_2}{k_2}} = \frac{\sum h_i}{\sum \dfrac{h_i}{k_i}} \qquad (2-16)$$

2.2.3　影响土的渗透性的因素

影响土的渗透性的因素主要有以下几个方面。

1) 土的粒度成分及矿物成分

土的颗粒大小、形状及级配，影响土中孔隙大小及其形状，因而影响土的渗透性。土颗粒越粗、越浑圆、越均匀时，渗透性就越大。砂土中含有较多粉土及黏土颗粒时，其渗透系数就大大降低。

土的矿物成分对于卵石、砂土和粉土的渗透性影响不大，但对于黏土的渗透性影响较大。黏性土中含有亲水性较强的黏土矿物（如蒙脱石）或有机质时，由于它们具有很大的膨胀性，从而大大降低土的渗透性。含有大量有机质的淤泥几乎是不透水的。

2) 结合水膜的厚度

黏性土中若土粒的结合水膜厚度较厚时，会阻塞土的孔隙，降低土的渗透性。如钠黏土，由于钠离子的存在，使黏土颗粒的扩散层厚度增加，所以透水性很低。又如在黏土中加入高价离子的电解质（如 Al、Fe 等），会使土粒扩散层厚度减薄，黏土颗粒会凝聚成粒团，土的孔隙因而增大，这将使土的渗透性增大。

3) 土的结构与构造

天然土层通常是各向异性的，在渗透性方面往往也是如此。如黄土具有竖直方向的大孔隙，所以竖直方向的渗透系数要比水平方向大得多。层状黏土常夹有薄的粉砂层，它在水平方向的渗透系数要比竖直方向大得多。

4) 水的黏滞度

水在土中的渗流速度与水的容重及黏滞度有关，而这两个数值又与温度有关。一般水的容重随温度变化很小，可略去不计，但水的动力黏滞系数 η 随温度变化而变化。故室内渗透试验时，同一种土在不同温度下会得到不同的渗透系数。在天然土层中，除了靠近地表的土层外，一般土中的温度变化很小，故可忽略温度的影响。但是室内试验的温度变化

较大，故应考虑它对渗透系数的影响。目前常以水温为 20℃时的渗透系数 k_{20} 作为标准值，在其他温度下测定的渗透系数 k_t 可按式(2-17)进行修正，即

$$k_{20} = k_t \frac{\eta_t}{\eta_{20}}$$
(2-17)

式中 η_t、η_{20}——分别为 t℃时及 20℃时水的动力黏滞系数(kPa·s)，$\dfrac{\eta_t}{\eta_{20}}$ 的比值与温度的关系见表 2-3。

表 2-3 η_t/η_{20} 与温度的关系

温度/℃	η_t/η_{20}	温度/℃	η_t/η_{20}	温度/℃	η_t/η_{20}
5	1.501	16	1.104	22	0.953
6	1.455	17	1.077	23	0.932
8	1.373	18	1.050	24	0.910
10	1.297	19	1.025	25	0.890
12	1.227	20	1.000	26	0.870
14	1.163	21	0.976	28	0.833

5) 土中气体

土孔隙中气体的存在可减少土体实际渗透面积，同时气体随渗透水压的变化而胀缩，成为影响渗透面变化的不定因素。当土孔隙中存在封闭气泡时，会阻塞水的渗流，从而降低了土的渗透性。这种封闭气泡有时是由溶解于水中的气体分离出来而形成的，故室内渗透试验时规定要用不含溶解有空气的蒸馏水。

2.2.4 动水力及渗透破坏

水在土中渗流时，受到土颗粒的阻力 T 的作用，这个力的作用方向与水流方向相反，根据作用力与反作用力大小相等的原理，水流也必然有一个相等的力作用在土颗粒上，把水流作用在单位体积土体中土颗粒上的力称为动水力 G_D(kN/m³)，也称渗流力。动水力的作用方向与水流方向一致。G_D 和 T 的大小相等，方向相反，它们都是用体积力表示的。

动水力的计算在工程实践中具有重要的意义，例如研究土坡在水渗流时的稳定性问题，就要考虑动水力的影响。

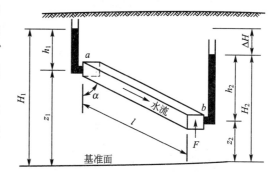

图 2.10 动水力的计算

1. 动水力的计算公式

在土中沿水流的渗流方向，切取一个土柱体 ab(图 2.10)，土柱体的长度为 l，横截面积为 F。已知 a、b 两点距基准面的高度分别为 z_1 和 z_2，两点的测压管水柱高分别为 h_1 和 h_2，则两点的水头分别为 $H_1 = h_1 + z_1$ 和

$H_2 = h_2 + z_2$。

将土柱体 ab 内的水作为隔离体，考虑作用在水上的力系。因为水流的流速变化很小，其惯性力可以略去不计。这样，根据 ab 轴线方向上的力的平衡条件，可得

$$\gamma_w h_1 F - \gamma_w h_2 F + \gamma_w nlF\cos\alpha + \gamma_w(1-n)lF\cos\alpha - lFT = 0$$

式中　　$\gamma_w h_1 F$——作用在土柱体的截面 a 处的水压力，其方向与水流方向一致；

　　　　$\gamma_w h_2 F$——作用在土柱体的截面 b 处的水压力，其方向与水流方向相反；

　　$\gamma_w nlF\cos\alpha$——土柱体内水的重力在 ab 方向的分力，其方向与水流方向一致；

$\gamma_w(1-n)lF\cos\alpha$——土柱体内土颗粒作用于水的力在 ab 方向的分力（土颗粒作用于水的力，也是水对于土颗粒作用的浮力的反作用力），其方向与水流方向一致；

　　　　　lFT——水渗流时，土柱中的土颗粒对水的阻力，其方向与水流方向相反；

　　　　　　n——土的孔隙率。

经过整理后，可得

$$\gamma_w h_1 - \gamma_w h_2 + \gamma_w l\cos\alpha - lT = 0$$

以 $\cos\alpha = (z_1 - z_2)/l$ 代入上式，可得

$$T = \gamma_w \frac{(h_1 + z_1) - (h_2 + z_2)}{l} = \gamma_w \frac{H_1 - H_2}{l} = \gamma_w I$$

故得动水力的计算公式为

$$G_D = T = \gamma_w I \tag{2-18}$$

2. 流砂现象和管涌

由于动水力的方向与水流方向一致，因此当水的渗流自上向下时（如图 2.11 中河滩路堤基底土层中的 d 点），动水力方向与土体重力方向一致，这样将增加土颗粒间的压力；若水的渗流方向自下而上时（如图 2.11 中的 e 点），动水力方向与土体重力方向相反，这样将减小土颗粒间的压力。

图 2.11　河滩路堤下的渗流

若水的渗流方向自下而上，在土体表面（如图 2.11 所示路堤下的 e 点）取一单位体积土体进行分析。已知土在水下的浮容重为 γ'，当向上的动水力 G_D 与土的浮容重相等时，即

$$G_D = \gamma_w I = \gamma' \tag{2-19}$$

这时土颗粒间的压力等于零，土颗粒将处于悬浮状态而失去稳定，这种现象称为流沙现象。这时的水头梯度称为临界水头梯度 I_{cr} 为

$$I_{cr} = \frac{\gamma'}{\gamma_w} = \frac{\gamma_{sat}}{\gamma_w} - 1 \tag{2-20}$$

水在砂性土中渗流时，土中的一些细小颗粒在动水力作用下，可能通过粗颗粒的孔隙被水流带走，这种现象称为管涌。管涌可以发生于局部范围，但也可能逐步扩大，最后导致土体失稳破坏。发生管涌的临界水头梯度与土的颗粒大小及其级配情况有关，一般情况下土的不均匀系数越大，管涌现象越容易发生。

流沙现象是发生在土体表面渗流逸出处，不发生于土体内部，而管涌现象可以发生在渗流逸出处，也可能发生于土体内部。流沙现象主要发生在细砂、粉砂及粉土等土层中。对于饱和的低塑性黏性土，当受到扰动时也会发生流沙，而在粗颗粒土及黏土中则不易产生。

基坑开挖排水时，若采用表面直接排水，坑底土将受到向上的动水力作用，可能发生流沙现象。这时坑底土边挖边会随水涌出，无法清除，站在坑底的工人和放置的机器也会陷下去。由于坑底土随水涌入基坑，使坑底土的结构破坏，强度降低，重则造成坑底失稳，轻则将会导致建筑物产生附加沉降。水下深基坑或沉井排水挖土时，若发生流砂现象将危及施工安全，应引起特别注意。通常，施工前应做好周密的勘测工作，当基坑底面的土层是容易引起流沙现象的土质时，应避免采用表面直接排水，而可采用人工降低地下水位的方法进行施工。

河滩路堤两侧有水位差时，在路堤内或基底土内发生渗流，当水力梯度较大时，可能产生管涌现象，导致路堤坍塌破坏。为了防止管涌现象发生，一般可在路基下游边坡的水下部分设置反滤层，可以防止路堤中的细小颗粒被管涌带走。

2.3　流网及其应用

为了防止渗流破坏，应使渗流溢出处的水力梯度小于容许水力梯度。因此，确定渗流溢出处的水头梯度就成为解决此类问题的关键之一。在实际工程中，经常遇到的是边界条件较为复杂的二维或三维渗流问题，在这类渗流问题中，渗流场中各点的渗流速度 v 与水头梯度 I 均是该点位置坐标的二维或三维函数。对此首先必须建立它们的渗流微分方程，然后再结合渗流边界条件与初始条件求解。

工程中涉及渗流问题的常见构筑物有坝基、闸基、河滩路堤及板桩支护的基坑等。这类构筑物有一个共同特点，就是轴线长度远大于其横向尺寸，因而可以近似地认为渗流仅发生在横断面内，或者说在轴线方向上的任一个断面上，其渗流特性相同，这种渗流称为二维渗流或平面渗流。

2.3.1　平面渗流基本微分方程

如图 2.12 所示，在渗流场中任取一点 $(x，z)$ 的微单元体，分析其在 $\mathrm{d}t$ 时段内沿 x、z 方向流入和流出水量的关系。

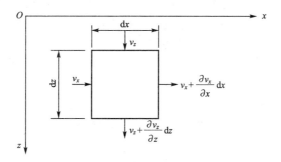

图 2.12　渗流场中的单元体

假设 x、z 方向流入微元体的渗流速度分别为 v_x、v_z，则相应流出微元体的渗流速度为 $v_x+\dfrac{\partial v_x}{\partial x}\mathrm{d}x$，$v_z+\dfrac{\partial v_z}{\partial z}\mathrm{d}z$，而流出和流入微元体的流量差为

$$dQ = \left[\left(v_x + \frac{\partial v_x}{\partial x}dx - v_x\right)dz + \left(v_z + \frac{\partial v_z}{\partial z}dz - v_z\right)dx\right]dt = \left(\frac{\partial v_x}{\partial x} + \frac{\partial v_z}{\partial z}\right)dxdzdt$$

通常可以假定渗流为稳定流，而土体骨架可以认为不产生变形，并且假定流体不可压缩，则在同一时段内微单元体的流出水量与流入水量相等，即 $dQ=0$，故可得平面渗流连续条件微分方程为

$$\frac{\partial v_x}{\partial x} + \frac{\partial v_z}{\partial z} = 0 \qquad (2-21)$$

根据达西定律，$v_x = k\dfrac{\partial h}{\partial x}$，$v_z = k\dfrac{\partial h}{\partial z}$，代入式(2-21)，可得平面渗流基本微分方程为

$$\frac{\partial^2 h}{\partial x^2} + \frac{\partial^2 h}{\partial z^2} = 0 \qquad (2-22)$$

当已知渗流问题的具体边界条件时，结合这些边界条件求解上述微分方程，便能得到渗流问题的唯一解答。

2.3.2 平面稳定渗流问题的流网解法

在实际工程中，渗流问题的边界条件往往是比较复杂的，其严密的解析解一般很难得到。因此对渗流问题的求解除了采用解析解外，还有数值解法、图解法和模型试验法等，其中最常用的是图解法，即流网解法。

1. 流网及其性质

平面稳定渗流微分方程的解可以用渗流区平面内两簇相互正交的曲线来表示。其中一簇为流线，它代表水流的流动路径；另一簇为等势线，在任意一条等势线上，各点的测压水位或总水头都在同一水平线上。工程上把这种等势线簇和流线簇交织成的网格图形称为流网，如图2.13所示。

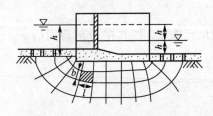

图 2.13 闸基础的渗流流网

对于各向同性土，流网具有如下特性。

（1）流网是相互正交的网格。由于流线与等势线具有相互正交的性质，故流网为正交网格。

（2）流网为曲边正方形。在流网网格中，网格的长度与宽度之比通常取为定值，一般取为1.0，使方格网成为曲边正方形。

（3）任意两相邻等势线间的水头损失相等。渗流区内水头依等势线等量变化，相邻等势线的水头差相等。

（4）任意两相邻流线间的单位渗流量相等。相邻流线间的渗流区域称为流槽，每一流槽的单位流量与总水头 h、渗透系数 k 及等势线间隔数有关，与流槽位置无关。

2. 流网的绘制

流网的绘制方法大致有三种。

1）解析法

即用解析的方法求出流速势函数及流函数，再令其函数等于一系列的常数，就可以描绘出一簇等势线和流线，这种方法虽然严密，但数学上求解仍存在较大困难。

2）试验法

常用的有水电比拟法，此方法利用水流与电流在数学上和物理上的相似性，通过测绘相似几何边界电场中的等电位线，获取渗流的等势线和流线，再根据流网性质补绘出流网，这种方法在操作上比较复杂，不易在工程中推广应用。

3）近似作图法

这种方法比较常用，根据流网性质和确定的边界条件，用作图方法逐步近似画出流线和等势线，下面对这一方法做一些介绍。

近似作图法的步骤大致为：先按照流动趋势画出流线，然后根据流网正交性画出等势线，若发现所绘流网不成曲边正方形时，需要反复修改等势线和流线直至满足要求。图 2.14 为一带板桩的溢流坝，其流网可按照如下步骤绘出。

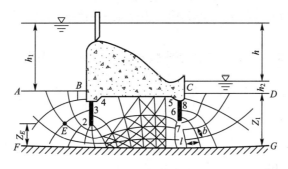

图 2.14　溢流坝的渗流流网

（1）首先将构筑物及土层剖面按一定比例绘出，并根据渗流区的边界，确定边界流线及边界等势线。如图 2.14 中的上游透水边界 AB 是一条等势线，其上各点的水头高度均为 h_1，下游透水边界 CD 也是一条等势线，其上各点的水头高度均为 h_2。坝基的地下轮廓线 $B—1—2—3—4—5—6—7—8—C$ 为一流线，渗流区边界 FG 为另一条边界流线。

（2）根据流网特性初步绘出流网形态。可先按照上下边界流线形态大致描绘几条流线，描绘时注意，中间流线的形状由坝基轮廓线形状逐步变为与不透水层面 FG 相接近。中间流线数量越多，流网越准确，但绘制与修改工作量也越大，中间流线的数量应视工程的重要性而定，一般中间流线可绘 3～4 条。流线绘好后，根据曲边正方形的要求描绘等势线，描绘时应注意等势线与上、下边界流线保持垂直，并且等势线与流线都应是光滑曲线。

（3）逐步修改流网。初绘的流网，可以加绘网格的对角线来检验其正确性。如果每一网格的对角线都正交，且成正方形，则表明流网是正确的，否则应做进一步修改。但是，由于边界通常是不规则的，在形状突变处，很难保证网格为正方形，有时甚至成为三角形。对此应从整个流网来分析，只要大多数网格满足流网特征，个别网格不符合要求，对计算结果影响不大。

3. 流网的工程应用

正确绘制出流网后，可以用它来求解渗流速度、渗流量及渗流区的孔隙水压力。

1）渗流速度的计算

如图 2.14 所示，计算渗流区中某一网格内的渗流速度，可先从流网图中量出该网格的流线长度 l。根据流网的特性，在任意两条等势线之间的水头损失是相等的，设流网中的等

势线数目为 n（包括边界等势线），上下游总水头差为 h，则任意两等势线间的水头差为

$$\Delta h = \frac{h}{n-1} \tag{2-23}$$

而所求网格内的渗流速度为

$$v = kI = k\frac{\Delta h}{l} = \frac{kh}{(n-1)l} \tag{2-24}$$

2）渗流量的计算

由于任意两相邻流线间的单位渗流量相等，设整个流网的流线数目为 m（包括边界流线），则单位宽度内总的渗流量 q 为

$$q = (m-1)\Delta q \tag{2-25}$$

式中 Δq——任意两相邻流线间的单位渗流量。

q、Δq 的单位均为 $\mathrm{m^3/(d \cdot m)}$，其值可根据某一网格的渗透速度及网格的过水断面宽度求得。

设网格的过水断面宽度（即相邻两条流线间的间距）为 b，网格的渗透速度为 v，则

$$\Delta q = vb = \frac{khb}{(n-1)l} \tag{2-26}$$

而单位宽度内的总流量 q 为

$$q = \frac{(m-1)kh}{n-1} \cdot \frac{b}{l} \tag{2-27}$$

3）孔隙水压力的计算

一点的孔隙水压力 u 等于该点测压管水柱高度 H 与水的重度的乘积，即 $u = \gamma_w H$，任意点的测压管水柱高度 H 可根据该点所在的等势线的水头确定。

如图 2.14 所示，设点 E 处于上游开始起算的第 i 条等势线上，若从上游入渗的水流达到 E 点所损失的水头为 h_f，则点 E 的总水头 h_E（以不透水层面 FG 为 z 坐标起始点）应为入渗边界上总水头高度减去这段流程的水头损失高度，即

$$h_E = (z_1 + h_1) - h_f$$

而 h_f 可由等势线间的水头差 Δh 求得

$$h_f = (i-1)\Delta h$$

E 点测压管水柱高度 H_E 为 E 点总水头与其位置坐标值 z_E 之差，即

$$H_E = h_E - z_E = h_1 + (z_1 - z_E) - (i-1)\Delta h \tag{2-28}$$

2.4 土的冻结机理

2.4.1 冻土现象及其对工程的危害

在冰冻季节因大气负温影响，使土中水分冻结成为冻土。冻土根据其冻融情况分为：季节性冻土、隔年冻土和多年冻土。季节性冻土是指冬季冻结夏季全部融化的冻土；冬季冻结，一两年不融化的土层称为隔年冻土；凡冻结状态持续三年或三年以上的土层称为多年冻土。多年冻土地区的表土层，有时夏季融化，冬季冻结，所以也是属于季节性冻土。

我国的多年冻土分布，基本上集中在纬度较高和海拔较高的严寒地区，如东北的大兴安岭北部和小兴安岭北部，青藏高原及西部天山、阿尔泰山等地区，总面积约占我国领土的20%左右，而季节性冻土则分布范围更广。

在冻土地区，随着土中水的冻结和融化，会发生一些独特的现象，称为冻土现象。冻土现象严重威胁着建筑物的稳定及安全，冻土现象是由冻结及融化两种作用所引起。某些细粒土层在冻结时，往往会发生土层体积膨胀，使地面隆起成丘，即所谓冻胀现象。土层发生冻胀的原因，不仅是由于水分冻结成冰时体积要增大9%的缘故，还主要是由于土层冻结时，周围未冻结区中的水分会向表层冻结区集聚，使冻结区土层中水分增加，冻结后的冰晶体不断增大，土体积也随之发生膨胀隆起。冻土的冻胀会使路基隆起，使柔性路面鼓包、开裂，使刚性路面错缝或折断；冻胀还使修建在其上的建筑物抬起，引起建筑物开裂、倾斜，甚至倒塌。

对工程危害更大的是在季节性冻土地区，一到春暖土层解冻融化后，由于土层上部积累的冰晶融化，使土中含水率大大增加，加之细粒土排水能力差，土层处于饱和状态，土层软化，强度大大降低。路基冻融后，在车辆反复碾压下，轻者路面会变得松软，限制行车速度；重者路面会开裂、冒泥，即出现翻浆现象，使路面完全破坏。冻融也会使房屋、桥梁、涵管发生大量下沉或不均匀下沉，引起建筑物开裂破坏。因此，冻土的冻胀及冻融都会对工程带来危害，必须引起注意，采取必要的防治措施。

2.4.2 冻胀的机理与影响因素

1. 冻胀的机理

土发生冻胀的原因是因为冻结时土中的水向冻结区迁移和积聚的结果。土中水分的迁移是怎样发生的呢？解释水分迁移的学说很多，其中以"结合水迁移学说"较为普遍。

土中水可区分为结合水和自由水两大类，结合水根据其所受分子引力的大小分为强结合水和弱结合水；自由水则可分为重力水与毛细水。重力水在0℃时冻结，毛细水因受表面张力的作用其冰点稍低于0℃；结合水的冰点则随着其受到的引力增加而降低，弱结合水的外层在-0.5℃时冻结，越靠近土粒表面其冰点越低，弱结合水要在$-30\sim-20$℃时才全部冻结，而强结合水在-78℃仍不冻结。

当大气温度降至负温时，土层中的温度也随之降低，土体孔隙中的自由水首先在0℃时冻结成冰晶体。随着气温的继续下降，弱结合水的最外层也开始冻结，使冰晶体逐渐扩大。这样使冰晶体周围土粒的结合水膜减薄，土粒就产生剩余的分子引力。另外，由于结合水膜的减薄，使得水膜中的离子浓度增加(因为结合水中的水分子结成冰晶体，使离子浓度相应增加)，这样，就产生渗附压力(即当两种水溶液的浓度不同时，会在它们之间产生一种压力差，使浓度较小溶液中的水向浓度较大的溶液渗流)。在这两种引力作用下，附近未冻结区水膜较厚处的结合水，被吸引到冻结区的水膜较薄处。一旦水分被吸引到冻结区后，因为负温作用，水即冻结，使冰晶体增大，而不平衡引力继续存在。若未冻结区存在着水源(如地下水距冻结区很近)及适当的水源补给通道(即毛细通道)，就能够源源不断地补充被吸收的结合水，则未冻结的水分就会不断地向冻结区迁移积聚，使冰晶体扩大，在土层中形成冰夹层，土体积发生隆胀，即冻胀现象。这种冰晶体的不断增大，一直要到水源的补给断绝后才停止。

2. 影响冻胀的因素

从上述土冻胀的机理分析中可以看到，土的冻胀现象是在一定条件下形成的。影响冻胀的因素有下列三方面。

1）土的因素

冻胀现象通常发生在细粒土中，特别是在粉土、粉质黏土中，冻结时水分迁移积聚最为强烈，冻胀现象严重。这是因为这类土具有较显著的毛细现象，上升高度大，上升速度快，具有较通畅的水源补给通道，同时，这类土的颗粒较细，表面能大，土粒矿物成分亲水性强，能持有较多的结合水，从而能使大量结合水迁移和积聚。相反，黏土虽有较厚的结合水膜，但毛细孔隙较小，对水分迁移的阻力很大，没有通畅的水源补给通道，所以其冻胀性较上述粉质土为小。

砂砾等粗颗粒土，没有或具有很少量的结合水，孔隙中自由水冻结后，不会发生水分的迁移积聚，同时由于砂砾的毛细现象不显著，因而不会发生冻胀。所以在工程实践中常在路基或路基中换填砂土，以防治冻胀。

2）水的因素

前面已经指出，土层发生冻胀的原因是水分的迁移和积聚。因此，当冻结区附近地下水位较高，毛细水上升高度能够达到或接近冻结线，使冻结区能得到水源的补给时，将发生比较强烈的冻胀现象。这样，可以区分两种类型的冻胀：一种是冻结过程中有外来水源补给的，称为开敞型冻胀；另一种是冻胀冻结过程中没有外来水分补给的，称为封闭型冻胀。开敞型冻胀往往在土层中形成很厚的冰夹层，产生强烈冻胀；而封闭型冻胀；土中冰夹层薄，冻胀量也小。

3）温度的因素

如气温骤降且冷却强度很大时，土的冻结迅速向下推移，即冻结速度很快。这时，土中弱结合水及毛细水来不及向冻结区迁移就在原地冻结成冰，毛细通道也被冰晶体所堵塞。这样，水分的迁移和积聚不会发生，在土层中看不到冰夹层，只有散布于土孔隙中的冰晶体，这时形成的冻土一般无明显的冻胀。

如气温缓慢下降，冷却强度小，但负温持续的时间较长，则就能促使未冻结区水分不断地向冻结区迁移积聚，在土中形成冰夹层，出现明显的冻胀现象。

上述三方面的因素是土层中发生冻胀的三个必要因素。因此，在持续负温作用下，地下水位较高处的粉砂、粉土、粉质黏土等土层常具有较大的冻胀危害。但是，也可以根据影响冻胀的三个因素，采取相应的防治冻胀的工程措施。

3. 冻结深度

由于土的冻胀和冻融将危害建筑物的正常和安全使用，因此一般设计中，均要求将基础底面置于当地冻结深度以下，以防止冻害的影响。土的冻结深度不仅和当地气候有关，而且也和土的类别、温度以及地面覆盖情况（如植被、积雪、覆盖土层等）有关，在工程实践中，把在地表平坦、裸露、城市之外的空旷场地中不少于 10 年实测最大冻深的平均值称为标准冻结深度 z_0。我国《建筑地基基础设计规范》（GB 50007—2011）等规范根据实测资料编绘了中国季节性冻土标准冻深线图，当无实测资料时，可参照标准冻深线图，并结合实地调查确定。

在季节性冻土区的路基工程，由于路基土层起保温作用，使路基下天然地基中的冻结深度要相应减小，其减小的程度与路基土的保温性能有关。

背 景 知 识

渗 流 模 型

水在土中的渗流是在土颗粒间的孔隙中发生的。由于土体孔隙的形状、大小和分布极其复杂，导致渗流水质点的运动轨迹很不规则。若着眼于这种真实渗流情况的研究，不仅会使理论分析复杂化，同时还会使试验观察变得异常艰难。因此考虑到实际工程中并不需要了解具体孔隙中的详细渗流情况，可以对渗流做出如下的简化：一是不考虑渗流路径的迂回曲折，只分析它的主要流向；二是不考虑土体中颗粒的影响，认为孔隙和土粒所占的空间之和均被渗流充满。做了这种简化后的渗流其实只是一种假想的土体渗流，称之为渗流模型。

但为了保证渗流模型在渗流特性上与真实的渗流相符合，它还应该满足以下条件。

(1) 在同一过水断面，渗流模型的流量等于真实渗流的流量。

(2) 在任一界面上，渗流模型的压力与真实渗流的压力相等。

(3) 在相同体积内，渗流模型所受到的阻力与真实渗流所受到的阻力相等。

因此工程上常说的渗流速度 v 都是指渗流模型的平均流速，是一种假想流速，并不是土孔隙中水的实际流速，因为它采用的是土样的整个断面积，其中包括了土粒骨架所占的部分面积在内。对于解决实际工程问题，最重要的是在某一范围内宏观渗流的平均效果，而某一具体位置的真实流动速度并不是我们所关心的，所以渗流计算中，均采用根据渗流模型计算出来的渗流速度 v。

在渗流模型的框架下，由于土的孔隙较小，在大多数情况下水在孔隙中的流速较小，其渗流状态属于层流，因此可以根据达西定律来计算渗流速度。

本 章 小 结

土与其他介质的主要力学性质的差异表现在土中孔隙水的渗透特性。

本章主要学习土中毛细水的存在状态与运动规律、重力水的渗透特性、流网及其应用和土的冻结机理等方面的知识。这些内容是学习土的一维渗流固结理论所必备的基本知识，为理解饱和黏性土地基固结沉降打下基础。

通过本章的学习，要求理解土的毛细性、了解土的冻结机理及其工程病害，重点掌握土的渗透性，能够根据实际工程，绘制合理的流网。

毛细水的上升速度和上升高度一样，都与土粒及其粒间孔隙大小密切相关。具有一定含水量的湿砂，由于土粒间接触面上存在水的毛细压力，而具有假黏聚力。土中的渗流速度可以根据达西定律来计算，渗透系数的测定方法一般有常水头渗透试验、变水头渗透试验等室内试验方法，也可以在现场采取野外注水试验和野外抽水试验。水在土中渗流时，对土骨架会产生动水力，其作用方向与水流方向一致，是一种体积力。当水的渗流自下而上，动水力超过了土体的有效重度时，土体中将产生流沙现象。在实际工程中，可以通过绘制流网来求解渗流场。

本章还介绍了土体的冻结机理及其影响因素。

思考题与习题

2-1 土层中的毛细水带是怎样形成的？各有什么特点？

2-2 毛细现象产生的原因是什么？在哪类土中毛细现象最显著？

2-3 影响土的渗透性的主要因素有哪些？

2-4 渗透系数的测定方法主要有哪些？它们的适用条件是什么？

2-5 什么叫动水力？临界水力梯度如何计算？

2-6 试论述流沙与管涌现象的异同。

2-7 各向同性土的流网具有哪些特点？如何绘制流网？

2-8 土的冻胀机理是什么？发生冻胀的条件是什么？

2-9 如何认识达西定律计算得到的渗流速度？

2-10 将某土样置于渗透仪中进行变水头渗透试验，已知土样高度为4cm，其横断面积为 $32.2cm^2$，变水头测压管面积为 $1.2cm^2$。试验经过时间 Δt 为 1h，测压管的水头高度从 320.5cm 降到 290.3cm，试验时的水温 $T=25℃$，试确定：(1)该土样在 20℃时的渗透系数；(2)大致判断该土样属于哪一种土。（参考答案：$2.8×10^{-8}$ m/s；黏土）

2-11 某黏性土的相对密度为 2.70，孔隙比为 0.58，试求该种土的临界水力梯度。（参考答案：1.076）

2-12 在如图 2.15 所示容器中的土样，受到水的渗流作用，已知土样高度为 0.4m，横截面积为 $25cm^2$，土样的土粒相对密度为 2.69，孔隙比 $e=0.80$：(1)计算作用在土样上的动水力大小及其方向；(2)若土样发生流沙，水头差至少应该是多少？（参考答案：$5kN/m^3$，0.38m）

2-13 某深基坑采用地下连续墙围护结构，其渗流流网如图 2.16 所示，已知土层孔隙比为 0.92，土粒相对密度为 2.68，a、b 点所在流网网格长度 $l=1.8m$，试判断基坑中 ab 区段的渗流稳定性。（参考答案：发生流沙）

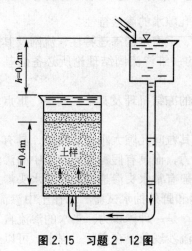

图 2.15 习题 2-12 图

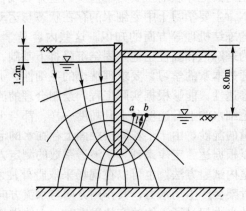

图 2.16 习题 2-13 图

第3章
土中应力计算

教学目标与要求

● **概念及基本原理**

【掌握】土的自重应力、基底压力、附加应力、有效应力

【理解】附加应力产生的原因、有效应力原理

● **计算理论及计算方法**

【掌握】土的自重应力及各种情况下附加应力的计算

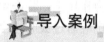 **导入案例**

附加应力的影响——这场官司谁打赢？

广州有一百货公司在西关上下九某街，在将原来二层的职工宿舍拆建后拟建成八层的宿舍楼，邻近约1m多处有一栋移居国外老华侨的三层楼房。当百货公司的职工宿舍楼建到四层的时候，老华侨的楼房先后出现地面沉降、楼面倾斜、墙身开裂等现象（图3.0）。老华侨找百货公司的基建负责人反映问题并提出赔偿，结果遭到了拒绝。他们认为老华侨的楼房年久失修，出现沉降和开裂是正常现象，与他们没有任何关系。最后老华侨上诉并委托律师打官司。为什么老华侨的楼房会出现沉降和裂缝？

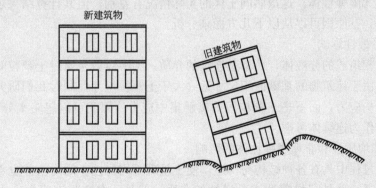

图3.0　附加应力的扩散和积聚在工程中的影响

思考：

（1）为什么老华侨的楼房会出现沉降和裂缝，问题究竟在哪里呢？

（2）老华侨能否打赢这场官司？

（3）在工程建设中，我们应该遵循哪些工程原则？

3.1 概　　述

3.1.1　土中应力分析

土体在自身重力、外荷载（如建筑物荷载、车辆荷载、土中水的渗流力和地震力等）作用下，土中会产生应力。土中应力按其产生的原因和作用效果分为自重应力和附加应力。建筑物修建前，地基中早已存在着由土体自身重力产生的自重应力，对于长期形成的天然土层，土体在自重应力的作用下，其沉降早已稳定，不会产生新的变形。所以自重应力又被称为原存应力或长驻应力。对于人工填土（土层的自然状态遭到破坏时），土体在自重应力的作用下，有可能产生新的变形或丧失稳定性。修建后的建筑物荷载通过基础传递给地基，使得地基原有的应力状态发生改变而产生附加应力，土体在附加应力作用下，将产生新的变形。当变形过大时，往往会影响建筑物的正常和安全使用。当土中应力过大时，也会导致土的强度破坏，使土体丧失稳定。因此，土中某点的总应力应为自重应力与附加应力之和。这里要注意的是土中应力是矢量，本章主要讨论在实际应用中经常用到的竖向应力的计算方法。

3.1.2　土中应力计算方法简述

目前计算土中应力的方法，主要是采用弹性理论公式，也就是把地基土视为均匀的、各向同性的半无限弹性体。这虽然同土体的实际情况有差别，但其计算结果还是能满足实际工程的要求，其原因可以从以下几方面来分析。

1) 土的分散性影响

土是由三相组成的分散体，而不是连续的介质，土中应力是通过土颗粒间的接触而传递的。但是，由于建筑物的基础面积尺寸远远大于土颗粒尺寸，同时我们研究的也只是计算平面上的平均应力，而不是土颗粒间的接触集中应力。因此可以忽略土分散性的影响，近似地把土体作为连续体考虑。

2) 土的非均质性和非理想弹性体的影响

土在形成过程中具有各种结构与构造，使土呈现不均匀性。同时土体也不是一种理想的弹性体，而是一种具有弹塑性或黏滞性的介质。但是，在实际工程中土中应力水平较低，土体受压时，应力-应变关系接近于线性关系，因此，当土层间的性质差异不悬殊时，采用弹性理论计算土中应力在实际应用中是允许的。

3) 地基土可视为半无限体

所谓半无限体就是无限空间体的一半，由于地基土在水平方向和深度方向相对于建筑物基础的尺寸而言，可以认为是无限延伸的，因此，可以认为地基土是符合半无限体假定的。

3.2 土中自重应力计算

3.2.1 自重应力定义及计算原理

土是由土粒、水和空气所组成的非连续介质。若把土体简化为连续体，而应用连续力学来研究土中应力分布时，应注意到，土中任意截面上都包括骨架和孔隙的面积在内，所以在地基应力计算时都只考虑土中某单位面积上的平均应力。

在计算自重应力时，假定天然地面是一个无限大的水平面，因为在任意竖直面和水平面上均无剪应力存在。如果地面下土质均匀，天然重度为 γ，则在天然地面下任意深度 z 处 $a—a$ 水平面上的竖向自重应力 σ_{cz}，可取作用于该水平面上任一单位面积的土柱体自重，即

$$\sigma_{cz} = \gamma z \tag{3-1}$$

σ_{cz} 沿水平面均匀分布，且与 z 成正比，即随深度按直线规律分布。

地基中除有作用于水平面上的竖向自重应力外，在竖直面上还作用有水平方向的侧向自重应力。由于 σ_{cz} 沿任一水平面上均匀地无限分布，所以地基土在自重作用下只能产生竖向变形，而不能侧向变形和剪切变形。从这个条件出发，根据弹性力学，侧向自重应力 σ_{cx} 和 σ_{cy} 应与 σ_{cz} 成正比，而剪应力均为 0，即

$$\sigma_{cx} = \sigma_{cy} = k_0 \sigma_{cz} \tag{3-2}$$

$$\tau_{xy} = \tau_{yz} = \tau_{zx} = 0 \tag{3-3}$$

式中 k_0——土的侧压力系数或者静止土压力系数。

特别指出：只有通过土粒接触点传递的粒间应力，才能使土粒彼此挤紧，从而引起土体的变形，而且粒间应力又是影响土体强度的一个重要因素，所以粒间应力又称为有效应力。土中竖向和侧向的自重应力一般均指有效自重应力。此外，以上 K_0 为侧向与竖向的有效应力之比。以后为了简便起见，常把竖向有效自重应力简称为自重应力，并改用符号 σ_c 表示。

3.2.2 几种情况下的计算

1. 多层土的情况

地基土往往是成层分布的，当地基由不同容重的多层土组成时，如图 3.1 所示，各土层底面上的竖向自重应力为

$$\sigma_{c1} = \gamma_1 h_1 \tag{3-4}$$

$$\sigma_{c2} = \gamma_2 h_2 \tag{3-5}$$

式中 γ_1、γ_2——分别是第 1、2 层土的容重；

h_1、h_2——分别是第 1、2 层土的厚度。

由此可知，任意第 i 层底面的竖向自重应力为

$$\sigma_{ci} = \sum_{i=1}^{n} \gamma_i h_i \tag{3-6}$$

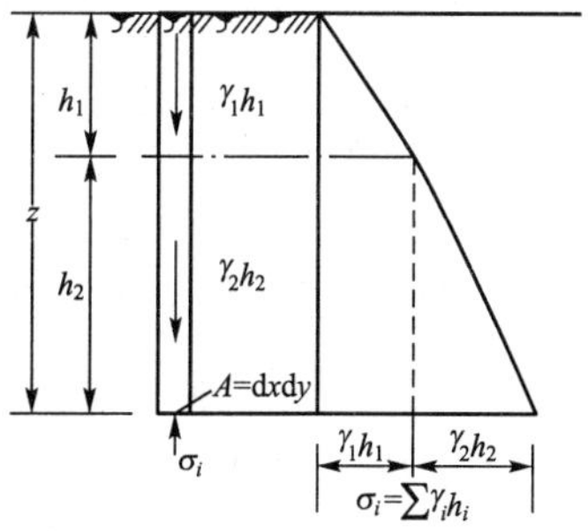

图 3.1 成层土的自重应力

2. 有地下水的情况

当土层位于地面水或地下水位以下时，如图 3.2 所示，若土为透水性的（如砂、碎石类土及液性指数 $I_L \geqslant 1$ 的黏性土等），应考虑水的浮力作用，式中 γ 要用浮容重 γ'；若土为非透水性的（如 $I_L < 1$ 的黏土，$I_L < 0.5$ 的亚黏土和亚砂土及致密的岩石等），可不考虑水的浮力作用，而采用天然容重 γ。计算土体的自重应力时，可将水位面作为一个土层面对待即可。但土的透水性问题比较复杂，有些黏性土的透水性很难作出判断，从而无法确定是否计入水的浮力。此时，通常的做法是两者均考虑，取其不利者。

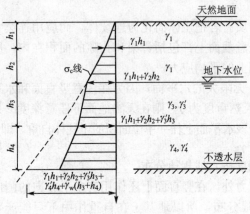

图 3.2　成层土的自重应力

自重应力随深度变化的分布情况，可用如图 3.2 所示的应力分布线表示。纵坐标表示计算点的深度，横坐标表示自重应力值。从图中可以看出，同一土层中自重应力分布线为直线；而多层地基中自重应力分布线则为折线，转折点在土层分界面上，地面处的自重应力为零。总之，自重应力分布规律是随深度的增大而增大。

此外，地下水水位的升降会引起土中自重应力的变化，例如在软土地区，常因抽取地下水，导致地下水位大幅度下降，使地基中原水位以下的有效自重应力增大，而造成大面积下沉的严重后果。

3.3　基底压力的分布与计算

建筑物荷载通过基础传递给地基，在基础底面与地基之间便产生了接触应力。它既是基础作用于地基的基底压力，也是地基反作用于基础的基底反力。因此，在计算地基中的附加应力以及设计基础结构时，都必须研究基底压力的分布规律。

根据弹性力学中的圣维南原理，基础下与其底面距离大于基底尺寸的土中应力分布主要取决于荷载合力的大小和作用点的位置，基本上不受基底压力分布形式的影响。因此，对于具有一定刚度和尺寸较小的柱下独立基础和墙下条形基础等，其基底压力可近似地按直线分布的图形计算，即按下述材料力学公式进行简化计算。

3.3.1　基底压力的简化计算

1. 中心荷载下的基底压力

中心荷载下的基础，其所受荷载的合力通过基底形心。基底压力假定为均匀分布，此时基底平均压力按下式计算

$$p = \frac{F+G}{A} \tag{3-7}$$

式中 F——作用在基础上的竖向力；

　　G——基础自重及其上回填土重的总重（$G=\gamma_G Ad$，其中 γ_G 为基础及回填土的平均重度，一般取 $20kN/m^3$，但在地下水位以下部分应扣去浮力；d 为基础埋深，必须从设计地面或室内外平均设计地面算起）；

　　A——基底面积（对矩形基础 $A=lb$，l 和 b 分别为矩形基底的长度和宽度）。

对于荷载沿长度方向均匀分布的条形基础，则沿长度方向截取一单位长度的截条进行基底平均压力 p 的计算，此时式（3-7）中 A 改为 b，而 F 及 G 则为基础截条内的相应值（kN/m）。

2. 偏心荷载下的基底压力

对于单向偏心荷载下的矩形基础如图 3.3 所示。设计时，通常基底长边方向取与偏心方向一致，此时两短边边缘最大压力 p_{max} 与最小压力 p_{min} 按材料力学短柱偏心受压公式计算

$$\left.\begin{array}{r}p_{max}\\p_{min}\end{array}\right\}=\frac{F+G}{lb}\pm\frac{M}{W} \qquad (3-8)$$

式中 M——作用于矩形基底的力矩；

　　W——基础底面的抵抗矩。

其他符号意义同式（3-7）。

把偏心荷载（如图 3.3 中虚线所示）的偏心矩 $e=\dfrac{M}{F+G}$ 引入式（3-8），得

$$\left.\begin{array}{r}p_{max}\\p_{min}\end{array}\right\}=\frac{F+G}{lb}\left(1\pm\frac{6e}{l}\right) \qquad (3-9)$$

由上式可见，如图 3.3 所示，当 $e<l/6$ 时，基底压力分布图呈梯形；当 $e=l/6$ 时，则呈三角形；当 $e>l/6$ 时，按式（3-9）计算结果，距偏心荷载较远的基底边缘反力为负值，即 $p_{min}<0$。由于基底与地基之间不能承受拉力，此时基底与地基局部脱开，而使基底压力重新分布。

因此，根据偏心荷载应与基底反力相平衡的条件，荷载合力 $F+G$ 应通过三角形反力分布图的形心，由此可得基底边缘的最大压力 p_{max} 为

$$p_{max}=\frac{2(F+G)}{3bk} \qquad (3-10)$$

式中 k——单向偏心荷载作用点至具有最大压力的基底边缘的距离，$k=\dfrac{l}{2}-e$。

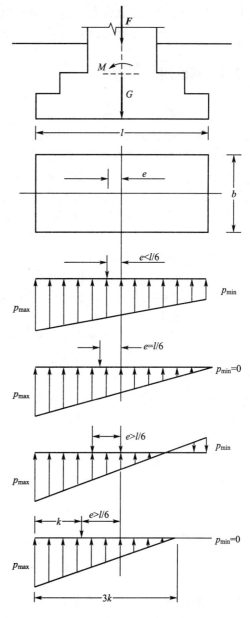

图 3.3　单向偏心荷载下矩形基础基底压力分布图

对条形基础，如荷载在沿宽度 b 方向有偏心矩，则按式(3-9)计算时，除 F 和 G 按每延长米荷载取值外，还应注意将式中 l 替换成 b。

矩形基础在双向偏心荷载作用下，如基底最小压力 $p_{min} \geqslant 0$，则矩形基底边缘 4 个角点处的压力 p_{max}、p_{min}、p_1、p_2，可按下列公式计算

$$\left.\begin{array}{r} p_{max} \\ p_{min} \end{array}\right\} = \frac{F+G}{lb} \pm \frac{M_x}{W_x} \pm \frac{M_y}{W_y} \tag{3-11}$$

$$\left.\begin{array}{r} p_1 \\ p_2 \end{array}\right\} = \frac{F+G}{lb} \pm \frac{M_x}{W_x} \pm \frac{M_y}{W_y} \tag{3-12}$$

式中　M_x、M_y——荷载合力分别对矩形基底 x、y 对称轴的力矩；

　　　W_x、W_y——基础底面分别对 x、y 轴的抵抗矩。

3.3.2　基底附加压力

建筑物建造前，土中早已存在着自重应力。如果基础砌置在天然地面上，那么全部基底压力就是新增加于地基表面的基地附加压力。一般天然土层在自重作用下的变形早已结束，因此只有基底附加应力才能引起地基的附加应力和变形。

实际上，一般浅基础总是埋置在天然地面下一定深度处，该处原有的自重应力由于开挖基坑而卸除。因此，由建筑物建造后的基底压力中扣除基底标高处原有的土中自重应力后，才是基底平面处新增加于地基的基底附加应力，基底平均附加应力 p_0 值按下式计算

$$p_0 = p - \sigma_c = p - \gamma_m d \tag{3-13}$$

式中　p——基底平均压力；

　　　σ_c——土中自重应力，基底处 $\sigma_c = \gamma_m d$；

　　　γ_m——基础底面标高以上天然土层的加权平均重度，其中地下水位下的重度取有效重度，$\gamma_m = \sum \gamma_i h_i / d$；

　　　d——基础埋深，必须从天然地面算起，对于新填土场地则应从老天然地面算起。

有了基底附加压力，即可把它作为作用在弹性半空间表面上的局部荷载，由此根据弹性力学求算地基中的附加应力。实际上，基底附加压力一般作用在地表下一定深度(指浅基础的深埋)处，因此，假设它作用在半空间表面上，而运用弹性力学解答所得的结果只是近似的，不过，对于一般浅基础来说，这种假设所造成的误差可以忽略不计。

必须指出，当基坑的平面尺寸和深度较大时，坑底回弹是明显的，且基坑中点的回弹大于边缘点。在沉降计算中，为了适当考虑这种坑底的回弹和再压缩而增加沉降，改取 $p_0 = p - \alpha \sigma_c$，其中 α 为 $0 \sim 1$ 的系数。此外，式(3-13)尚应保证坑底土质不发生浸水膨胀的条件。

3.4　土中附加应力计算

地基附加应力是指建筑物荷重在土体中引起的附加于原有应力之上的应力。其计算方法一般假定地基土是各向同性的、均质的线性变形体，而且在深度和水平方向上都是无限延伸的，即把地基看成是均质的线性变形半空间，这样就可以直接采用弹性力学中关于弹

性半空间的理论解答。

计算地基附加应力时，都把基底压力看成是柔性荷载，而不考虑基础刚度的影响。按照弹性力学，地基附加应力计算分为空间问题和平面问题两类。本节先介绍属于空间问题的集中力、矩形荷载和圆形荷载作用下的解答；然后介绍属于平面问题的线荷载和条形荷载作用下的解答；最后，再概要介绍一些非均质地基附加应力的弹性力学解答。

3.4.1　竖向集中力下的地基附加应力

1. 布辛奈斯克解

在弹性半空间表面上作用一个竖向集中力时，半空间内任意点处所引起的应力和位移的弹性力学解答是由法国 J·布辛奈斯克(Boussinesq，1885)作出的，如图 3.4 所示。

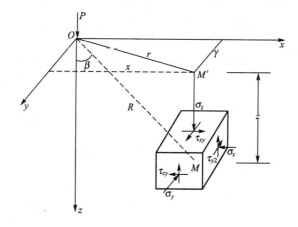

图 3.4　竖向集中荷载作用下的应力

在半空间中任意点 $M(x、y、z)$ 处的 6 个应力分量和 3 个位移分量的解答如下：

$$\sigma_x = \frac{3P}{2\pi}\left\{\frac{x^2 z}{R^5} + \frac{1-2\mu}{2}\left[\frac{R^2-Rz-z^2}{R^3(R+z)} - \frac{x^2(2R+z)}{R^3(R+z)^2}\right]\right\} \tag{3-14a}$$

$$\sigma_y = \frac{3P}{2\pi}\left\{\frac{y^2 z}{R^5} + \frac{1-2\mu}{3}\left[\frac{R^2-Rz-z^2}{R^3(R+z)} - \frac{y^2(2R+z)}{R^3(R+z)^2}\right]\right\} \tag{3-14b}$$

$$\sigma_z = \frac{3P}{2\pi}\times\frac{z^3}{R^5} = \frac{3P}{2\pi R^2}\cos^3\beta \tag{3-14c}$$

$$\tau_{xy} = \tau_{yx} = -\frac{3P}{2\pi}\left[\frac{xyz}{R^5} - \frac{1-2\mu}{3}\cdot\frac{xy(2R+z)}{R^3(R+z)^2}\right] \tag{3-15a}$$

$$\tau_{yz} = \tau_{zy} = -\frac{3P}{2\pi}\times\frac{yz^2}{R^5} = -\frac{3P}{2\pi R^3}\cos^2\beta \tag{3-15b}$$

$$\tau_{zx} = \tau_{xz} = -\frac{3P}{2\pi}\times\frac{xz^2}{R^5} = -\frac{3Px}{2\pi R^3}\cos^2\beta \tag{3-15c}$$

$$u = \frac{P(1+\mu)}{2\pi E}\left[\frac{xz}{R^3} - (1-2\mu)\frac{x}{R(R+z)}\right] \tag{3-16a}$$

$$v=\frac{P(1+\mu)}{2\pi E}\left[\frac{yz}{R^3}-(1-2\mu)\frac{y}{R(R+z)}\right] \qquad (3-16b)$$

$$w=\frac{P(1+\mu)}{2\pi E}\left[\frac{z^2}{R^3}+2(1-\mu)\frac{1}{R}\right] \qquad (3-16c)$$

式中 σ_x、σ_y、σ_z——分别为平行于 x、y、z 坐标轴的正应力；

τ_{xy}、τ_{yz}、τ_{zx}——剪应力，其中前一脚标表示与它作用的微面的法线方向平行的坐标轴，后一脚标表示与它作用方向的坐标轴；

u、v、w——M 点分别沿坐标轴 x、y、z 方向的位移；

P——作用于坐标原点 O 的竖向集中力；

R——M 点至坐标原点 O 的距离，$R=\sqrt{x^2+y^2+z^2}=\sqrt{r^2+z^2}=z/\cos\beta$；

β——R 线与 z 坐标轴的夹角；

r——M 点集中力作用点的水平距离；

E——弹性模量（或土力学中专用的地基变形模量，以 E_0 代之）；

μ——泊松比。

若用 $R=0$ 代入以上各式所得出的结果均为无限大，所以，所选择的计算点不应过于接近集中力的作用点。

建筑物作用于地基上的荷载，总是分布在一定面积上的局部荷载，因此理论上的集中力实际上是没有的。但是，根据弹性力学的叠加原理利用布辛奈斯克解答，可以通过积分或等代荷载法求得各种局部荷载下地基中的附加应力。

以上 6 个应力分量和 3 个位移分量的公式中，竖向正应力 σ_z 和竖向位移 w 最为常用，以后有关地基附加应力的计算主要是针对 σ_z 而言的。

2. 等代荷载法

如果地基中某点 M 与局部荷载的距离比荷载面尺寸大很多时，就可以用一个集中力 P 代替局部荷载，然后直接应用式（3-14c）计算该点的 σ_z。为了计算的方便，以 $R=\sqrt{r^2+z^2}$ 代入式（3-14c），则

$$\sigma_z=\frac{3P}{2\pi}\frac{z^3}{(r^2+z^2)^{5/2}}=\frac{3}{2\pi}\frac{1}{[(r/z)^2+1]^{5/2}}\frac{P}{z^2} \qquad (3-17)$$

令 $K=\frac{3}{2\pi}\frac{1}{[(r/z)^2+1]^{5/2}}$，则上式改写为

$$\sigma_z=K\frac{P}{z^2} \qquad (3-18)$$

式中 K——集中力作用下的地基竖向附加应力系数，简称集中应力系数，根据 r/z 值由表 3-1 查用。

若干个竖向集中力 $P_i(i=1,2,\cdots,n)$ 作用在地基表面上，按叠加原理则地面下深度 z 处某点 M 的附加力 σ_z 应为各集中力单独作用时在 M 点所引起的附加应力的总和，即

$$\sigma_z=\sum_{i=1}^{n}K_i\frac{P_i}{z^2}=\frac{1}{z^2}\sum_{i=1}^{n}K_iP_i \qquad (3-19)$$

式中 K_i——第 i 个集中应力系数，按 r_i/z 由表 3-1 查得，其中 r_i 是第 i 个集中荷载作用点到 M 的水平距离。

表 3-1 集中力作用下的应力系数 K

r/z	K	r/z	K	r/z	K	r/z	K	r/z	K
0.00	0.4775	0.50	0.2733	1.00	0.0344	1.50	0.0251	2.00	0.0085
0.05	0.4745	0.55	0.2466	1.05	0.0744	1.55	0.0224	2.20	0.0058
0.10	0.4657	0.60	0.2214	1.10	0.0658	1.60	0.0200	2.40	0.0040
0.15	0.4516	0.65	0.1978	1.15	0.0581	1.65	0.0179	2.60	0.0029
0.20	0.4329	0.70	0.1762	1.20	0.0513	1.70	0.0160	2.80	0.0021
0.25	0.4103	0.75	0.1565	1.25	0.0454	1.75	0.0144	3.00	0.0015
0.30	0.3849	0.80	0.1386	1.30	0.0402	1.80	0.0129	3.50	0.0007
0.35	0.3577	0.85	0.1226	1.35	0.0357	1.85	0.0116	4.00	0.0004
0.40	0.3294	0.90	0.1083	1.40	0.0317	1.90	0.0105	4.50	0.0002
0.45	0.3011	0.95	0.0956	1.45	0.0282	1.95	0.0095	5.00	0.0001

由式(3-18)可以得出在集中荷载作用下附加应力的分布规律。

（1）在集中力 P 作用线上的点，即 $r=0$ 时，附加应力随着深度 z 的增加而迅速减小。

（2）不在集中力 P 作用线上的点，即当 $r>0$ 时，附加应力先由 0 开始增加，到一定深度后达到最大值，然后又迅速减小。

（3）在同一水平面上，即 $z>0$ 时，附加应力在集中力 P 的作用线上最大，并随着与集中力 P 的作用线的距离 r 的增加，附加应力减小。

如果在空间上将附加应力值相同的点连接成曲面，则可以得到如图 3.5 所示的 σ_z 等值线分布图，其空间曲面的形状如泡状，所以也称应力泡。如图 3.6 所示，集中力 P 在地基中引起的附加应力向四周、向下无限扩散，其数值逐渐减小。

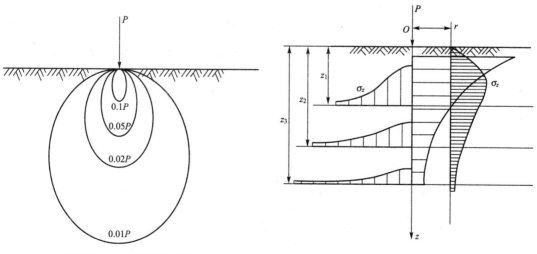

图 3.5 σ_z 等值线分布图　　　　图 3.6 竖向集中荷载作用下的应力分布

3.4.2　矩形荷载和圆形荷载下的地基附加应力

1. 均布的矩形荷载

设矩形荷载面的长度和宽度分别为 l 和 b，作用于地基上的竖向均布荷载（例如中心荷载下的基底附加压力）为 p_0。现先以积分法求矩形荷载面角点下的地基附加应力，然后运用角点法求得矩形荷载下任意点的地基附加应力。

以矩形荷载面角点为坐标原点 O（图 3.7），在荷载面内坐标为 (x, y) 处取一微面积 $\mathrm{d}x\mathrm{d}y$，并将其上的分布荷载以集中力 $p_0\mathrm{d}x\mathrm{d}y$ 来代替，则在角点 O 下任意深度 z 的 M 点处由该微小集中力引起的竖向附加应力 $\mathrm{d}\sigma_z$，按式（3-14c）为

$$\mathrm{d}\sigma_z = \frac{3}{2\pi}\frac{p_0 z^3}{(x^2+y^2+z^2)^{5/2}}\mathrm{d}x\mathrm{d}y \tag{3-20}$$

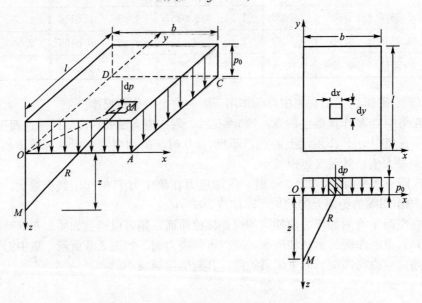

图 3.7　均布矩形荷载角点下的附加应力 σ_z

将它对整个矩形荷载面 A 积分，即得均布矩形荷载角点下的竖向附加应力表达式，即

$$\sigma_z = \iint_A \mathrm{d}\sigma_z = \frac{3p_0 z^3}{2\pi}\int_0^l\int_0^b \frac{1}{(x^2+y^2+z^2)^{5/2}}\mathrm{d}x\mathrm{d}y$$

$$= \frac{p_0}{2\pi}\left[\frac{lbz(l^2+b^2+2z^2)}{(l^2+z^2)(b^2+z^2)\sqrt{l^2+b^2+z^2}} + \arcsin\frac{lb}{\sqrt{(l^2+b^2)(b^2+z^2)}}\right] \tag{3-21}$$

令

$$K_c = \frac{1}{2\pi}\left[\frac{lbz(l^2+b^2+2z^2)}{(l^2+z^2)(b^2+z^2)\sqrt{l^2+b^2+z^2}} + \arcsin\frac{lb}{\sqrt{(l^2+z^2)(b^2+z^2)}}\right]$$

得

$$\sigma_z = K_c p_0 \tag{3-22}$$

又令 $m=l/b$，$n=z/b$（b 为荷载面的短边宽度），则

$$K_c = \frac{1}{2\pi}\left[\frac{mn(m^2+2n^2+1)}{(m^2+n^2)(1+n^2)\sqrt{m^2+n^2+1}} + \arcsin\frac{m}{\sqrt{(m^2+n^2)(1+n^2)}}\right]$$

K_c 为均布矩形荷载角点下的竖向附加应力系数，简称角点应力系数，可按 m 及 n 值由表 3-2 查得。

表 3-2 矩形面积上作用均布荷载角点下竖向附加应力系数 K_c

深宽比 $n=z/b$	矩形面积长宽比 $m=l/b$									
	1.0	1.2	1.4	1.6	1.8	2.0	3.0	4.0	5.0	≥10
0	0.250	0.250	0.250	0.250	0.250	0.250	0.250	0.250	0.250	0.250
0.2	0.249	0.249	0.249	0.249	0.249	0.249	0.249	0.249	0.249	0.249
0.4	0.240	0.242	0.243	0.243	0.244	0.244	0.244	0.244	0.244	0.244
0.6	0.223	0.228	0.230	0.232	0.232	0.233	0.234	0.234	0.234	0.234
0.8	0.200	0.208	0.212	0.215	0.217	0.218	0.220	0.220	0.220	0.220
1.0	0.175	0.185	0.191	0.196	0.198	0.200	0.203	0.204	0.204	0.205
1.2	0.152	0.163	0.171	0.176	0.179	0.182	0.187	0.188	0.189	0.189
1.4	0.131	0.142	0.151	0.157	0.161	0.164	0.171	0.173	0.174	0.174
1.6	0.112	0.124	0.133	0.140	0.145	0.148	0.157	0.159	0.160	0.160
1.8	0.097	0.108	0.117	0.124	0.129	0.133	0.143	0.146	0.147	0.148
2.0	0.084	0.095	0.103	0.110	0.116	0.120	0.131	0.135	0.136	0.137
2.5	0.060	0.069	0.077	0.083	0.089	0.093	0.106	0.111	0.114	0.115
3.0	0.045	0.052	0.058	0.064	0.069	0.073	0.087	0.093	0.096	0.099
4.0	0.027	0.032	0.036	0.040	0.044	0.048	0.060	0.067	0.071	0.076
5.0	0.018	0.021	0.024	0.027	0.030	0.033	0.044	0.050	0.055	0.061
7.0	0.010	0.011	0.013	0.015	0.016	0.018	0.025	0.031	0.035	0.043
9.0	0.006	0.007	0.008	0.009	0.010	0.011	0.016	0.020	0.024	0.032
10.0	0.005	0.006	0.007	0.007	0.008	0.009	0.013	0.017	0.020	0.028

对于均布矩形荷载下的附加应力计算点不位于角点下的情况，可利用式(3-22)以角点法求得。图 3.8 中列出计算点不位于角点下的四种情况(在图中 O 点以下任意深度 z 处)。

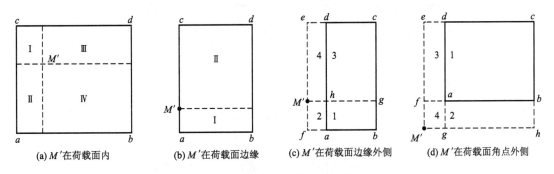

(a) M' 在荷载面内 (b) M' 在荷载面边缘 (c) M' 在荷载面边缘外侧 (d) M' 在荷载面角点外侧

图 3.8 以角点法计算均布荷载下的附加应力 σ_z

计算时，通过 O 点把荷载面分成若干个矩形面积，这样，O 点就必然是划分出的各个矩形的公共角点，然后再按式(3-22)计算每个矩形角点下同一深度 z 处的附加应力 σ_z，并求其代数和。四种情况的算式分别如下。

1）M'点在荷载面内

$$\sigma_z = (K_{cI} + K_{cII} + K_{cIII} + K_{cIV}) p_0$$

式中　K_{cI}、K_{cII}、K_{cIII}、K_{cIV}——分别表示相应于面积角点的应力系数。如果 O 点位于荷载面中心，则 $K_{cI} = K_{cII} = K_{cIII} = K_{cIV}$，得 $\sigma_z = 4K_{cI} p_0$，此即利用角点法求均布的矩形荷载面中心点下 σ_z 的解，也可直接查中心点应力系数表（略）。

2）M'点在荷载面边缘

$$\sigma_z = (K_{cI} + K_{cII}) p_0$$

3）M'点在荷载面边缘外侧

此时荷载面 $abcd$ 可看成是由 I（$fbgM'$）与 II（$fahM'$）之差和 III（$M'gce$）与 IV（$M'hde$）之差合成的，所以

$$\sigma_z = (K_{cI} - K_{cII} + K_{cIII} - K_{cIV}) p_0$$

4）M'点在荷载面脚点外侧

把荷载面看成由 I（$M'hce$）、IV（$M'gaf$）两个面积中扣除 II（$M'hbf$）和 III（$M'gde$）而成的，所以

$$\sigma_z = (K_{cI} - K_{cII} - K_{cIII} + K_{cIV}) p_0$$

【例题 3-1】　以角点法计算如图 3.9 所示矩形基础甲的基底中心点垂线下不同深度处的地基附加应力 σ_z 的分布，并考虑两相邻基础乙的影响（两相邻柱距为 6m，荷载同基础甲）。

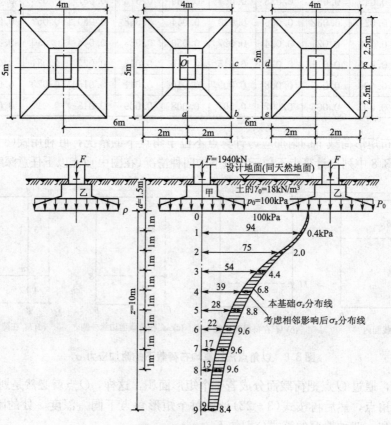

图 3.9　例题 3-1 图

解 (1) 计算基础甲对应于荷载标准值时(用于计算地基变形)的基底平均附加压力如下。

基础及其上回填土的总重 $G = \gamma_G A d = 20\text{kN/m}^3 \times 5\text{m} \times 4\text{m} \times 1.5\text{m} = 600\text{kN}$

基底平均压力 $p = \dfrac{F+G}{A} = \dfrac{(1940+600)\text{kN}}{5\text{m} \times 4\text{m}} = 127\text{kPa}$

基底处的土中自重应力 $\sigma_z = \gamma_0 d = 18\text{kN/m}^3 \times 1.5\text{m} = 27\text{kPa}$

基底平均附加压力 $p_0 = p - \sigma_c = (127-27)\text{kPa} = 100\text{kPa}$

(2) 计算基础甲中心点 O 下由本基础荷载引起的 σ_z,基底中心点 O 可看成是四个相等的小矩形荷载($oabc$)的公共角点,其长宽比 $l/b = 2.5/2 = 1.25$,取深度 $z = 0$、1m、2m、3m、4m、5m、6m、7m、8m、10m 各计算点,利用相应的 z/b 可以从表 3-2 中查出附加应力系数 K_c 值。σ_z 的计算列于表 3-3,根据计算资料绘出 σ_z 分布图,见图 3.9。

表 3-3 σ_z 的计算

点	l/b	z/m	z/b	K_c	$\sigma_z = 4K_c p_0 /\text{kPa}$
0	1.25	0	0	0.250	100
1	1.25	1	0.5	0.235	94
2	1.25	2	1	0.187	75
3	1.25	3	1.5	0.135	54
4	1.25	4	2	0.097	39
5	1.25	5	2.5	0.071	28
6	1.25	6	3	0.054	21
7	1.25	7	3.5	0.042	17
8	1.25	8	4	0.032	13
9	1.25	9	5	0.022	9

(3) 计算基础甲中心点 O 下由两相邻两基础乙的荷载引起的 σ_z,此时中心点 O 可看成是四个与 I($Oafg$)相同的矩形和另四个与 II($Oaed$)相同的矩形的公共角点,其长宽比 l/b 分别为 8/2.5=3.2 和 4/2.5=1.6。同样利用表 3-2,即可分别查得 K_{cI} 和 K_{cII},σ_z 的计算结果和分布图分别列于表 3-4 和图 3.9。

表 3-4 σ_z 的计算结果

点	l/b		z/m	z/b	K_c		$\sigma_z = (K_{cI} - K_{cII}) p_0 /\text{kPa}$
	I($Oafg$)	II($Oaed$)			K_{cI}	K_{cII}	
0			0	0	0.250	0.250	0
1			1	0.4	0.244	0.243	0.4
2			2	0.8	0.220	0.215	2.0
3			3	1.2	0.187	0.176	4.4
4	8/2.5=3.2	4/2.5=1.6	4	1.6	0.157	0.140	6.8
5			5	2.0	0.132	0.110	8.8
6			6	2.4	0.112	0.088	9.6
7			7	2.8	0.095	0.071	9.6
8			8	3.2	0.082	0.058	9.6
9			10	4.0	0.061	0.040	8.4

2. 三角形分布的矩形荷载

设竖向荷载沿矩形面积一边 b 方向上呈三角形分布（沿另一边 l 的荷载分布不变），荷载的最大值为 p_0，取荷载零值边的角点 1 为坐标原点（图 3.10），则可将荷载面内某点 (x, y) 处所取微面积 $dxdy$ 上的分布荷载以集中力 $\frac{x}{b}p_0 dxdy$ 代替。

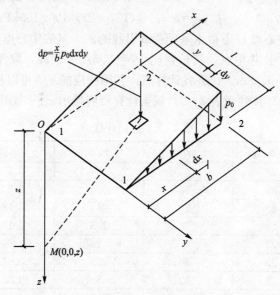

图 3.10　三角形分布矩形荷载角点下的 σ_z

角点 1 下深度 z 处的 M 点由该集中力引起的附加应力 $d\sigma_z$，按式（3-14c）为

$$d\sigma_z = \frac{3}{2\pi}\frac{p_0 x z^3}{b(x^2+y^2+z^2)^{5/2}}dxdy \tag{3-23}$$

在对整个矩形荷载面积进行积分后，得角点 1 下任意深度 z 处竖向附加应力 σ_z

$$\sigma_z = K_{t1}p_0 \tag{3-24}$$

$$K_{t1} = \frac{mn}{2\pi}\left[\frac{1}{\sqrt{m^2+n^2}} - \frac{n^2}{(1+n^2)\sqrt{m^2+n^2+1}}\right]$$

同理，还可求得荷载最大值边的角点 2 下任意深度 z 处的竖向附加应力 σ_z

$$\sigma_z = K_{t2}p_0 = (K_c - K_{t1})p_0 \tag{3-25}$$

K_{t1} 和 K_{t2} 为附加应力系数，均为 $m=l/b$ 和 $n=z/b$ 的函数，可由表 3-5 查用。必须注意，b 是沿三角形分布荷载方向的边长。

表 3-5　三角形分布的矩形荷载角点 1、2 下的竖向附加应力系数 K_{t1}、K_{t2}

l/b z/b	0.2		0.4		0.6		0.8		1.0	
	点 1	点 2	点 1	点 2	点 1	点 2	点 1	点 2	点 1	点 2
0.0	0.0000	0.2500	0.0000	0.2500	0.0000	0.2500	0.0000	0.2500	0.0000	0.2500
0.2	0.0223	0.1821	0.0280	0.2115	0.0296	0.2165	0.0301	0.2178	0.0304	0.2182

（续）

z/b \ l/b	0.2		0.4		0.6		0.8		1.0	
	点1	点2	点1	点2	点1	点2	点1	点2	点1	点2
0.4	0.0269	0.1094	0.0420	0.1604	0.0487	0.1781	0.0517	0.1844	0.0531	0.1870
0.6	0.0259	0.0700	0.0448	0.1165	0.0560	0.1405	0.0621	0.1520	0.0654	0.1575
0.8	0.0232	0.0480	0.0421	0.0853	0.0553	0.1093	0.0637	0.1232	0.0688	0.1311
1.0	0.0201	0.0346	0.0375	0.0638	0.0508	0.0852	0.0602	0.0996	0.0666	0.1086
1.2	0.0171	0.0260	0.0324	0.0491	0.0450	0.0673	0.0546	0.0807	0.0615	0.0901
1.4	0.0145	0.0202	0.0278	0.0386	0.0392	0.0540	0.0483	0.0661	0.0554	0.0751
1.6	0.0123	0.0160	0.0238	0.0310	0.0339	0.0440	0.0424	0.0547	0.0492	0.0628
1.8	0.0105	0.0130	0.0204	0.0254	0.0294	0.0363	0.0371	0.0457	0.0435	0.0534
2.0	0.0090	0.0108	0.0176	0.0211	0.0255	0.0304	0.0324	0.0387	0.0384	0.0456
3.0	0.0046	0.0051	0.0092	0.0100	0.0135	0.0148	0.0176	0.0192	0.0214	0.0233
5.0	0.0018	0.0019	0.0036	0.0038	0.0054	0.0056	0.0071	0.0074	0.0088	0.0091
7.0	0.0009	0.0010	0.00019	0.0019	0.0028	0.0029	0.0038	0.0038	0.0047	0.0047
10.0	0.0005	0.0004	0.0009	0.0010	0.0014	0.0014	0.0019	0.0019	0.0023	0.0024

z/b \ l/b	1.2		1.4		1.6		1.8		2.0	
	点1	点2	点1	点2	点1	点2	点1	点2	点1	点2
0.0	0.0000	0.2500	0.0000	0.2500	0.0000	0.2500	0.0000	0.2500	0.0000	0.2500
0.2	0.0305	0.2184	0.0305	0.2185	0.0306	0.2185	0.0036	0.2185	0.0306	0.2185
0.4	0.0539	0.1881	0.0543	0.1886	0.0545	0.1889	0.0546	0.1891	0.0547	0.1892
0.6	0.0673	0.1602	0.0684	0.1616	0.0690	0.1625	0.0694	0.1630	0.0696	0.1633
0.8	0.0720	0.1355	0.0739	0.1381	0.0751	0.1396	0.0759	0.1405	0.0764	0.1412
1.0	0.0708	0.1143	0.0735	0.1176	0.0753	0.1202	0.0766	0.1215	0.0774	0.1225
1.2	0.0664	0.0962	0.0698	0.1007	0.0721	0.1037	0.0738	0.1055	0.0749	0.1069
1.4	0.0606	0.0817	0.0644	0.0864	0.0672	0.0897	0.0692	0.0921	0.0707	0.0937
1.6	0.0545	0.0696	0.0586	0.0743	0.0616	0.0780	0.0639	0.0806	0.0656	0.0826
1.8	0.0487	0.0596	0.0528	0.0644	0.0560	0.0681	0.0585	0.0709	0.0604	0.0730
2.0	0.0434	0.0513	0.0474	0.0560	0.0507	0.0596	0.0533	0.0625	0.0553	0.0649
2.5	0.0326	0.0365	0.0362	0.0405	0.0393	0.0440	0.0419	0.0469	0.0440	0.0491
3.0	0.0249	0.0270	0.0280	0.0303	0.0307	0.0333	0.0331	0.0359	0.0352	0.0380
5.0	0.0104	0.0108	0.0120	0.0123	0.0135	0.0139	0.0148	0.0154	0.0161	0.0167
7.0	0.0056	0.0056	0.0064	0.0066	0.0073	0.0074	0.0081	0.0083	0.0089	0.0091
10.0	0.0028	0.0028	0.0033	0.0032	0.0037	0.0037	0.0041	0.0042	0.0046	0.0046

（续）

z/b \ l/b	3.0		4.0		6.0		8.0		10.0	
	点1	点2	点1	点2	点1	点2	点1	点2	点1	点2
0.0	0.0000	0.2500	0.0000	0.2500	0.0000	0.2500	0.0000	0.2500	0.0000	0.2500
0.2	0.0306	0.2186	0.0306	0.2186	0.0306	0.2186	0.0306	0.2186	0.0306	0.2186
0.4	0.0548	0.1894	0.0549	0.1894	0.0549	0.1894	0.0549	0.1894	0.0549	0.1894
0.6	0.0701	0.1638	0.0702	0.1639	0.0702	0.1640	0.0702	0.1640	0.0702	0.1640
0.8	0.0773	0.1423	0.0776	0.1424	0.0776	0.1426	0.0776	0.1426	0.0776	0.1426
1.0	0.0790	0.1244	0.0794	0.1248	0.0795	0.1250	0.0796	0.1250	0.0796	0.1250
1.2	0.0774	0.1096	0.0779	0.1103	0.0782	0.1105	0.0783	0.1105	0.0783	0.1105
1.4	0.0739	0.0973	0.0748	0.0982	0.0752	0.0986	0.0752	0.0987	0.0753	0.0987
1.6	0.0697	0.0870	0.0708	0.0882	0.0714	0.0887	0.0715	0.0888	0.0715	0.0889
1.8	0.0652	0.0782	0.0666	0.0797	0.0673	0.0805	0.0675	0.0806	0.0675	0.0808
2.0	0.0607	0.0707	0.0624	0.0726	0.0634	0.0734	0.0636	0.0736	0.0636	0.0738
2.5	0.0504	0.0559	0.0529	0.0585	0.0543	0.0601	0.0547	0.0604	0.0548	0.0605
3.0	0.0419	0.0451	0.0449	0.0482	0.0469	0.0504	0.0474	0.0509	0.0476	0.0511
5.0	0.0214	0.0221	0.0248	0.0256	0.0283	0.0290	0.0296	0.0303	0.0301	0.0309
7.0	0.0124	0.0126	0.0152	0.0154	0.0186	0.0190	0.0204	0.0207	0.0212	0.0216
10.0	0.0066	0.0066	0.0084	0.0083	0.0111	0.0111	0.0128	0.0130	0.0139	0.0141

应用上述均布和三角形分布的矩形荷载角点下的附加应力系数 K_c、K_{t1}、K_{t2}，既可用角点法求算梯形分布时地基中任意点的竖向附加应力 σ_z 值，也可求算条形荷载面（取 $m=10$）时的地基附加应力。

3. 均布的圆形荷载

设圆形荷载面积的半径为 r_0，作用于地基表面上的竖向均布荷载为 p_0，如以圆形荷载面的中心点为坐标原点 O（图 3.11），并在荷载面积上取微面积 $\mathrm{d}A = r\mathrm{d}\theta\mathrm{d}r$，以集中力 $p_0\mathrm{d}A$ 代替微面积上的分布荷载，则可运用式（3-14c）以积分法求得均布圆形荷载中点下任意深度 z 处 M 点的 σ_z

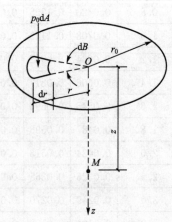

图 3.11 均布圆形荷载
中心点下的 σ_z

$$\sigma_z = \iint_A \mathrm{d}\sigma_z = \frac{3p_0 z^3}{2\pi} \int_0^{2\pi} \int_0^{r_0} \frac{r\mathrm{d}\theta\mathrm{d}r}{(r^2+z^2)^{5/2}} = p_0\left[1 - \frac{z^3}{(r_0^2+z^2)^{3/2}}\right]$$

$$= p_0\left[1 - \frac{1}{\left(\frac{1}{z^2/r_0^2}+1\right)^{3/2}}\right] = K_r p_0 \qquad (3-26)$$

式中　K_r——均布的圆形荷载中心点下的附加应力系数,它是(z/r_0)的函数,由表 3 - 6
　　　　查得。三角形分布的圆形荷载边点下的附加应力系数值,参见《建筑地基基
　　　　础设计规范》(GB 50007—2011)。

表 3 - 6　均布的圆形荷载中心点下的附加应力系数 K_r

z/r_0	K_r	z/r_0	K_r	z/r_0	K_r	z/r_0	K_r	z/r_0	K_r	z/r_0	K_r
0.0	1.000	0.8	0.756	1.6	0.390	2.4	0.213	3.2	0.130	4.0	0.087
0.1	0.999	0.9	0.701	1.7	0.360	2.5	0.200	3.3	0.124	4.2	0.079
0.2	0.992	1.0	0.646	1.8	0.332	2.6	0.187	3.4	0.117	4.4	0.073
0.3	0.976	1.1	0.595	1.9	0.307	2.7	0.175	3.5	0.111	4.6	0.067
0.4	0.949	1.2	0.547	2.0	0.285	2.8	0.165	3.6	0.106	4.8	0.062
0.5	0.911	1.3	0.502	2.1	0.264	2.9	0.155	3.7	0.101	5.0	0.057
0.6	0.864	1.4	0.461	2.2	0.246	3.0	0.146	3.8	0.096	6.0	0.040
0.7	0.811	1.5	0.424	2.3	0.229	3.1	0.138	3.9	0.091	10.0	0.015

3.4.3　线荷载和条形荷载下的地基附加应力

设在地基表面上作用有无限长的条形荷载,且荷载沿宽度可按任何形式分布,但沿长度
方向则不变,此时地基中产生的应力状态属于平面问题。在工程建筑中,当然没有无限长的
受荷面积,不过,当荷载面积的长度比 $l/b \geqslant 10$ 时,计算的地基附加应力值与按 $l/b = \infty$ 时的
解相比误差甚少。因此,对于条形基础,如墙基、挡土墙基础、路基、坝基等,常可按平面
问题考虑。为了求算条形荷载下的地基附加应力,下面先介绍线荷载作用下的解答。

1. 线荷载

线荷载是在半空间表面上一条无限长直线上的均布荷载。如图 3.12(a)所示,设一个
竖向线荷载 $\bar{p}$(kN/m)作用在 y 坐标轴上,沿 y 轴某分段 dy 上的分布荷载以集中力 $P =
\bar{p}dy$ 代替,从而利用式(3 - 14c)求的地基中任意点 M 处由 P 引起的附加应力 $d\sigma_z$。此时,

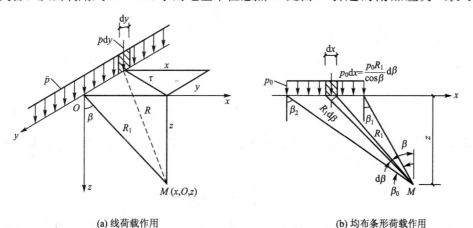

(a) 线荷载作用　　　　　　　　　　　　　　　(b) 均布条形荷载作用

图 3.12　地基附加应力的平面问题

设 M 点位于与 y 轴垂直的 xOz 平面内，直线 $OM = R_1 = \sqrt{x^2 + z^2}$ 与 z 轴的夹角为 β，则 $\sin\beta = x/R_1$ 和 $\cos\beta = z/R_1$。于是可以用下列积分求得 M 点的 σ_z。

$$\sigma_z = \int_{-\infty}^{+\infty} \mathrm{d}\sigma_z = \int_{-\infty}^{+\infty} \frac{3z^3 \bar{p}\mathrm{d}y}{2\pi R^5} = \frac{2\bar{p}z^3}{\pi R_1^4} = \frac{2\bar{p}}{\pi R_1}\cos^3\beta \tag{3-27}$$

同理，得

$$\sigma_z = \frac{2\bar{p}x^2 z}{\pi R_1^4} = \frac{2\bar{p}}{\pi R_1}\cos\beta\sin^2\beta \tag{3-28}$$

$$\tau_{xx} = \tau_{xx} = \frac{2\bar{p}}{\pi R_1}\cos^2\beta\sin\beta \tag{3-29}$$

由于线荷载沿 y 坐标轴均匀分布而且无限延伸，因此与 y 轴垂直的任何平面上的应力状态都完全相同。这种情况就属于弹性力学中的平面问题，此时

$$\tau_{xy} = \tau_{yx} = \tau_{yz} = \tau_{zy} = 0 \tag{3-30}$$

$$\sigma_y = \mu(\sigma_x + \sigma_z) \tag{3-31}$$

因此，在平面问题中需要计算的应力分量只有 σ_z、σ_x 和 τ_{xx} 三个。

2. 均布的条形荷载

设一个竖向条形荷载沿宽度方向［图 3.12(b) 中 x 方向］均匀分布，则均布的条形荷载 p_0 沿 x 轴上某微分段 $\mathrm{d}x$ 上的荷载可以用线荷载 $\bar{p}$ 代替，并引入 OM 与 z 轴线的夹角 β，得

$$\bar{p} = p_0 \mathrm{d}x = \frac{p_0 R_1}{\cos\beta}\mathrm{d}\beta$$

因此可以利用式 (3-27) 求得地基中任意点 M 处的附加应力，用极坐标表示为

$$\sigma_z = \int_{\beta_1}^{\beta_2} \mathrm{d}\sigma_z = \int_{\beta_1}^{\beta_2} \frac{2p_0}{\pi}\cos^2\beta\mathrm{d}\beta$$
$$= \frac{p_0}{\pi}\left[\sin\beta_2\cos\beta_2 - \sin\beta_1\cos\beta_1 + (\beta_2 - \beta_1)\right] \tag{3-32}$$

同理，得

$$\sigma_x = \frac{p_0}{\pi}\left[-\sin(\beta_2 - \beta_1)\cos(\beta_2 + \beta_1) + (\beta_2 - \beta_1)\right] \tag{3-33}$$

$$\tau_{xx} = \tau_{xx} = \frac{p_0}{\pi}\left[\sin^2\beta_2 - \sin^2\beta_1\right] \tag{3-34}$$

各式中当 M 点位于荷载分布宽度两端点竖直线之间时，β_1 取负值。

将式 (3-32)、式 (3-33) 和式 (3-34) 代入下列材料力学公式，可以求得 M 点的大主应力 σ_1 与小主应力 σ_3

$$\left.\begin{array}{r}\sigma_1\\\sigma_3\end{array}\right\} = \sqrt{\left(\frac{\sigma_z - \sigma_x}{2}\right)^2 + \tau_{xx}} = \frac{p_0}{\pi}\left[(\beta_2 - \beta_1) \pm \sin(\beta_2 - \beta_1)\right] \tag{3-35}$$

设 β_0 为 M 点与条形荷载两端连线的夹角，则 $\beta_0 = \beta_2 - \beta_1$（$M$ 点在荷载宽度范围内时为 $\beta_2 + \beta_1$），于是式 (3-35) 变为

$$\left.\begin{array}{r}\sigma_1\\\sigma_3\end{array}\right\} = \frac{p_0}{\pi}(\beta_0 \pm \sin\beta_0) \tag{3-36}$$

σ_1 的作用方向与 β_0 角的角平分线一致。上式主要为研究地基承载力的平面问题时提供的地基附加应力公式。

为了计算方便，还可以将上述 σ_z、σ_x 和 τ_{xz} 三个公式改用直角坐标表示。此时，取条形荷载的中点为坐标原点，则 $M(x, z)$ 点的三个附加应力分量为

$$\sigma_z = \frac{p_0}{\pi}\left[\arctan\frac{1-2n}{2m} + \arctan\frac{1+2n}{2m} - \frac{4m(4n^2-4m^2-1)}{(4n^2+4m^2-1)+16m^2}\right] = K_{sz}p_0 \quad (3-37)$$

$$\sigma_x = \frac{p_0}{\pi}\left[\arctan\frac{1-2n}{2m} + \arctan\frac{1+2n}{2m} + \frac{4m(4n^2-4m^2-1)}{(4n^2+4m^2-1)+16m^2}\right] = K_{sx}p_0 \quad (3-38)$$

$$\tau_{xz} = \tau_{zx} = \frac{p_0}{\pi}\frac{32m^2n}{(4n^2+4m^2-1)+16m^2} = K_{sxz}p_0 \quad (3-39)$$

式中　K_{sz}、K_{sx}、K_{sxz}——分别为均布条形荷载下相应的三个附加应力系数，都是 $m=z/b$ 和 $n=x/b$ 的函数，可由表 3-7 查得。

表 3-7　均布条形荷载下的附加应力系数

z/b	x/b																	
	0.00			0.25			0.50			1.00			1.50			2.00		
	K_{sz}	K_{sx}	K_{sxz}	K_{sz}	K_{sx}	K_{sxz}	K_{sz}	K_{sx}	K_{sxz}	K_{sz}	K_{sx}	K_{sxz}	K_{sz}	K_{sx}	K_{sxz}	K_{sz}	K_{sx}	K_{sxz}
0.00	1.00	1.00	0	1.00	1.00	0	0.50	0.50	0.32	0	0	0	0	0	0	0	0	0
0.25	0.96	0.45	0	0.90	0.39	0.13	0.50	0.35	0.30	0.02	0.17	0.05	0.00	0.07	0.01	0	0.04	0
0.50	0.82	0.18	0	0.74	0.19	0.16	0.48	0.23	0.26	0.08	0.21	0.13	0.02	0.12	0.04	0	0.07	0.02
0.75	0.67	0.08	0	0.61	0.10	0.13	0.45	0.14	0.20	0.15	0.22	0.16	0.04	0.14	0.07	0.02	0.10	0.04
1.00	0.55	0.04	0	0.51	0.05	0.10	0.41	0.09	0.16	0.19	0.15	0.16	0.07	0.14	0.10	0.03	0.13	0.05
1.25	0.46	0.02	0	0.44	0.03	0.07	0.37	0.06	0.12	0.20	0.11	0.14	0.10	0.12	0.10	0.04	0.11	0.07
1.50	0.40	0.01	0	0.38	0.02	0.06	0.33	0.04	0.10	0.21	0.08	0.13	0.11	0.10	0.10	0.06	0.10	0.07
1.75	0.35	—	0	0.34	0.01	0.04	0.30	0.03	0.08	0.21	0.06	0.11	0.13	0.09	0.10	0.07	0.09	0.08
2.00	0.31		0	0.31		0.03	0.28		0.05	0.20	0.05	0.10	0.14		0.08	0.08	0.08	0.08
3.00	0.21		0	0.21		0.02	0.20		0.01	0.17		0.06	0.13	0.03	0.07	0.10	0.04	0.07
4.00	0.16		0	0.16		0.01	0.15		0.02	0.14		0.03	0.12	0.02	0.05	0.10	0.03	0.05
5.00	0.13		0	0.13		—	0.12		—	0.12		—	0.11		—	0.09	—	—
6.00	0.11		0	0.10		—	0.10		—	0.10			0.10					

【例题 3-2】　某条形基础底面宽度 $b=1.4\text{m}$，作用于基底的平均附加压力 $p_0=200\text{kPa}$，要求确定：(1)均布条形荷载中点 O 下的地基附加应力 σ_z 的分布；(2)深度 $z=1.4\text{m}$ 和 2.8m 处水平面上的 σ_z 的分布；(3)在均布条形荷载边缘以外 1.4m 处 O_1 点下的 σ_z 的分布。

解　(1)计算 σ_z 时选用表 3-8 列出的 $z/b=0.5$、1、1.5、2、3、4 等反算出深度 $z=0.7\text{m}$、1.4m、2.1m、2.8m、4.2m、5.6m 等处的 σ_z 值，列于表 3-8 中，并绘出分布图如图 3.13 所示。

表 3-8　均布条形荷载中点 O 下的地基附加应力 σ_z

x/b	z/b	z/m	K_{sz}	σ_z/kPa
0	0	0	1.00	200
0	0.5	0.7	0.82	164
0	1	1.4	0.55	110
0	1.5	2.1	0.40	80
0	2	2.8	0.31	42
0	3	4.2	0.21	32
0	4	5.6	0.16	22

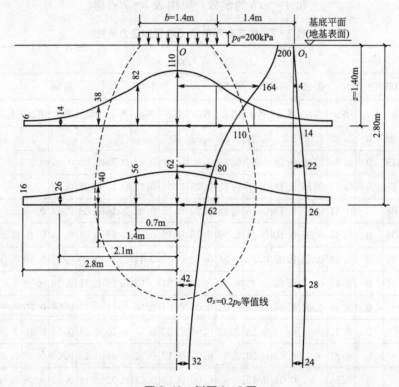

图 3.13　例题 3-2 图

问题(2)及问题(3)的 σ_z 计算结果及分布图分别列于表 3-9 及表 3-10。

表 3-9　深度 $z＝1.4m$ 和 $2.8m$ 处水平面上的 σ_z

z/m	z/b	x/b	K_{sz}	σ_z/kPa
1.4	1	0	0.55	110
1.4	1	0.5	0.41	82
1.4	1	1	0.19	38
1.4	1	1.5	0.07	14
1.4	1	2	0.03	6

（续）

z/m	z/b	x/b	K_{sz}	σ_z/kPa
2.8	2	0	0.31	62
2.8	2	0.5	0.28	56
2.8	2	1	0.20	40
2.8	2	1.5	0.13	26
2.8	2	2	0.08	16

表 3-10 在均布条形荷载边缘以外 1.4m 处 O_1 点下的 σ_z

z/m	z/b	x/b	K_{sz}	σ_z/kPa
0	0	1.5	0	0
0.7	0.5	1.5	0.02	4
1.4	1	1.5	0.07	14
2.1	1.5	1.5	0.11	22
2.8	2	1.5	0.13	26
4.2	3	1.5	0.14	28
5.6	4	1.5	0.12	24

此外，在图 3.13 中还以虚线绘出 $\sigma_z = 0.2$，$p_0 = 40kPa$ 的等值线图。

从上例的计算结果中，可见均布条形荷载下地基中附加应力 σ_z 的分布规律如下。

（1）σ_z 不仅发生在荷载面积之下，并且分布在荷载面积以外相当大的范围之下，这就是所谓地基附加应力的扩散分布。

（2）在离基础底面（地基表面）不同深度 z 处各个水平面上，以基底中心点下轴线处的 σ_z 为最大，随着距离中轴线越远越小。

（3）在荷载分布范围内任意点沿垂线的 σ_z 值，随深度越向下越小。

地基附加应力的分布规律还可以用上面已经使用过的"等值线"的方式完整地表示出来。如图 3.14 所示，附加应力等值线的绘制方法是在地基剖面中划分许多方形网格，使网格结点的坐标恰好是均布条形荷载半宽（0.5b）的整倍数，查表 3-7，可得各结点的附加应力 σ_z、σ_x 和 τ_{xx}，然后以插入法绘成均布条形荷载下三种附加应力的等值线图 [图 3.14(a)、(c)、(d)]。此外，还附有均布方形荷载下 σ_z 等值线图以资比较。

由图 3.14(a) 及 (b) 可见，方形荷载所引起的 σ_z，其影响深度要比条形荷载小得多。例如方形荷载中心下 $z = 2b$ 处 $\sigma_z \approx 0.1 p_0$；而在条形荷载下 $\sigma_z = 0.1 p_0$ 等值线则约在中心下 $z \approx 6b$ 处通过。

由条形荷载下的 σ_x 和 τ_{xx} 的等值线图可见，σ_x 的影响范围较浅，所以基础下地基土的侧向变形主要发生于浅层；而 τ_{xx} 的最大值出现于荷载边缘，所以位于基础边缘下的土容易发生剪切滑动而出现塑性变形区。

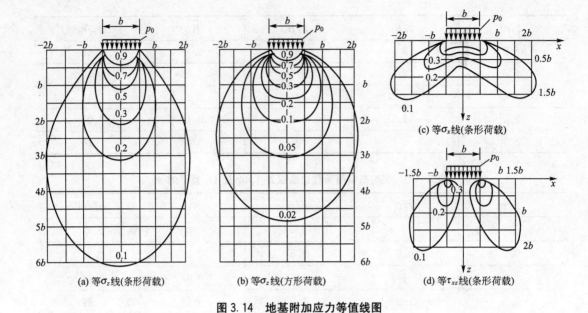

(a) 等σ_z线(条形荷载) (b) 等σ_z线(方形荷载) (c) 等σ_x线(条形荷载)

(d) 等τ_{xz}线(条形荷载)

图 3.14　地基附加应力等值线图

3.5　有效应力原理

有效应力原理是由太沙基(Terzaghi，1925)首先提出的，并经后来的试验所证实。有效应力原理是土力学中一个重要原理，是近代土力学与古典土力学的一个重要区别。古典土力学用总应力来研究土的压缩性和土的强度；近代土力学用有效应力来研究土的力学特性，后者更具科学性。同时，它也是土力学有别于其他力学(如固体力学)的重要原理之一。

3.5.1　土中两种应力试验

采用甲、乙两个直径与高度完全相同的量筒，在两个量筒底部各放置一层松散的砂土，其质量和密度完全相同，如图 3.15 所示。

在甲量筒松砂顶面加若干钢球，使松砂承受σ(kPa)的压力，此时可见松砂顶面下沉，表明砂土已发生压缩，亦即砂土的孔隙比 e 减小。

在乙量筒松砂顶面不加钢球，而是小心缓慢地注水至砂面以上高度 h 处，使砂层表面也受到σ(kPa)的压力作用，结果发现砂层顶面并不下降，表明砂土未发生压缩，亦即砂土的孔隙比 e 不变。以上情况类似于在量筒内放一块泡水的棉花，无论向量筒内倒多少水也不能使棉花发生压缩。

上述甲、乙两个量筒底部松砂顶面都作用了σ(kPa)的压力，但产生的效果却不同，这说明土体中存在两种不同性质的应力。

1) 由钢球施加的应力

即有效应力，它通过砂土的骨架传递，用σ'表示。这种有效应力能使土层发生压缩变

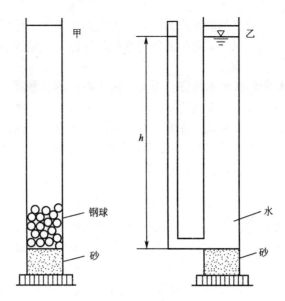

图 3.15　土中两种应力试验

形，从而使土的强度发生变化。

2）由水施加的应力

即孔隙水压力，通过孔隙中水来传递，用 u 表示。这种孔隙水压力不能使土层发生压缩变形。

3.5.2　有效应力原理的内容

在如图 3.16 所示的饱和土体中任取一水平面 $a—a$，若在 $a—a$ 处装一测压管，测压管中水柱高度为 h_w，则 $a—a$ 平面处的孔隙水压力为

$$u=\gamma_w h_w \tag{3-40}$$

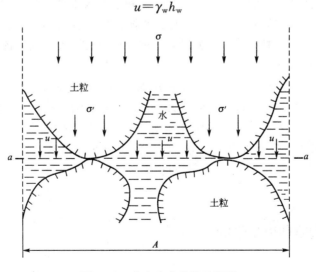

图 3.16　土中应力传递示意图

孔隙水压力的特性与通常的静水压力一样，方向始终垂直于作用面，任一点的孔隙水压力在各个方向是相等的。只要某点的测压管水柱高度已知，则该点的孔隙水压力即可迅速求得。

有效应力要通过粒间的接触面传递，但是，由于粒间的接触面积非常微小、接触情况十分复杂、粒间力的传递方向又变化无常，因此，若按一般的方法(力与传力面积之比)来定义有效应力是困难的。为了简化，在实际上，我们常把研究平面内所有粒间接触面上接触力的法向分力之和 N_s，除以所研究平面的总面积(包括粒间接触面积和孔隙所占面积在内)A 所得到的平均应力定义为有效应力，即

$$\sigma' = \frac{N_s}{A} \tag{3-41}$$

即使作了上述简化，要按式(3-41)直接计算或实测有效应力仍然是困难的。为此，我们只有寻求孔隙水压力与有效应力的关系，从而间接地求出有效应力。

设图 3.16 中 $a—a$ 平面的总面积为 A，其中粒间接触面积之和为 A_s，则该平面内由孔隙水所占的面积为 A_w 等于 $(A-A_s)$。若由外荷在该研究平面上所引起的法向总应力为 σ，那么它必将由该面上的孔隙力和粒间接触面共同承担，即该面上的总法向力等于孔隙水所分担的力和粒间所分担的力之和，于是有

$$\sigma A = N_s + (A-A_s)u \tag{3-42}$$

由于颗粒间接触面积 A_s 很小，试验研究表明，一般 $A_s/A \leqslant 0.03$，实际上可忽略不计。于是式(3-42)可简化为

$$\sigma = \sigma' + u \tag{3-43}$$

式(3-43)即为饱和土的有效应力原理，它表示饱和土中的总应力 σ 等于有效应力 σ' 与孔隙水压力 u 之和。

式(3-43)也可写为

$$\sigma' = \sigma - u \tag{3-44}$$

应当指出：土体孔隙中的水压力有静水压力和超静水压力之分。前者是由水的自重引起的，其大小取决于水位的高低；后者一般是由附加应力引起的，在土体固结过程中会不断地向有效应力转化。超静孔隙水压力通常简称为孔隙水压力，以后各章中所提到的孔隙水压力一般是指这一部分。

在饱和土中，无论是土的自重应力还是附加应力，均应满足式(3-43)的要求。对自重应力而言，σ 为水与土颗粒的总自重应力，u 为静水压力，σ' 为土的有效自重应力。对附加应力而言，σ 为附加应力，u 为超静孔隙水压力，σ' 为有效应力增量。

式(3-43)从形式上看似很简单，但它的内涵十分重要。以后凡涉及土的体积变形或强度变化的应力均是有效应力 σ'，而不是总应力 σ。这一概念对含有气体的非饱和土同样也适用。

3.5.3 有效应力原理应用举例

1. 水位在地面以上时土中孔隙水压力和有效应力

如图 3.17 所示，地面以上水深为 h_1，地面以下深度为 h_2，求 A 点的有效应力。

作用在 A 点的竖向总应力为

$$\sigma = \gamma_w h_1 + \gamma_{sat} h_2$$

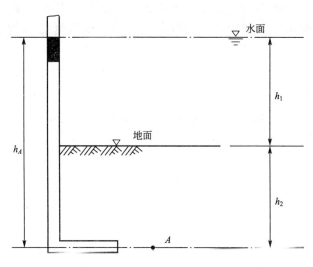

图 3.17 有效应力原理说明

A 点测压管水位高为 h_A，于是

$$u = \gamma_w h_A = \gamma_w (h_1 + h_2)$$

根据式(3-44)，可得 A 点的有效应力 σ' 为

$$\sigma' = \sigma - u = \gamma_w h_1 + \gamma_{sat} h_2 - \gamma_w (h_1 + h_2) = (\gamma_{sat} - \gamma_w) h_2 = \gamma' h_2$$

由此可见，当地面以上水深 h_1 变化时，可以引起土体中总应力 σ 和孔隙水压力 u 的变化，但有效应力 σ' 不会随 h_1 的升降而变化，亦即 h_1 的变化不会引起土体的压缩和膨胀。

2. 毛细水上升时土中孔隙水压力和有效应力的变化

设地基土层如图 3.18 所示。在深度 h_1 的 B 线以下的土完全饱和，地下水的自由表面（潜水面）在其下的 C 线处，即毛细水上升高度为 h_c。

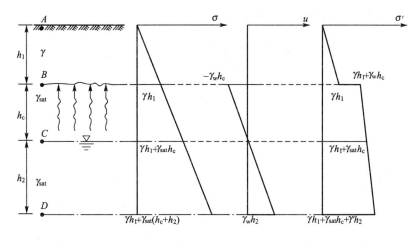

图 3.18 毛细水上升时总应力、孔隙水压力和有效应力的计算

按照有效应力原理，应先计算总应力 σ，对 B 点以下的土，应以饱和重度计算，应力分布如图 3.18 所示。

在毛细水上升区，由于空气-水界面处表面张力的作用使孔隙水压力为负值，即 $u = -\gamma_w h_c$（因为求静水压力值时假定大气压力为零，所以紧靠 B 线下的孔隙水压力为负值）。

竖向有效应力为总应力与孔隙水压力之差。在毛细水上升区，有效应力增加；在地下水位以下，由于水对土颗粒的浮力作用，使土的有效应力减少。具体计算见表 3-11。

表 3-11　毛细水上升时土中总应力、孔隙水压力及有效应力计算

计算点		总应力 σ	孔隙水压力 u	有效应力 σ'
A		0	0	0
B	B 点上	γh_1	0	γh_1
	B 点下		$-\gamma_w h_c$	$\gamma h_1 + \gamma_w h_c$
C		$\gamma h_1 + \gamma_{sat} h_c$	0	$\gamma h_1 + \gamma_{sat} h_c$
D		$\gamma h_1 + \gamma_{sat}(h_c + h_2)$	$\gamma_w h_2$	$\gamma h_1 + \gamma_{sat} h_c + \gamma' h_2$

3. 在稳定渗流作用下水平面上的孔隙水压力和有效应力

当土中有水渗流时，土中水将对土颗粒作用有渗透力，必然影响土中有效应力的分布。现通过图 3.19 所示的 3 种情况，说明土中有水渗流时对有效应力及孔隙水压力分布的影响。

图 3.19(a) 中水静止不动，也即土中 a、b 两点的水头相等；图 3.19(b) 中表示 a、b 两点有水头差 h，水自上而下渗流；图 3.19(c) 中表示土中 a、b 两点的水头差也为 h，但水自下而上渗流。现按上述 3 种情况计算土中总应力 σ、孔隙水压力 u 及有效应力 σ' 值，列于表 3-12，并绘出分布图如图 3.19 所示。

从表 3-12 和图 3.19 计算结果可见，3 种不同情况水渗流时土中总应力 σ 的分布是相同的，土中水的渗流不影响总应力值。水渗流时将在土中产生渗透力，致使土中有效应力与孔隙水压力发生变化。当土中水自上而下渗流时，渗透力的方向与重力的方向一致，于是有效应力增加，而孔隙水压力也相应增加。

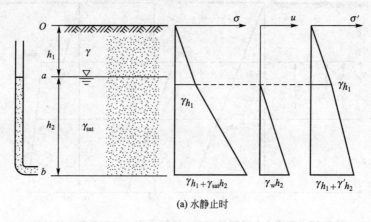

(a) 水静止时

图 3.19　土中水渗流时总应力 σ、孔隙水压力 u 及有效应力 σ' 分布

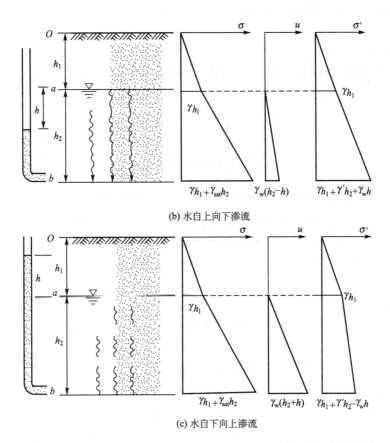

(b) 水自上向下渗流

(c) 水自下向上渗流

图 3.19 土中水渗流时总应力 σ、孔隙水压力 u 及有效应力 σ' 分布(续)

表 3−12 土中水渗流时总应力 σ、孔隙水压力 u 及有效应力 σ' 计算

渗流情况	计算点	总应力 σ	孔隙水压力 u	有效应力 σ'
(a) 水静止时	a	γh_1	0	γh_1
	b	$\gamma h_1 + \gamma_{sat} h_2$	$\gamma_w h_2$	$\gamma h_1 + (\gamma_{sat} - \gamma_w) h_2$
(b) 水自上向下渗流	a	γh_1	0	γh_1
	b	$\gamma h_1 + \gamma_{sat} h_2$	$\gamma_w (h_2 - h)$	$\gamma h_1 + (\gamma_{sat} - \gamma_w) h_2 + \gamma_w h$
(c) 水自下向上渗流	a	γh_1	0	γh_1
	b	$\gamma h_1 + \gamma_{sat} h_2$	$\gamma_w (h_2 + h)$	$\gamma h_1 + (\gamma_{sat} - \gamma_w) h_2 - \gamma_w h$

【例题 3−3】 如图 3.20 所示,饱和黏土层厚 10m,其下砂土层中存在承压水,水头高出 A 点 6m。现要在黏土层中开挖基坑,试求基坑的最大开挖深度 H。

解 设基坑开挖深度达到 H 后坑底土将隆起失稳,考虑此时 A 点的稳定条件。

A 点的总应力为

$$\sigma_A = \gamma_{sat}(10m - H) = 18.9 kN/m^3 \times (10m - H)$$

A 点的孔隙水压力为

$$u = \gamma h = 9.8 kN/m^3 \times 6m = 58.8 kPa$$

若 A 点隆起，临界条件即为有效应力 $\sigma'=0$，即

$$\sigma'=\sigma_A-u=0$$

解得：$H=6.89\text{m}$

故当基坑开挖深度超过 6.89m 后，基坑将隆起破坏。

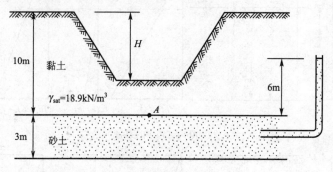

图 3.20　例题 3-3 图

背 景 知 识

有效应力原理的提出

据说太沙基有一次雨天在外边走路，突然滑了一跤，他爬起来一看，原来地面是黏土，下雨了当然很滑。俗话说吃一堑长一智，为什么人在饱和黏土上会滑倒，而在干黏土和饱和砂土上不会滑倒呢？他陷入了沉思。他仔细观察发现鞋底很平滑，滑动地面上有一层水膜。于是他认识到：作用于饱和土体上的总应力，由作用在土骨架上的有效应力和作用在孔隙水上的孔隙水压力两部分组成。前者会产生摩擦力，提供人前进所需要的反力；后者则没有任何抗剪强度。人走在饱和黏土上，总应力都变成孔隙水压力，黏土渗透系数又小，短期内孔隙水压力不会消散转化为有效应力，因而人就会滑倒。从而他总结出了著名的"有效应力原理"，后来又提出了"渗流固结理论"。可见智者一跤，必有所得；愚者跌倒，怨天尤人啊。

（源自李广信《土力学教学中的议论、比喻与故事》一文）

本 章 小 结

本章主要学习了土的自重应力计算、各种荷载条件下的土中附加应力计算及其分布规律等。

土中应力指土体在自身重力、建筑物和构筑物荷载以及其他因素（如土中水的渗流、地震等）作用下，土中产生的应力。土中应力过大时，会使土体因强度不够发生破坏，甚至使土体发生滑动失去稳定。此外，土中应力的增加会引起土体变形，使建筑物发生沉降、倾斜以及水平位移。

要注意的是，土是三相体，具有明显的各向异性和非线性特征。为简便起见，目前计算土中应力的方法仍采用弹性理论公式，将地基土视作均匀的、连续的、各向同性的半无限体，这种假定同土体的实际情况有差别，不过其计算结果尚能满足实际工程的要求。

思考题与习题

3-1 土中自重应力和附加应力产生的原因和作用效果是什么？

3-2 为什么土中应力的计算可以采用弹性理论公式？

3-3 刚性基础底面压力分布图形与哪些因素有关？计算时为什么可以假定呈直线变化？

3-4 集中荷载作用下土中附加应力的分布规律是怎样的？

3-5 局部面积荷载作用下土中附加应力的分布规律是怎样的？

3-6 条形荷载作用下土中附加应力的分布规律是怎样的？

3-7 当建筑物基础建在地面以下时，地基中的附加应力的计算作何考虑？

3-8 某地层剖面如图 3.21 所示。试求该土层的竖向应力分布图。如果地层中的地下水位从原来的天然地面以下 2.0m 处下降 3.0m，土中的自重应力分布将有何变化？（参考答案：如图 3.22 所示）

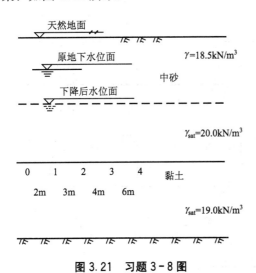

图 3.21 习题 3-8 图

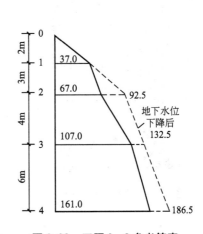

图 3.22 习题 3-8 参考答案

3-9 如图 3.23 所示，矩形均布荷载 p_0 为 250kPa，受荷面积为 2m×6m²。试求 O、B 点下方深度为 0、2m、4m、6m、8m、10m 处的附加应力，并汇出应力分布曲线。（参考答案：如图 3.24 所示）

3-10 某场地地层分布及地下水情况如图 3.25 所示。试绘出总应力 σ、孔隙水压力 u 和有效应力 σ' 沿深度的分布图。（参考答案：如图 3.26 所示）

3-11 某路基的宽度为 8m（顶）和 16m（底），高度 H 为 2m（图 3.27），填土重度 γ 为 18kN/m³，试求路基底面中心点和边缘点下深度 2m 处地基附加应力 σ_z 值。（答案：中心点下 2m 深处 $\sigma_z=35.41$kPa）

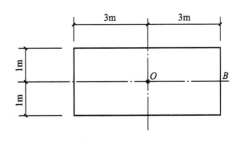

图 3.23 习题 3-9 图

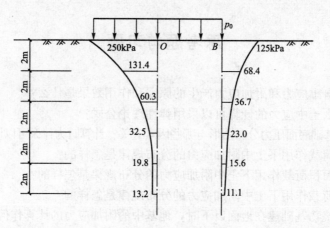

图 3.24　习题 3-9 参考答案

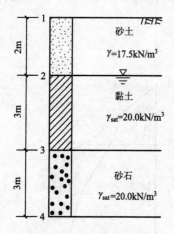

图 3.25　习题 3-10 图

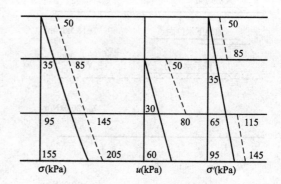

图 3.26　习题 3-10 参考答案

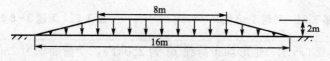

图 3.27　习题 3-11 图

第4章
土的压缩性和沉降计算

教学目标与要求

● **概念及基本原理**

【掌握】土的压缩性、压缩系数、压缩模量、压缩曲线（e-p 曲线及 e-$\lg p$ 曲线）、固结度、时间因数

【理解】压缩指数、变形模量、土的回弹曲线和再压缩曲线、单向固结理论

● **计算理论及计算方法**

【掌握】压缩系数、变形模量、压缩模量之间的关系、土层压缩量的计算、分层总和法的基本假设及原理、规范法的基本原理

● **试验**

【掌握】压缩试验

【理解】现场荷载试验

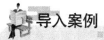 **导入案例**

上海展览中心馆

上海展览中心馆原称上海工业展览馆，位于上海市区延安中路北侧（图 4.0）。展览馆中央大厅为框架结构，箱形基础，展览馆两翼采用条形基础。其中箱形基础为两层，埋深 7.27m。箱基顶面至中央大厅顶部塔尖，总高 96.63m。地基为高压缩性淤泥质软土。展览馆于 1954 年 5 月开工，当年底实测地基平均沉降量为 60cm。1957 年 6 月，中央大厅四周的沉降量最大达 146.55cm，最小为 122.8cm。到 1979 年，累计平均沉降量为 160cm，从 1957 年至 1979 年共 22 年间的沉降量仅 20cm 左右，不及 1954 年下半年沉降量的一半，说明沉降已趋向稳定。但由于地基严重下沉，不仅使散水倒坡，而且建筑物内外连接的水、暖、电管道断裂，都付出了相当的代价。

图 4.0 上海展览中心馆

地基土具有三相性，固体颗粒间存在孔隙，使土具有压缩性。在上部建筑物荷载作用下，地基土内的应力状态就会发生变化，会产生竖向变形，土力学称之为沉降。上部结构荷载差异较大或地基土层软弱不均时，就有可能导致建筑物地基出现不均匀沉降。地基沉降是建筑荷载作用的结果，均匀的沉降只是改变建筑的标高，不会在结构中再产生次生应力，对结构的应力状态不产生影响。不均匀沉降在上部结构中会产生次生应力

（尤其是超静定结构），较大的不均匀沉降就会使建筑物某些部位出现开裂，严重时建筑物会出现倾斜、甚至倒塌。

如闻名世界的意大利比萨斜塔，塔身建立在深厚的高压缩性土之上，地基的不均匀沉降导致塔身倾斜，塔顶离塔心垂线的水平距离达5.27m，是典型的地基不均匀沉降引起建筑物倾斜的实例（图4.1）。

墨西哥市艺术宫是一座巨型的具有纪念性的早期建筑。此艺术宫于1904年落成，至今已有100多年历史。由于地基土为超高压缩性土，天然孔隙比为7~12，天然含水量为150%~600%，为世界上罕见的软弱土，层厚25m，下沉达4m，旁边的道路下沉2m，公路路面至艺术宫门前高差达2m。参观者需走下九步台阶，由公路进入艺术宫。这是地基沉降最大的典型实例（图4.2）。

某市高尔夫练习场，为二层框架结构，采用粉煤灰空心砖填充墙，地基土层中有湿陷性黄土。由于地基处理不当，且散水宽度、坡度、伸缩缝间距及雨水明沟设置均不满足《湿陷性黄土地区建筑规范》（GB 50025—2004）的相关要求，投入使用1年后，建筑物出现较大的不均匀沉降，最大沉降差已达138.1mm，致使墙体出现大面积的开裂，最大裂缝宽度达12mm，已严重影响建筑物的安全和正常使用（图4.3）。

图4.1　比萨斜塔

图4.2　墨西哥市艺术宫

图4.3　某高尔夫练习场墙体裂缝

在实际工程中，为减少地基沉降造成的工程事故，必须研究荷载作用下土体的变形问题，计算地基的沉降量，要求地基的沉降量不超过规范规定的允许值，以保证建筑物的安全和正常使用功能。

本章主要介绍土的压缩性及其评价指标、地基土的最终沉降量计算、土的变形与时间的关系等内容。

4.1 土的压缩性

土在压力作用下体积减小的特性称为土的压缩性。如图 4.4 所示，地基土通常由固体土颗粒、土中水和土中气三部分组成，其中固体土颗粒形成土的骨架，水和气体填充于骨架孔隙当中。土的压缩性通常由以下三部分变形组成：①固体土颗粒被压缩；②土中水及封闭气体被压缩；③水和气体从孔隙中被挤出。由于纯水的弹性模量约为 $2\times10^6\text{kPa}$，固体颗粒（矿物颗粒）的弹性模量约为 $9\times10^7\text{kPa}$，在一般工程压力（$100\sim600\text{kPa}$）作用下，固体颗粒和水的压缩量是微不足道的，与土的总压缩量之比很小，约占到 1/400，以致完全可以忽略不计。因此，土的压缩量可看作是土中水和气体从孔隙中被挤出，与此同时，土颗粒相应发生移动，重新排列，靠拢挤密，从而土孔隙体积减小。

孔隙中水和气体向外排出要有一个时间过程。因此土的压缩亦要经过一段时间才能完成。我们把这一与时间有关的压缩过程称为固结。对于饱和土体来说，固结就是孔隙中的水逐渐向外排出，孔隙体积减小的过程。显然，对于饱和砂土，由于它的透水性强，在压力作用下，孔隙中的水易于向外排出，固结很快就能完成；而对于饱和黏土，由于它的透水性弱，孔隙中的水不能迅速排出，因而固结需要很长时间才能完成。

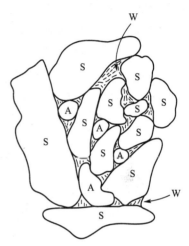

图 4.4 土的组成示意图
S—固体土颗粒；W—土中水；
A—土中气

4.1.1 压缩试验

室内压缩试验是在压缩仪（或固结仪）中完成，土力学通常用它来研究土的压缩特性。压缩仪容器组成如图 4.5 所示，主要有底座、刚性护环和加压活塞构成。试验时，先用金

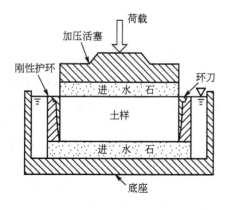

图 4.5 压缩仪容器简图

属环刀取土，然后将土样连同环刀一起放入压缩仪内，上下各盖一块透水石，以便土样受压后能够自由排水，透水石上面再施加垂直荷载。需要时可在土样四周加水以使土样饱和。由于土样受到环刀、压缩容器护环约束，在压缩过程中只能发生竖向变形，侧向变形可以忽略不计，所以这种方法也称为单向压缩试验或侧限压缩试验。

试验时分级施加竖向压力，后一级荷载通常为前一级的两倍，常用压力为：50kPa、100kPa、200kPa、400kPa。在每级荷载作用下使土样变形稳定，用百分表测出土样稳定后的变形量 s，即可按式（4-2）计算出各级荷载下的孔隙比 e。

如图 4.6 所示，土样抽象为由固体土颗粒和孔隙两部分构成。设土样的初始高度为 h_0，受压后的高度为 h，s 为外压力 p 作用下土样压缩至稳定的变形量，则 $h=h_0-s$。

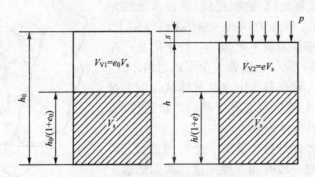

图 4.6　压缩土样孔隙变化图

土体颗粒的压缩量是微小的，忽略土颗粒的压缩，认为压力施加前后土颗粒体积 V_s 不变，则土样孔隙体积在压缩前为 $e_0 \times V_s$，在压缩稳定后为 $e \times V_s$（图 4.6）。

设土样横截面面积为 A，在压缩前后不变。则压缩前土样体积为

$$Ah_0 = V_{V1} + V_s = e_0 \times V_s + V_s = V_s(1+e_0)$$

压缩后土样体积为

$$Ah = V_{V2} + V_s = e \times V_s + V_s = V_s(1+e)$$

以上两式相比，又因为 $h=h_0-s$，得出

$$\frac{h_0}{1+e_0} = \frac{h}{1+e} = \frac{h_0-s}{1+e} \tag{4-1}$$

或

$$e = e_0 - \frac{s}{h_0}(1+e_0) \tag{4-2}$$

式（4-1）与式（4-2）式中 e_0 为土的初始孔隙比，可通过室内试验和土的三相物理换算关系得到，这样就建立了压力 p 作用下土样孔隙比 e 与变形量 s 的对应关系。只要测定了土样在各级压力 p_i 作用下的稳定变形量 s_i 后，就可按上式算出孔隙比 e_i。然后以横坐标表示压力 p，纵坐标表示孔隙比 e，则可得出 e-p 曲线，称为压缩曲线（图 4.7）。

压缩曲线可按两种方式绘制，一种是普通坐标绘制的 e-p 曲线（图 4.7），在常规试验中，一般按 p=50kPa、100kPa、200kPa、300kPa、400kPa 五级加荷；另一种的横坐标则按 p 的常对数取值，即采用半对数直角坐标绘制的 e-$\lg p$ 曲线（图 4.8），试验时以较小的压力开始，采取小增量多级加载，并加大到较大的荷载（如 1000kPa）为止。

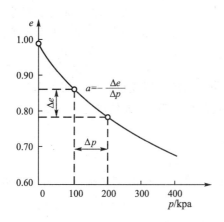

图 4.7 $e-p$ 曲线确定压缩系数 a

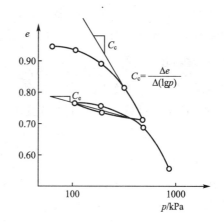

图 4.8 $e-\lg p$ 曲线中求 C_c

4.1.2 压缩性指标

1. 压缩系数

$e-p$ 曲线初始较陡,土的压缩量较大,而后曲线逐渐平缓,土的压缩量也随之减小,这是因为随着孔隙比的减小,土的密实度增加到一定程度后,土粒移动越来越趋于困难,压缩量也就减小的缘故。不同的土类具有不同的压缩性,压缩曲线形态差异较大,如密实砂土的 $e-p$ 曲线比较平缓,土的压缩性就低,而软黏土的 $e-p$ 曲线较陡,因而土的压缩性就高。所以,曲线上任一点的切线斜率 a 就表示了相应压力 p 作用下的压缩性

$$a = -\frac{\mathrm{d}e}{\mathrm{d}p} \qquad (4-3)$$

式中负号表示随着压力 p 的增加,e 逐渐减小。显然,$e-p$ 曲线上各点的斜率不同,因此土的压缩系数不是常数,对应于不同的压力 p,就有不同的 e 值。从实用角度来说,一般研究土中某点由原来的自重应力 p_1 增加到外荷作用下土中应力 p_2(自重应力与附加应力之和)这一压力间隔所表征的压缩性。如图 4.7 所示,设压力由 p_1 增至 p_2,相应的孔隙比由 e_1 减小到 e_2,则与应力增量 $\Delta p = p_2 - p_1$ 对应的孔隙比变化为 $\Delta e = e_2 - e_1$。此外,土的压缩性可用图中割线 M_1M_2 的斜率表示。设割线与横坐标的夹角为 α,则

$$a \approx \tan\alpha = -\frac{\Delta e}{\Delta p} = \frac{e_1 - e_2}{p_2 - p_1} \qquad (4-4)$$

式中 a——土的压缩系数(kPa^{-1} 或 MPa^{-1});

p_1——一般指地基某深度处土中竖向自重应力(kPa);

p_2——地基某深度处自重应力与附加应力之和(kPa);

e_1——相应于 p_1 作用下压缩稳定后土的孔隙比;

e_2——相应于 p_2 作用下压缩稳定后土的孔隙比。

土的压缩系数是评价地基土压缩性高低的重要指标之一。从曲线上看,它不是一个常量,与所取的起始压力 p_1 有关,也与压力变化范围 $\Delta p = p_2 - p_1$ 有关。为了统一标准,在工程实践中,通常采用压力由 $p_1 = 100\mathrm{kPa}(0.1\mathrm{MPa})$ 增加到 $p_2 = 200\mathrm{kPa}(0.2\mathrm{MPa})$ 时所求

得的压缩系数 a_{1-2} 来评价土的压缩性的高低，当 $a_{1-2}<0.1\text{MPa}^{-1}$ 时，为低压缩性土；当 $0.1\text{MPa}^{-1}\leqslant a_{1-2}<0.5\text{MPa}^{-1}$ 时，为中压缩性土；当 $a_{1-2}\geqslant 0.5\text{MPa}^{-1}$ 时，为高压缩性土。

2. 压缩指数

如果采用 $e\text{-}\lg p$ 曲线时，大量试验研究表明，它的后段接近直线，如图 4.8 所示，其斜率称为土的压缩指数 C_c，其值可有直线段上任意两点的 e、p 值确定

$$C_c = \frac{e_1 - e_2}{\lg p_2 - \lg p_1} = \frac{e_1 - e_2}{\lg\left(\dfrac{p_2}{p_1}\right)} \tag{4-5}$$

式中压缩指数 C_c 是无量纲系数，同压缩系数 a 一样，C_c 也能用来确定土的压缩性大小。C_c 值越大，土的压缩性越高。一般认为：当 $C_c<0.2$ 时，为低压缩性土；当 $C_c=0.2\sim 0.4$ 时，属中压缩性土；当 $C_c>0.4$ 时，属高压缩性土。

虽然压缩系数 a 和压缩指数 C_c 都是反映土的压缩性的指标，但是两者有所不同。前者随所取的初始压力及压力增量的大小而异，而后者在较高的压力范围内却是常量，不随压力而变。而且 $e\text{-}\lg p$ 曲线前半段较平缓，后半段较陡，表明当压力超过某值时土才会发生较显著的压缩。这是因为土在其沉积历史过程中已在上覆土压力或其他荷载作用下经历过压缩和固结，当土样从地基中取出，原有应力释放，土样又经历了膨胀。因此，压缩试验时，当施加荷载小于土样在地基中所受原有压力，土样的压缩量会较小。只有施加荷载大于原有压力，土样才会产生新的压缩，压缩量才会较大。由此可见，土的压缩性与其沉积和受荷历史有密切关系，国内外广泛采用 $e\text{-}\lg p$ 曲线来研究应力历史对土的压缩性的影响。

3. 压缩模量

土体在完全侧限条件下，竖向附加应力 σ_z 与相应总应变 ε_z 之比，称为压缩模量，用符号 E_s 表示

$$E_s = \frac{\sigma_z}{\varepsilon_z} = \frac{\Delta p}{\Delta h/h_1}$$

由式 (4-1)，$\dfrac{h_0}{1+e_0} = \dfrac{h_1}{1+e_1} = \dfrac{h_2}{1+e_2} = \dfrac{h_1 - \Delta h}{1+e_2}$，则

$$\Delta h = \frac{e_1 - e_2}{1+e_1}h_1 = \frac{\Delta e}{1+e_1}h_1$$

代入上式

$$E_s = \frac{\sigma_z}{\varepsilon_z} = \frac{\Delta p}{\Delta h/h_1} = \frac{\Delta p}{\dfrac{\Delta e}{1+e_1}} = \frac{1+e_1}{\dfrac{\Delta e}{\Delta p}} = \frac{1+e_1}{a} \tag{4-6}$$

压缩模量 E_s 是土的压缩性指标的又一种表述，其单位为 kPa 或 MPa。由式 (4-6) 知，压缩模量 E_s 与压缩系数成反比，E_s 越大，a 就越小，土的压缩性越低。所以 E_s 也具有划分土压缩性高低的功能。一般认为：当 $E_s<4\text{MPa}$ 时，为高压缩性土；当 $E_s>15\text{MPa}$ 时，为低压缩性土；当 $E_s=4\sim 15\text{MPa}$ 时，属中压缩性土。

4. 变形模量

变形模量 E_0 是由现场静载荷试验测定的土的压缩性指标，表示土在侧向自由变形条

件下竖向压应力与竖向总应变之比。变形模量的物理意义与材料力学中材料的弹性模量相同，但由于土的总应变中不仅有弹性变形，同时还存在不可恢复的塑性变形，因此称之为土的变形模量。通过现场静载荷试验可以得到土的变形模量。由图 8.3 压力-沉降曲线可知，土在压密阶段荷载与沉降接近线性关系，可将承压板底下的土体视为均质的各向同性的直线变形体，从而利用弹性理论的成果求得土体变形模量与沉降量的关系

$$E = \frac{\omega p B (1 - \mu^2)}{s} \tag{4-7}$$

式中　ω——与承压板（或基础）的刚度和形状有关的系数，对刚性方形承压板 $\omega = 0.88$，对刚性圆形承压板 $\omega = 0.79$；

　　　B——承压板的短边长或直径；

　　　μ——土的泊松比；

　　p、s——分别为压密阶段曲线上某点的压力强度值和与其对应的沉降值。

变形模量 E_0 和压缩模量 E_s 的区别在于试验条件不同，土的变形模量 E_0 是土体在无侧限条件下的应力与应变的比值，而土的压缩模量 E_s 是土体在完全侧限条件下的应力与应变的比值；但两者同为土的压缩性指标，在理论上是完全可以相互换算的。由材料力学理论，可以推导出土的变形模量与压缩模量的关系。

由压缩模量的定义可知，在侧限条件下，土样的竖向变形 ε_z 为

$$\varepsilon_z = \frac{\sigma_z}{E_z} \tag{4-8}$$

当考虑侧向压应力 σ_x、σ_y 对竖向变形的影响时，可按广义胡克定律计算竖向变形 ε_z，即

$$\varepsilon_z = \frac{1}{E_0} [\sigma_z - \mu(\sigma_x + \sigma_y)]$$

式中　μ——土样的泊松比。

压缩试验中，侧向压应力 $\sigma_x = \sigma_y$，则上式可写为

$$\varepsilon_z = \frac{1}{E_0} (\sigma_z - 2\mu\sigma_x)$$

又因 $\sigma_x = k_0\sigma_z$，$k_0 = \frac{\mu}{1-\mu}$，所以

$$\varepsilon_z = \frac{1}{E_0} \left(1 - \frac{\mu^2}{1-\mu}\right) \sigma_z \tag{4-9}$$

比较式(4-8)与式(4-9)，得变形模量 E_0 与压缩模量 E_s 关系式为

$$E_0 = 1 - \frac{2\mu^2}{1-\mu} E_s$$

令 $\beta = 1 - \frac{2\mu^2}{1-\mu}$，则

$$E_0 = \beta E_s \tag{4-10}$$

必须指出，此式只不过是 E_0 与 E_s 之间的理论关系。实际上，现场载荷试验测定 E_0 和室内压缩试验测定 E_s 时，由于试验条件的限制和土的不均匀性等因素，使得上式与实测值之间的关系差距较大。根据统计资料，E_0 可能是 βE_s 的几倍。一般说来，土越坚硬则倍数越大，而软土的 E_0 和 βE_s 则比较接近。

4.1.3　土的回弹曲线及再压缩曲线

在进行室内试验过程中，当土压力加到某一数值 p_i（如图 4.9 中 e-p 曲线的 b 点）后，逐渐卸压，土样将发生回弹，土体膨胀，孔隙比增大，若测得回弹稳定后的孔隙比，则可绘制相应的孔隙比与压力的关系曲线（图 4.9 中线 bc），称为回弹曲线。

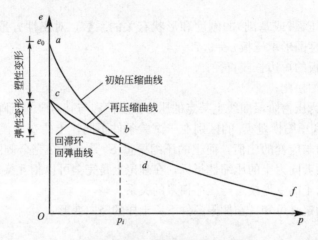

图 4.9　土的回弹曲线及再压缩曲线

由图 4.9 可见，卸压后的回弹曲线 bc 并不沿压缩曲线 ab 回升，而要平缓得多，这说明土受压缩发生的变形，可以分为两部分，一部分是卸压后可以恢复的变形称为弹性变形，主要来自于土颗粒和孔隙水的弹性变形、封闭气体的压缩和溶解，以及薄膜水的变形等造成的变形；一部分是不能恢复的变形称为残余变形或塑性变形，主要来自于土颗粒相互位移、土颗粒被压碎、孔隙水和孔隙气体被排出等造成的变形。土体变形机理非常复杂，土体不是理想的弹塑性体，而是具有弹性、黏性、塑性的自然历史的产物。总体来讲土体的压缩变形是以残余变形为主。

若再重新逐级加压，则可测得土的再压缩曲线，如图 4.9 中 cdf 段所示，其中 df 段就像是 ab 段的延续，犹如没有经过卸压和再加压过程一样。土在重复荷载作用下，加压与卸压的每一重复循环都将走新的路线，形成新的回滞环。其中的弹性变形与残余变形的数值逐渐减小，残余变形减小得更快，土重复次数足够多时，变形为纯弹性，土体达到弹性压密状态。在半对数曲线中也同样可以看到这种现象。

【例题 4-1】　已知原状土样高 $h=2\text{cm}$，截面面积 $A=30\text{cm}^2$，重度 $\gamma=19.1\text{kN/m}^3$，颗粒相对密度 $d_s=2.72$，含水量 $w=25\%$，进行压缩试验，试验结果见表 4-1，求土的压缩系数 a_{1-2} 值和压缩模量 E_s，并判别该土样的压缩性。

表 4-1　压缩试验结果

压力 p/kPa	0	50	100	200	400
稳定时压缩量 Δh/mm	0	0.480	0.808	1.232	1.735

解　试样的初始孔隙比为

$$e_0 = \frac{\gamma_w d_s(1+w)}{\gamma} - 1 = \frac{10\text{kN/m}^3 \times 2.72 \times (1+0.25)}{19.1\text{kN/m}^3} - 1 = 0.78$$

当荷载等于 50kPa 时孔隙比为

$$e_1 = e_0 - \frac{\Delta h_1}{h_0}(1+e_0) = 0.78 - \frac{0.480\text{mm}}{20\text{mm}} \times (1+0.78) = 0.737$$

当荷载等于 100kPa 时孔隙比为

$$e_2 = e_1 - \frac{\Delta h_2}{h_0}(1+e_1) = 0.737 - \frac{(0.808-0.480)\text{mm}}{(20-0.480)\text{mm}} \times (1+0.737) = 0.708$$

同理，可得 $p=200$kPa 时，$e_3=0.670$

根据 e_2、e_3，可得

$$a_{1-2} = \frac{e_2-e_3}{(200-100)\text{kPa}} = \frac{0.708-0.670}{100\text{kPa}} = 0.38\text{MPa}^{-1}$$

$$E_s = \frac{1+e_2}{a_{1-2}} = \frac{1+0.708}{0.38\text{MPa}^{-1}} = 4.495\text{MPa}$$

由上述计算结果可知：$0.1\text{MPa}^{-1} \leqslant a_{1-2} = 0.38 < 0.5\text{MPa}^{-1}$，$E_s = 4.495$MPa，在 4～15MPa 之间

所以采用压缩系数 a_{1-2} 或 E_s 均判别该土样为中压缩性土。

4.2 地基最终沉降量计算

地基最终沉降量是指地基土层在荷载作用下，达到压缩稳定时地基表面的沉降量。一般地基土在自重应力作用下已达到压缩稳定，因此，产生地基沉降的主要原因有外因和内因两个方面：外因是建筑物荷载在地基中产生的附加应力；内因是土是散体材料，具有压缩性，在附加压力的作用下，土层发生压缩变形，引起地基沉降。

计算地基沉降的目的是确定建筑物的最大沉降量、沉降差和倾斜，判断其是否超出容许的范围，为建筑物设计时采用相应的措施提供依据，保证建筑物的安全。

关于地基沉降的计算方法很多，主要有弹性理论法、分层总和法和应力面积法等。本节主要介绍工程中常用的分层总和法与应力面积法。

4.2.1 分层总和法

分层总和法假定地基土为直线变形体，在外荷载作用下的变形只发生在有效厚度的范围内(即压缩层)，将压缩层厚度内的地基土分层，分别求出各分层的平均应力，然后用土的应力-应变关系式求出各分层的变形量，再累加起来作为地基的最终沉降量。

1. 分层总和法假设

(1) 地基是均质、各向同性的半无限线性变形体，因而可以按照弹性理论计算土中应力。

（2）在压力作用下，地基土不产生侧向变形，因此可采用侧限条件下试验所得压缩性指标。

（3）取基底中心点下的竖向附加应力 σ_z 计算地基沉降，这样处理可以弥补由于忽略地基土的侧向变形而对计算结果造成的误差影响。

2. 计算原理

如图 4.10 所示，若在地基中心底下取截面为 A 的小土柱，土样上作用有自重应力和附加应力。

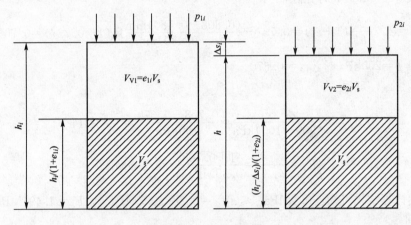

图 4.10　土柱压缩图

假定第 i 层土样在 p_{1i}（相当于自重应力）作用下，压缩稳定后的孔隙比为 e_{1i}，土柱高度为 h_i；当压力增大至 p_{2i}（相当于自重应力和附加应力之和）时，压缩稳定后的孔隙比为 e_{2i}。利用受附加压力前后土粒体积不变和土样横截面面积不变，求得

$$\frac{h_i}{1+e_{1i}}=\frac{h_i-\Delta s_i}{1+e_{2i}}$$

该土柱的压缩变形量 Δs_i 为

$$\Delta s_i=\frac{e_{1i}-e_{2i}}{1+e_{1i}}h_i \tag{4-11}$$

求得各土层的变形后，叠加可得到地基最终沉降量 s 为

$$s=\sum_{i=1}^{n}\Delta s_i=\sum_{i=1}^{n}\frac{e_{1i}-e_{2i}}{1+e_{1i}}h_i$$

又因为 $\dfrac{e_{1i}-e_{2i}}{1+e_{1i}}=\dfrac{a_i(p_{2i}-p_{1i})}{1+e_{1i}}=\dfrac{\bar{\sigma}_{zi}}{E_{si}}$，所以

$$s=\sum_{i=1}^{n}\frac{e_{1i}-e_{2i}}{1+e_{1i}}h_i=\sum_{i=1}^{n}\frac{\bar{\sigma}_{zi}}{E_{si}}h_i \tag{4-12}$$

式中　n——地基沉降计算深度范围内的土层数；

p_{1i}——作用在第 i 层土上的平均自重应力 $\bar{\sigma}_{czi}$；

p_{2i}——作用在第 i 层土上的平均自重应力 $\bar{\sigma}_{czi}$ 与平均附加应力 $\bar{\sigma}_{zi}$ 之和（kPa）；

a_i——第 i 层土的压缩系数；

E_{si}——第 i 层土的压缩模量(kPa);

　h_i——第 i 层土的厚度(m)。

3. 计算步骤

(1) 分层。将基底以下土分为若干薄层,分层原则:

① 厚度 $h_i \leq 0.4b(b$ 为基础宽度)或 $1 \sim 2m$;

② 天然土层面及地下水位都应作为薄层的分界面。

(2) 计算基底中心点下各分层面上土的自重应力 σ_{czi} 与附加应力 σ_{zi},并绘制自重应力和附加应力分布曲线(图 4.11)。

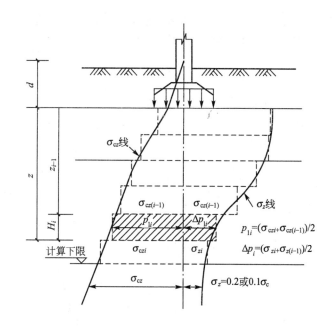

图 4.11　自重应力和附加应力分布曲线

(3) 确定地基沉降计算深度 z_n。所谓地基沉降计算深度是指自基础底面向下需要计算压缩变形所到达的深度,也称地基压缩层深度。该深度以下土层的压缩变形值小到可以忽略不计。从图 4.11 可见,附加应力随深度递减,自重应力增大。规定当 $\sigma_z/\sigma_{cz} \leq 0.2$(软土 ≤ 0.1)对应的深度为地基沉降计算深度 z_n。

(4) 计算各分层土的平均自重应力 $\bar{\sigma}_{czi} = \dfrac{\sigma_{czi-1} + \sigma_{czi}}{2}$ 和平均附加应力 $\bar{\sigma}_{zi} = \dfrac{\sigma_{zi-1} + \sigma_{zi}}{2}$。

(5) 令 $p_{1i} = \bar{\sigma}_{czi}$,$p_{2i} = \bar{\sigma}_{czi} + \bar{\sigma}_{zi}$,从该土层的压缩曲线中由 p_{1i} 及 p_{2i} 查出相应的 e_{1i} 和 e_{2i}。

(6) 按式(4-7)计算每一分层土的变形量 Δs_i。

(7) 按式(4-8)计算沉降计算深度范围内地基的总变形量即为地基的沉降量。

【例题 4-2】　某正方形柱基底面边长为 $B = 3m$,基础埋深 $d = 1m$。上部结构传至基础顶面的荷载为 $F = 1500kN$。地基为粉土,地下水位埋深 -1m。土的天然重度 $\gamma = 16.2kN/m^3$,饱和重度 $\gamma_{sat} = 17.5kN/m^3$,土的天然孔隙比为 0.96。计算柱基中点的沉降量如图 4.12 所示。

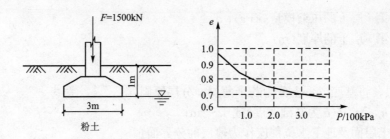

图 4.12　例题 4-2 图

解　(1) 地基分层。

每层厚度为 $h_i \leqslant 0.4B = 0.4 \times 3\text{m} = 1.2\text{m}$，按 1m 进行划分（图 4.13）。

(2) 地基竖向自重应力 σ_{czi} 的计算。

利用公式

$$\sigma_{cz} = \sum_{i=1}^{n} \gamma_i h_i$$

则 0 点（基底处）：$\sigma_{cz0} = 16.2\text{kN/m}^3 \times 1\text{m} = 16.2\text{kPa}$

1 点：$\sigma_{cz1} = 16.2\text{kN/m}^3 \times 1\text{m} + (17.5 - 10)\text{kN/m}^3 \times 1\text{m} = 23.7\text{kPa}$

其余各点计算结果见图 4.13。

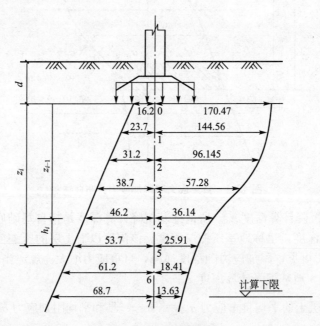

图 4.13　应力曲线图

(3) 地基竖向附加应力 σ_z 的计算。

基底平均压力：$p = (F + G)/A = \dfrac{[1500 + (20 \times 3 \times 3 \times 1)]\text{kN}}{3\text{m} \times 3\text{m}} = \dfrac{1680\text{kN}}{9\text{m}^2} = 186.67\text{kPa}$

基底附加压力：$p_0 = p - \sigma_c = (186.67 - 16.2)\text{kPa} = 170.47\text{kPa}$

按照第 3 章所述，根据 l/b 和 z/b 查表求取 α_i 值，矩形面积利用角点法将其分成四块计算，计算边长 $l = b = 1.5$，则 $l/b = 1$；附加应力 $\sigma_{zi} = 4\alpha_i p_0$，计算过程略，计算结果列于表 4-2 中。

（4）地基分层自重应力和附加应力平均值计算。

第1分层的平均自重应力

$$\bar{\sigma}_{cz1}=(\sigma_{cz0}+\sigma_{cz1})/2=(16.2+23.7)\text{kPa}/2=19.95\text{kPa}$$

第1分层的平均附加应力

$$\bar{\sigma}_{z1}=(\sigma_{z0}+\sigma_{z1})/2=(170.47+146.6)\text{kPa}/2=158.54\text{kPa}$$

其余各层计算方法同上，计算结果列于表4-2中。

表4-2 分层总和法计算地基最终沉降表

分层点编号	深度 z/m	分层厚度 h_i/m	自重应力 σ_{czi}/kPa	深宽比 z/b	应力系数 α_i	附加应力 σ_{zi}/kPa	平均自重应力 $\bar{\sigma}_{czi}$/kPa	平均附加压力 $\bar{\sigma}_{zi}$/kPa	$\bar{\sigma}_{czi}+\bar{\sigma}_{zi}$/kPa	孔隙比 e_{1i}	孔隙比 e_{2i}	分层沉降/cm
0	0		16.2	0	0.250	170.47						
1	1	1	23.7	0.67	0.212	144.56	19.95	157.515	177.465	0.945	0.783	8.33
2	2	1	31.2	1.33	0.141	96.145	27.45	120.35	147.8	0.938	0.801	7.07
3	3	1	38.7	2.00	0.084	57.277	34.95	76.711	111.61	0.931	0.833	5.08
4	4	1	46.2	2.67	0.053	36.14	42.45	46.709	89.16	0.921	0.865	2.92
5	5	1	53.7	3.33	0.038	25.91	49.95	31.025	80.98	0.915	0.876	2.04
6	6	1	61.2	4.00	0.027	18.41	57.45	22.16	79.61	0.907	0.878	1.52
7	7	1	68.7	4.67	0.020	13.63	64.95	16.02	80.97	0.896	0.875	1.11

（5）确定地基沉降计算深度 z_n。

在计算各层自重应力 σ_{cz} 和附加应力 σ_z 过程中，随时比较 σ_z/σ_{cz} 大小，当满足 $\sigma_z/\sigma_{cz}\leqslant0.2$ 时，对应的深度即为地基沉降计算深度。如深度 $z=7\text{m}$ 时，$\sigma_z=13.63\text{kPa}$，$\sigma_{cz}=68.7\text{kPa}$，$\sigma_z/\sigma_{cz}=0.198<0.2$，故地基沉降计算深度 $z_n=7\text{m}$。计算结果见表4-2和图4.13。

（6）地基各分层沉降量的计算。

从对应土层的 $e-p$ 压缩曲线上查出相应于某一分层 i 的平均自重应力（$\bar{\sigma}_{czi}=p_{1i}$）以及平均附加应力与平均自重应力之和（$\bar{\sigma}_{czi}+\bar{\sigma}_{zi}=p_{2i}$）的孔隙比 e_{1i} 和 e_{2i}，代入式（4-11）计算该分层 i 的变形量 Δs_i

$$\Delta s_i=\frac{e_{1i}-e_{2i}}{1+e_{1i}}h_i$$

例如第3分层（$i=3$），$h_{(3)}=100\text{cm}$，$\bar{\sigma}_{cz3}=34.95\text{kPa}$，从 $e-p$ 压缩曲线上查得 $e_{13}=0.931$；$\bar{\sigma}_{cz3}+\bar{\sigma}_{z3}=111.61\text{kPa}$，从 $e-p$ 压缩曲线上查得 $e_{23}=0.833$，则

$$\Delta s_3=\frac{0.931-0.833}{1+0.931}\times100\text{cm}=5.08\text{cm}$$

其他各层计算结果列于表4-2中。

（7）计算基础中点总沉降量 s。

将压缩层各分层土的变形量 Δs_i 加和，得到基础的总沉降量 s，即

$$s=\sum_{i=1}^{n}\Delta s_i$$

本例，以 $z_n=8\text{m}$ 考虑，共有分层数 $n=8$，所以由分层总和法计算地基最终沉降表的

数据可得

$$s = \sum_{i=1}^{n} \Delta s_i = (8.33 + 7.07 + 5.08 + 2.92 + 2.04 + 1.52 + 1.11)\text{cm} = 28.1\text{cm}$$

【例题 4-3】 某单独基础底面尺寸为 4m×2.5m，基础埋置深度为 2m，基础底面压力为 150kPa，土层分布、地下水位及有关计算指标如图 4.14 和图 4.15 所示，计算单独基础中心点处沉降量。

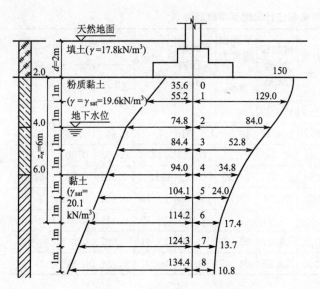

图 4.14 例题 4-3 应力曲线图

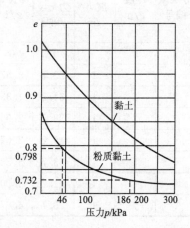

图 4.15 例题 4-3 的 e-p 曲线图

解 （1）地基分层。

每层厚度为 $h_i \leqslant 0.4B = 0.4 \times 2.5\text{m} = 1.0\text{m}$，按 1m 进行划分（图 4.14）。

步骤（2）～（4）计算方法与例题 4-2 步骤（2）～（4）同，计算过程略，各地基分层地基竖向自重应力 σ_{czi}、地基竖向附加应力 σ_z 以及自重应力和附加应力平均值计算结果列于表 4-3。

表 4-3 分层总和法计算地基最终沉降表

土层	分层点编号	深度 z/m	分层厚度 h_i/m	自重应力 σ_{czi}/kPa	附加应力 σ_{zi}/kPa	平均自重应力 $\bar{\sigma}_{czi}$/kPa	平均附加压力 $\bar{\sigma}_{zi}$	$\bar{\sigma}_{czi} + \bar{\sigma}_{zi}$/kPa	孔隙比 e_{1i}	孔隙比 e_{2i}	分层沉降 /mm
粉质黏土	0	0		35.6	150.0						
	1	1	1	55.2	129.0	45.40	139.50	184.9	0.798	0.732	37
	2	2	1	74.8	84.0	65.00	106.50	171.5	0.790	0.739	28
	3	3	1	84.4	52.8	79.60	68.40	148	0.780	0.747	16
	4	4	1	94.0	34.8	89.20	43.80	133	0.775	0.755	11
黏土	5	5	1	104.1	24.0	99.05	29.40	128.45	0.895	0.870	13
	6	6	1	114.2	17.4	109.15	20.70	129.85	0.886	0.869	9

（5）确定地基沉降计算深度 z_n。

当深度 $z=5\text{m}$ 时，$\sigma_z=20.4\text{kPa}$，$\sigma_{cz}=104.1\text{kPa}$，$\sigma_z/\sigma_{cz}=0.23>0.2$，不满足条件。当深度 $z=6\text{m}$ 时，$\sigma_z=17.4\text{kPa}$，$\sigma_{cz}=114.2\text{kPa}$，$\sigma_z/\sigma_{cz}=0.15<0.2$，故地基沉降计算深度 $z_n=6\text{m}$。计算结果见表 4-3。

（6）地基各分层沉降量的计算。

本例基底以下土层分为粉质黏土层和黏土层，要注意必须从对应土层的 $e-p$ 压缩曲线上查找孔隙比 e_{1i} 和 e_{2i}，例如第③分层($i=3$)要查找图 4.15 粉质黏土的 $e-p$ 压缩曲线，而第⑤分层($i=5$)则需查找图 4.13 黏土的 $e-p$ 压缩曲线。计算结果列于表 4-3。

（7）计算基础中点总沉降量 s。

将压缩层各分层土的变形量 Δs_i 加和，得到基础的总沉降量 s，即

$$s=\sum_{i=1}^{n}\Delta s_i=(37+28+16+11+13+9)\text{mm}=114\text{mm}$$

4.2.2 应力面积法

应力面积法是《建筑地基基础设计规范》中提出的沉降计算方法，是一种简化了的分层总和法，其引入了平均附加应力系数的概念，并在总结大量实践经验的前提下，重新规定了地基沉降计算深度的标准及沉降计算经验系数，使得计算成果接近于实测值。

1. 计算原理

设地基土层匀质、压缩模量 E_s 每层内不随深度变化。在基底附加应力作用下，土中附加应力分布如图 4.16 所示。为计算深度 z 范围内压缩量，取微小厚度土层 $\text{d}z$，该微小土层压缩量为 $\varepsilon\text{d}z$，ε 为该点应变，则深度 z 范围内压缩量可通过积分得到

$$s'=\int_0^z \varepsilon\text{d}z=\frac{1}{E_s}\int_0^z \sigma_z\text{d}z=\frac{A}{E_s} \qquad (4-13)$$

其中 A 为深度 z 范围内附加应力包围的面积

$$A=\int_0^z \sigma_z\text{d}z=p_0\int_0^z \alpha\text{d}z=p_0\bar{\alpha}z$$

$p_0\bar{\alpha}z$ 为深度 z 范围内竖向附加应力面积的等代值，如图 4.16 所示虚线所围矩形面积，则

$$\bar{\alpha}=\frac{A}{p_0z}=\frac{1}{z}\int^{z0}\alpha\text{d}z, \qquad (4-14)$$

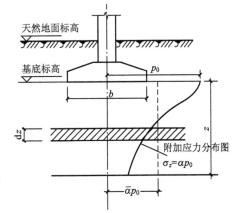

图 4.16 附加应力分布图

$\bar{\alpha}$ 为深度 z 范围内的竖向平均附加应力系数，其大小与土中附加应力的分布和深度有关，与土的压缩性质无关。通过式(4-14)可以计算绘制 $\bar{\alpha}$ 分布曲线，如图 4.16 所示；也可建立竖向平均附加应力系数 $\bar{\alpha}$ 表格，表 4-4 为均布的矩形荷载角点下的平均竖向附加应力系数 $\bar{\alpha}$，这样计算地基沉降的问题就可转化为通过表格查找 $\bar{\alpha}$，代入式(4-15)计算，《建筑地基基础设计规范》推荐方法即是通过查表方法计算地基沉降。

$$s'=\frac{p_0z\bar{\alpha}}{E_s} \qquad (4-15)$$

表 4-4　矩形面积上均布荷载作用下通过角点竖直线上的平均竖向附加应力系数 $\bar{\alpha}$ 值

z/b ＼ l/b	1.0	1.2	1.4	1.6	1.8	2.0	2.4	2.8	3.2	3.6	4.0	5.0	≥10(条形)
0.0	0.2500	0.2500	0.2500	0.2500	0.2500	0.2500	0.2500	0.2500	0.2500	0.2500	0.2500	0.2500	0.2500
0.2	0.2496	0.2497	0.2497	0.2498	0.2498	0.2498	0.2498	0.2498	0.2498	0.2498	0.2498	0.2498	0.2498
0.4	0.2474	0.2479	0.2481	0.2483	0.2483	0.2484	0.2485	0.2485	0.2485	0.2485	0.2485	0.2485	0.2485
0.6	0.2423	0.2437	0.2444	0.2448	0.2451	0.2452	0.2454	0.2455	0.2455	0.2455	0.2455	0.2455	0.2456
0.8	0.2346	0.2372	0.2387	0.2395	0.2400	0.2403	0.2407	0.2408	0.2409	0.2409	0.2410	0.2410	0.2410
1.0	0.2252	0.2291	0.2313	0.2326	0.2335	0.2340	0.2346	0.2349	0.2351	0.2352	0.2352	0.2353	0.2353
1.2	0.2149	0.2199	0.2229	0.2248	0.2260	0.2268	0.2278	0.2282	0.2285	0.2286	0.2287	0.2288	0.2289
1.4	0.2043	0.2102	0.2140	0.2164	0.2180	0.2191	0.2204	0.2211	0.2215	0.2217	0.2218	0.2220	0.2221
1.6	0.1939	0.2000	0.2049	0.2079	0.2099	0.2113	0.2130	0.2138	0.2143	0.2146	0.2148	0.2150	0.2152
1.8	0.1840	0.1912	0.1960	0.1994	0.2018	0.2034	0.2055	0.2066	0.2073	0.2077	0.2079	0.2082	0.2084
2.0	0.1746	0.1822	0.1875	0.1912	0.1938	0.1958	0.1982	0.1996	0.2004	0.2009	0.2012	0.2015	0.2018
2.2	0.1659	0.1737	0.1793	0.1833	0.1862	0.1883	0.1911	0.1927	0.1937	0.1943	0.1947	0.1952	0.1955
2.4	0.1578	0.1657	0.1715	0.1757	0.1789	0.1812	0.1843	0.1862	0.1873	0.1880	0.1885	0.1890	0.1895
2.6	0.1503	0.1583	0.1642	0.1686	0.1719	0.1745	0.1779	0.1799	0.1812	0.1820	0.1825	0.1832	0.1838
2.8	0.1433	0.1514	0.1574	0.1619	0.1654	0.1680	0.1717	0.1739	0.1753	0.1763	0.1769	0.1777	0.1784
3.0	0.1369	0.1449	0.1510	0.1556	0.1592	0.1619	0.1658	0.1682	0.1698	0.1708	0.1715	0.1725	01733
3.2	0.1310	0.1390	0.1450	0.1497	0.1533	0.1562	0.1602	0.1628	0.1645	0.1657	0.1664	0.1675	0.1685
3.4	0.1256	0.1334	0.1394	0.1441	0.1478	0.1508	0.1550	0.1577	0.1595	0.1607	0.1616	0.1628	0.1639
3.6	0.1205	0.1282	0.1342	0.1389	0.1427	0.1456	0.1500	0.1528	0.1548	0.1561	0.1570	0.1583	0.1595

（续）

z/b \ l/b	1.0	1.2	1.4	1.6	1.8	2.0	2.4	2.8	3.2	3.6	4.0	5.0	≥10(条形)
3.8	0.1158	0.1234	0.1293	0.1340	0.1378	0.1408	0.1452	0.1482	0.1502	0.1516	0.1526	0.1541	0.1554
4.0	0.1114	0.1189	0.1248	0.1294	0.1332	0.1362	0.1408	0.1438	0.1459	0.1474	0.1485	0.1500	0.1516
4.2	0.1073	0.1147	0.1205	0.1251	0.1289	0.1319	0.1365	0.1396	0.1418	0.1434	0.1445	0.1462	0.1479
4.4	0.1035	0.1107	0.1164	0.1210	0.1248	0.1279	0.1325	0.1357	0.1379	0.1396	0.1407	0.1425	0.1444
4.6	0.1000	0.1070	0.1127	0.1172	0.1209	0.1240	0.1287	0.1319	0.1342	0.1359	0.1371	0.1390	0.1410
4.8	0.0967	0.1036	0.1091	0.1136	0.1173	0.1204	0.1250	0.1283	0.1307	0.1324	0.1337	0.1357	0.1379
5.0	0.0935	0.1003	0.1057	0.1102	0.1139	0.1169	0.1216	0.1249	0.1273	0.1291	0.1304	0.1325	0.1348
5.2	0.0906	0.0972	0.1026	0.1070	0.1106	0.1136	0.1183	0.1217	0.1241	0.1259	0.1273	0.1295	0.1330
5.4	0.0878	0.0943	0.0996	0.1039	0.1075	0.1105	0.1152	0.1186	0.1211	0.1229	0.1243	0.1265	0.1292
5.6	0.0852	0.0916	0.0968	0.1010	0.1046	0.1076	0.1122	0.1156	0.1181	0.1200	0.1215	0.1238	0.1266
5.8	0.0828	0.0890	0.0941	0.0983	0.1018	0.1047	0.1094	0.1128	0.1153	0.1172	0.1187	0.1211	0.1240
6.0	0.0805	0.0866	0.0916	0.0957	0.0991	0.1021	0.1067	0.1101	0.1126	0.1146	0.1161	0.1185	0.1216
6.2	0.0783	0.0842	0.0891	0.0932	0.0966	0.0995	0.1041	0.1075	0.1101	0.1120	0.1136	0.1161	0.1193
6.4	0.0762	0.0820	0.0869	0.0909	0.0942	0.0971	0.1016	0.1050	0.1076	0.1096	0.1111	0.1137	0.1171
6.6	0.0742	0.0799	0.0847	0.0886	0.0919	0.0948	0.0993	0.1027	0.1053	0.1073	0.1088	0.1114	0.1149
6.8	0.0723	0.0779	0.0826	0.0865	0.0898	0.0926	0.0970	0.1004	0.1030	0.1050	0.1066	0.1092	0.1129
7.0	0.0705	0.0761	0.0806	0.0844	0.0877	0.0904	0.0949	0.0982	0.1008	0.1028	0.1044	0.1071	0.1109
7.2	0.0688	0.0742	0.0787	0.0825	0.0857	0.0884	0.0928	0.0962	0.0987	0.1008	0.1023	0.1051	0.109
7.4	0.0672	0.0725	0.0769	0.0806	0.0838	0.0865	0.0908	0.0942	0.0967	0.0988	0.1004	0.1031	0.1071
7.6	0.0656	0.0709	0.0752	0.0789	0.0820	0.0846	0.0889	0.0922	0.0948	0.0963	0.0984	0.1012	0.1054

(续)

z/b \ l/b	1.0	1.2	1.4	1.6	1.8	2.0	2.4	2.8	3.2	3.6	4.0	5.0	≥10(条形)
7.8	0.0642	0.0693	0.0736	0.0771	0.0802	0.0828	0.0871	0.0904	0.0929	0.0950	0.0966	0.0994	0.1036
8.0	0.0627	0.0678	0.0720	0.0755	0.0785	0.0811	0.0853	0.0886	0.0912	0.0932	0.0948	0.0976	0.1020
8.2	0.0614	0.0663	0.7075	0.0739	0.0769	0.0795	0.0837	0.0869	0.0894	0.0914	0.0931	0.0959	0.1104
8.4	0.0601	0.0649	0.0690	0.0724	0.0754	0.0779	0.0820	0.0852	0.0878	0.0898	0.0914	0.0943	0.0988
8.6	0.0588	0.0636	0.0676	0.0710	0.0739	0.0764	0.0805	0.0836	0.0862	0.0882	0.0898	0.0927	0.0973
8.8	0.0576	0.0623	0.0663	0.0696	0.0724	0.0749	0.0790	0.0821	0.0846	0.0866	0.0882	0.0912	0.0959
9.2	0.0554	0.0599	0.0637	0.0670	0.0697	0.0721	0.0761	0.0792	0.0817	0.0837	0.0853	0.0882	0.0931
9.6	0.0533	0.0577	0.0614	0.0645	0.0672	0.0696	0.0734	0.0765	0.0789	0.0809	0.0825	0.0855	0.0905
10.0	0.0514	0.0556	0.0592	0.0622	0.0649	0.0672	0.0710	0.0739	0.0763	0.0783	0.0799	0.0829	0.0880
10.4	0.0496	0.0537	0.0572	0.0601	0.0627	0.0649	0.0686	0.0716	0.0739	0.0759	0.077.5	0.0804	0.0857
10.8	0.0479	0.0519	0.0553	0.0581	0.0606	0.0628	0.0664	0.0693	0.0717	0.0736	0.0751	0.0781	0.0834
11.2	0.0463	0.0502	0.0535	0.0563	0.0587	0.0609	0.0644	0.0672	0.0695	0.0714	0.0730	0.0759	0.0813
11.6	0.0448	0.0486	0.0518	0.0545	0.0569	0.0590	0.0625	0.0652	0.0675	0.0694	0.0709	0.0738	0.0793
12.0	0.0435	0.0471	0.0502	0.0529	0.0552	0.0573	0.0606	0.0634	0.0656	0.0674	0.0690	0.0719	0.0774
12.8	0.0409	0.0444	0.0474	0.0499	0.0521	0.0541	0.0573	0.0599	0.0621	0.0639	0.0654	0.0682	0.0739
13.6	0.0387	0.0420	0.0448	0.0472	0.0493	0.0512	0.0543	0.0568	0.0589	0.0607	0.0621	0.0649	0.0707
14.4	0.0367	0.0398	0.0425	0.0448	0.0468	0.0486	0.0516	0.0540	0.0561	0.0577	0.0592	0.0619	0.0677
15.2	0.0349	0.0379	0.0404	0.0426	0.0446	0.0463	0.0492	0.0515	0.0535	0.0551	0.0565	0.0592	0.0650
16.0	0.0332	0.0361	0.0385	0.0407	0.0425	0.0442	0.0469	0.0492	0.0511	0.0527	0.0540	0.0567	0.0625
18.0	0.0297	0.0323	0.0345	0.0364	0.0381	0.0396	0.0422	0.0442	0.0460	0.0475	0.0487	0.0512	0.0570
12.0	0.0269	0.0292	0.0312	0.0330	0.0345	0.0359	0.0383	0.0402	0.0418	0.0432	0.0444	0.0468	0.0524

上述计算方法也可应用于多层土地基，如图 4.17 所示。

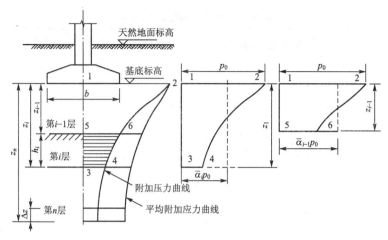

图 4.17 采用平均附加应力系数 $\bar{\alpha}_i$ 计算沉降量的分层示意图

设地基土层匀质、压缩模量 E_s 每层内不随深度变化，有

$$s' = \sum_{i=1}^{n} \frac{\bar{\sigma}_{zi}}{E_{si}} h_i$$

式中 $\bar{\sigma}_{zi}$——第 i 层土附加应力曲线所包围的面积（图 4.17 中阴影部分），用符号 A_{3456} 表示。

由图有：$A_{3456} = A_{1243} - A_{1265} = \bar{\alpha}_i p_0 z_i - \bar{\alpha}_{i-1} p_0 z_{i-1}$

$$s' = \sum_{i=1}^{n} \frac{A_{1243} - A_{1265}}{E_{si}} = \sum_{i=1}^{n} \frac{p_0}{E_{si}} (\bar{\alpha}_i z_i - \bar{\alpha}_{i-1} z_{i-1}) \tag{4-16}$$

式中 $p_0 z_i \bar{\alpha}_i$——深度 z 范围内竖向附加应力面积 A 的等代值。

2. 沉降计算经验系数和沉降计算

由于 s' 推导时作了近似假定，而且对某些复杂因素也难以综合反映，因此将其计算结果与大量沉降观测资料结果比较发现：低压缩性地基土，计算值偏大；反之，高压缩性土，计算值偏小。因此，应引入经验系数 ψ_s，对式(4-16)进行修正，即

$$s = \psi_s s' = \psi_s \sum_{i=1}^{n} \frac{p_0}{E_{si}} (\bar{\alpha}_i z_i - \bar{\alpha}_{i-1} z_{i-1}) \tag{4-17}$$

式中 s——地基最终沉降量(mm)；

ψ_s——沉降计算经验系数，根据地区沉降观测资料及经验确定，也可按表 4-5 取用；

n——地基沉降计算深度范围内所划分的土层数；

p_0——对应于荷载标准值时的基础底面处的附加压力(kPa)；

E_{si}——基础底面下第 i 层土的压缩模量，按实际应力范围取值(MPa)；

z_i、z_{i-1}——基础底面至第 i 层和第 $i-1$ 层土底面的距离(m)；

$\bar{\alpha}_i$、$\bar{\alpha}_{i-1}$——基础底面至第 i 层和第 $i-1$ 层土底面范围内的平均附加应力系数，矩形基础可按均布矩形荷载角点下的平均竖向附加应力系数 $\bar{\alpha}$ 表查用，条形基础可取 $l/b=10$(l 与 b 分别为基础的长边和短边)。

尚需注意，均布矩形荷载角点下的平均竖向附加应力系数 $\bar{\alpha}$ 表见表 4-4 给出的是均布矩形荷载角点下的平均竖向附加应力系数，故非角点下的平均附加应力系数 $\bar{\alpha}$，需采用

角点法计算，其方法同土中应力计算。

表4-5 沉降计算经验系数 ψ_s

基底附加压力 \ 压缩模量 $\overline{E}_s$/MPa	2.5	4.0	7.0	15.0	20.0
$p_0 \geqslant f_k$	1.4	1.3	1.0	0.4	0.2
$p_0 \leqslant 0.75 f_k$	1.1	1.0	0.7	0.4	0.2

注：1. f_k 为地基承载力标准值。

2. $\overline{E}_s$ 为沉降计算深度范围内压缩模量的当量值，按下式计算

$$\overline{E}_s = \frac{\sum A_i}{\sum \dfrac{A_i}{E_{si}}}$$

式中 $A_i = p_0(z_i\bar{\alpha}_i - z_{i-1}\bar{\alpha}_{i-1})$。

3. 地基沉降计算深度 z_n

地基沉降计算深度 z_n 可通过试算确定，即要求满足

$$\Delta s'_n \leqslant 0.025 \sum_{i=1}^{n} \Delta s'_i \tag{4-18}$$

式中 $\Delta s'_i$——在计算深度 z_n 范围内，第 i 层土的计算沉降值(mm)；

　　　$\Delta s'_n$——在计算深度 z_n 处向上取厚度为 Δz，土层的计算沉降值(mm)。Δz 按表4-6确定，也可按 $\Delta z = 0.3(1+\ln b)$(m)计算。

表4-6 计算厚度 Δz 表

基底宽度	$\leqslant 2$	$2<b\leqslant 4$	$4<b\leqslant 8$	$8<b\leqslant 15$	$15<b\leqslant 30$	>30
Δz/m	0.3	0.6	0.8	1.0	1.2	1.5

按式(4-18)计算确定的 z_n 下仍有软弱土层时，在相同压力条件下，变形会增大，故尚应继续往下计算，直至软弱土层中所取规定厚度 Δz 的计算沉降量满足上式为止。

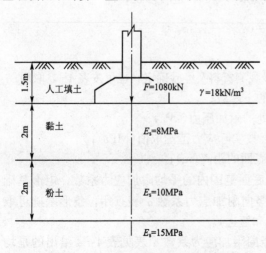

图4.18 地质剖面和土的性质图

此外，当无相邻荷载影响，基础宽度在 1～50m 范围内，基础中点的地基沉降计算深度 z_n 也可按下列公式计算

$$z_n = b(2.5 - 0.4\ln b) \tag{4-19}$$

式中 b——基础宽度(m)，$\ln b$ 为 b 的自然对数。

当沉降计算深度范围内存在基岩时，z_n 可取至基岩表面为止。

【例题4-4】 有一柱基础，其底面积为 2m×3m，埋深为 1.5m，上部荷载和基础重共计 $F=1080$kN，地基承载力标准值 $f_k = 150$kPa，地质剖面图和土的性质如图 4.18 所示。试用规范法计算基础的最终沉降量。

解 (1) 求基底压力。

$$p = F/A = \frac{1080\text{kN}}{2\text{m} \times 3\text{m}} = 180\text{kPa}$$

(2) 确定柱基础地基受压层计算深度 z_n。

$$z_n = b(2.5 - 0.4\ln b)$$
$$= 2\text{m} \times (2.5 - 0.4\ln 2) = 4.446\text{m}$$

(3) 基底附加压力。

$$p_0 = p - \sigma_c = 180\text{kPa} - 18\text{kN/m}^3 \times 1.5\text{m} = 153\text{kPa}$$

(4) 沉降计算，见表 4-7。

表 4-7 沉降量计算表

z_i/m	z_i/b ($b = 2.0/2$)	$\bar{\alpha}_i$	$z_i\bar{\alpha}_i$	$z_i\bar{\alpha}_i - z_{i-1}\bar{\alpha}_{i-1}$	E_s /MPa	Δs_i /mm	$\sum\Delta s_i$ /mm
0	0		0	0	0	0	
2	2	$4 \times 0.1894 = 0.7576$	1.515	1.515	8	28.97	28.97
4	4	$4 \times 0.1271 = 0.5084$	2.034	0.519	10	7.94	36.91
4.5	4.5	$4 \times 0.1169 = 0.4676$	2.1042	0.0702	15	0.716	37.63

$$s = \psi_s \sum_{i=1}^{n} \frac{p_0}{E_{si}}(\bar{\alpha}_i z_i - \bar{\alpha}_{i-1}z_{i-1})$$

使用均布的矩形荷载角点下的平均竖向附加应力系数 $\bar{\alpha}$ 表时，因为它是角点下平均附加应力系数，而所需计算的则为基础中点下的沉降量，因此查表时要应用"角点法"，即将基础分为 4 块相同的小面积，查表时按 $\frac{l/2}{b/2} = l/b$、$\frac{z}{b/2}$ 查，查得的平均附加应力系数应乘以 4。

(5) 确定沉降计算经验系数 ψ_s。4.5m 深度以内地基压缩模量的当量值

$$\bar{E}_s = \frac{\sum A_i}{\sum (A_i/E_{si})} = \frac{\sum (z_i\bar{\alpha}_i - z_{i-1}\bar{\alpha}_{i-1})}{\sum \dfrac{(z_i\bar{\alpha}_i - z_{i-1}\bar{\alpha}_{i-1})}{E_{si}}}$$

$$= \frac{1.515 + 0.519 + 0.0702}{\dfrac{1.515}{8\text{MPa}} + \dfrac{0.519}{10\text{MPa}} + \dfrac{0.0702}{15\text{MPa}}} = 8.56\text{MPa}$$

从规范查得 ψ_s 值，设地基承载力标准值 $f_k = 150\text{kPa}$，内插得 $\psi_s = 0.88$，故本基础的最终沉降量为

$$s = \psi_s \sum_{i=1}^{n} \Delta s_i = 0.88 \times 37.63\text{mm} = 33.11\text{mm}$$

4.3 单向固结理论

饱和土的压缩需要一定时间才能完成，压缩变形快慢与土的渗透性有关。在荷载作用下，透水性大的饱和无黏性土，其压缩过程短，建筑物施工完毕时，可认为其压缩变形已基本完成；而透水性小的饱和无黏性土，其压缩过程所需时间长，甚至几十年压缩变形才稳定。土体在外力作用下，压缩随时间增长的过程称为固结，对于饱和黏性土来说，土的

固结问题非常重要。

在工程实践中，往往需要了解建筑物在施工期间或以后某一时间的基础沉降量，以便控制施工速度或考虑建筑物正常使用的安全措施（如考虑建筑物各有关部分之间的预留净空或连接方法等）。采用堆载预压等方法处理地基时，也需要考虑地基变形与时间的关系。

因此，下面讨论饱和土的变形与时间的关系。

4.3.1 饱和土的渗透固结

饱和黏土在压力作用下，孔隙水将随时间的延续而逐渐被排出，同时孔隙体积也随之缩小，这一过程称为饱和土的渗透固结，可借助如图 4.19 所示的弹簧-活塞模型来说明。在一个盛满水的圆筒中，装一个带有弹簧的活塞，弹簧表示土的颗粒骨架，容器内的水表示土中

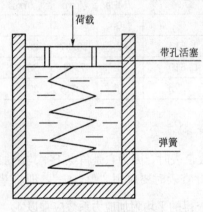

图 4.19 饱和土的渗透固结模型

的自由水，带孔的活塞则表征土的透水性。由于模型中只有固、液两相介质，则对于外力 σ_z 的作用只能是水与弹簧两者来共同承担。设其中的弹簧承担的压力为有效应力 σ'，圆筒中的水承担的压力为孔隙水压力 u，按照静力平衡条件，应有

$$\sigma_z = \sigma' + u$$

上式的物理意义是土的孔隙水压力 u 与有效应力 σ' 对外力 σ_z 的分担作用，它与时间有关，这就是有效应力原理。

（1）当 $t=0$ 时，即活塞顶面骤然受到压力 σ_z 作用的瞬间，水来不及排出，弹簧没有变形和受力，附加应力 σ_z 全部由水来承担，即 $u=\sigma_z$，$\sigma'=0$。

（2）当 $t>0$ 时，随着荷载作用时间的迁延，水受到压力后开始从活塞排水孔中排出，活塞下降，弹簧开始承受压力 σ'，并逐渐增长；而相应的 u 则逐渐减小。总之，$u+\sigma'=\sigma_z$，而 $u<\sigma_z$，$\sigma'>0$。

（3）当 $t\to\infty$ 时（代表"最终"时间），水从排水孔中充分排出，超静孔隙水压力完全消散，活塞最终下降到 σ_z 全部由弹簧承担，饱和土的渗透固结完成。即 $\sigma_z=\sigma'$，$u=0$。

可见，饱和土的渗透固结也就是孔隙水压力逐渐消散和有效应力相应增长的过程。

4.3.2 太沙基一维固结理论

为了求得饱和土层在渗透固结过程中某一时间的变形，通常采用太沙基提出的一维固结理论进行计算。

设厚度为 H 的饱和黏土层（图 4.20），顶面是透水层，底面是隔水层，假设该饱和土层在自重应力作用下的固结已完成，现在顶面受到一次骤然施加的无限均布荷载 p 作用。由于土层厚度远小于荷载面积，故土层中附加应力图形将近似的取作矩形分布，即附加应力不随深度而变化。但是孔隙压力 u 和有效应力 σ'，却是坐标 z 和时间 t 的函数，即 σ' 和 u 分别写为 $\sigma'_{z,t}$ 和 $u_{z,t}$，且始终保持 $u_{z,t}+\sigma'_{z,t}=\sigma_z$。假设如下。

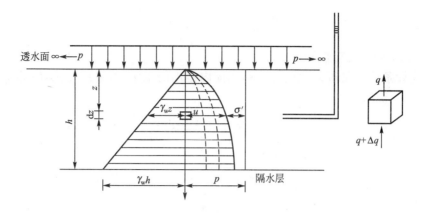

图 4.20　饱和土层的固结过程

（1）土中水的渗透只沿竖向发生，而且服从达西定律，土的渗透系数 k 为常数。

（2）相对于土的孔隙，土颗粒和水都是不可压缩的，因此土的变形仅是孔隙体积压缩的结果，而土的压缩系数为常数。

（3）土是完全饱和的，土的体积压缩量同孔隙中排出的水量相等，而且压缩变形速率取决于渗流速率。

现从饱和土层顶面下深度 z 处取一微单元体 $1 \times 1 \times \mathrm{d}z$ 来考虑。

1）单元体的渗流条件

由于渗流自下而上进行，设在外荷载施加后某时刻 t 流入单元体的水量为 $\left(q+\dfrac{\partial q}{\partial z}\mathrm{d}z\right)$，流出单元体的水量为 q，所以在 $\mathrm{d}t$ 时间内，流经该单元体的水量变化为

$$\left(q+\frac{\partial q}{\partial z}\mathrm{d}z\right)\mathrm{d}t-q\mathrm{d}t=\frac{\partial q}{\partial z}\mathrm{d}z\mathrm{d}t \tag{4-20}$$

根据达西定律，可得单元体过水面积 $A=1 \times 1$ 的流量 q 为

$$q=vA=ki=k\frac{\partial h}{\partial z}=\frac{k}{\gamma_{\mathrm{w}}}\times\frac{\partial u}{\partial z}$$

代入式（4-20），得

$$\frac{\partial q}{\partial z}\mathrm{d}z\mathrm{d}t=\frac{k}{\gamma_{\mathrm{w}}}\times\frac{\partial^2 u}{\partial z^2}\mathrm{d}z\mathrm{d}t \tag{4-21}$$

2）单元体的变形条件

在 $\mathrm{d}t$ 时间内，单元体孔隙体积 V_{v} 随时间的变化率（减小）为

$$\frac{\partial V_{\mathrm{v}}}{\partial t}\mathrm{d}t=\frac{\partial}{\partial t}\left(\frac{e}{1+e}\right)\mathrm{d}z\mathrm{d}t=\frac{1}{1+e}\times\frac{\partial e}{\partial t}\mathrm{d}z\mathrm{d}t \tag{4-22}$$

考虑到微单元体土粒体积 $\dfrac{1}{1+e}\times 1\times 1\times\mathrm{d}z$ 为不变的常数，而

$$\mathrm{d}e=-a\mathrm{d}p=-a\mathrm{d}\sigma'$$

或

$$\frac{\partial e}{\partial t}=-a\frac{\partial(p_0-u)}{\partial t}=a\frac{\partial u}{\partial t} \tag{4-23}$$

负号表示压力增加时，孔隙比减小。

再根据有效应力原理以及总应力 $\sigma_z=p_0$ 是常量的条件，则

将式（4-23）代入式（4-22），有

$$\frac{\partial V_\mathrm{v}}{\partial t}\mathrm{d}t=\frac{a}{1+e}\times\frac{\partial u}{\partial t}\times\mathrm{d}z\mathrm{d}t \qquad (4-24)$$

3）单元体的渗流连续条件

根据连续条件，在 $\mathrm{d}t$ 时间内，该单元体内排出的水量（水量的变化）应等于单元体孔隙的压缩量（孔隙的变化率），即

$$\frac{\partial q}{\partial z}\mathrm{d}z\mathrm{d}t=\frac{\partial V_\mathrm{v}}{\partial t}\mathrm{d}t \qquad (4-25)$$

将式（4-21）代入式（4-25），得

$$\frac{k}{\gamma_\mathrm{w}}\times\frac{\partial^2 u}{\partial z^2}\mathrm{d}z\mathrm{d}t=\frac{a}{1+e}\times\frac{\partial u}{\partial t}\mathrm{d}z\mathrm{d}t$$

令 $$C_\mathrm{v}=\frac{k(1+e)}{a\gamma_\mathrm{w}} \qquad (4-26)$$

得 $$C_\mathrm{v}\frac{\partial^2 u}{\partial z^2}=\frac{\partial u}{\partial t} \qquad (4-27)$$

式（4-27）即为饱和土的一维固结微分方程。

式中 C_v——土的竖向固结系数（下标 v 表示是竖向渗流的固结），由室内固结（压缩）试验确定；

k、a、e——分别为渗透系数、压缩系数和土的初始孔隙比。

微分方程（5-24），一般可用分离变量法求解，解的形式可以用傅里叶级数表示。现根据图 4.20 的初始条件（开始固结时的附加应力分布情况）和边界条件（可压缩土层顶底面的排水条件），有

当 $t=0$ 和 $0\leqslant z\leqslant H$ 时，$u=\sigma_z$；

$0<t<\infty$ 和 $z=0$ 时，$u=0$；

$0<t<\infty$ 和 $z=H$ 时，$\dfrac{\partial u}{\partial t}=0$；

$t=\infty$ 和 $0\leqslant z\leqslant H$ 时，$u=0$。

根据以上的初始条件和边界条件，采用分离变量法可求得式（4-27）的特解如下

$$u_{z,t}=\frac{4\sigma_z}{\pi}\sigma_z\sum_{m=1}^{m=\infty}\frac{1}{m}\sin\frac{m\pi z}{2H}\exp\left(-\frac{m^2\pi^2}{4}T_\mathrm{v}\right) \qquad (4-28)$$

式中 m——正奇整数（1，3，5，…）；

T_v——竖向固结时间因数 $\left[T_\mathrm{v}=\dfrac{C_\mathrm{v}t}{H^2}，其中 C_\mathrm{v} 为竖向固结系数，C_\mathrm{v}=\dfrac{k(1+e)}{\gamma_\mathrm{w}a}\right]$；

t——时间；

H——压缩土层最远的排水距离，当土层为单面排水时，H 取土层厚度；当土层为双面排水时，水由土层中心分别向上下两方向排出，此时 H 应取土层厚度一半。

4.4 固结沉降随时间的变化预测

1. 固结沉降量 s_t

根据固结时超静水压力 u 的解析式（4-25）求固结沉降量随时间的变化规律。超静孔

隙水压力随着时间的推移逐渐消散，有效应力 σ' 不断增加，沉降量也随之不断增加。在固结理论中，假定土颗粒骨架是弹性体，有效应力 σ' 与应变 ε 成正比：$\varepsilon = m_v\sigma'$，其中 m_v 为体积压缩系数，$m_v = a/(1+e)$。

有效应力 $\sigma' = \sigma_z - u$。在连续均布荷载 p 作用下，有

$$\int_0^H \sigma_z \mathrm{d}z = \sigma_z H = pH$$

则厚度为 H 的土层在某时间 t 时的固结沉降量 s_t，可用下式表示

$$s_t = \int_0^H \varepsilon \mathrm{d}z = \int_0^H m_v\sigma' = \int_0^H (p-u)\mathrm{d}z / E_s$$

将式(4-22)代入上式，得

$$s_t = Hm_v p_0 \left\{ 1 - \frac{8}{\pi^2}\sum_{n=0}^{\infty} \frac{1}{(2n+1)^2}\exp\left[-\left(\frac{2n+1}{2}\pi\right)^2 T_v \right] \right\}$$

上式中的 $\sum_{n=0}^{\infty} 1/(2n+1)^2 = \pi^2/8$，故上式大括号内的第二项，当 $t=0(T_v=0)$ 时等于 1，当 $t\to\infty$ 时 $(T_v\to\infty)$ 时等于 0。因此有

$$t=0(T_v=0): \quad s_t=0$$
$$t\to\infty(T_v\to\infty): \quad s_t=s=Hm_v p$$

2. 固结度计算

把某时间 t 时固结沉降量 s_t 与最终固结沉降量 s 的比值定义为固结度 U。

$$U = \frac{s_t}{s} = 1 - \frac{8}{\pi^2}\sum_{n=0}^{\infty}\frac{1}{(2n+1)^2}\exp\left[-\left(\frac{2n+1}{2}\pi\right)^2 T_v \right] \tag{4-29}$$

式(4-29)括号内的级数收敛很快，当 $U > 30\%$ 时可近似地取其中第一项，即

$$U_t = 1 - \frac{8}{\pi^2}\exp\left(-\frac{\pi^2}{4}T_v \right) \tag{4-30}$$

固结度 U_t 是时间因数 T_v 的函数，按式(4-30)绘制附加应力沿厚度均布，即后述情况 0 的 U_t 与 T_v 的关系曲线。同样道理，也可推导出各种不同附加应力分布及排水条件下固结度计算公式，绘制的 U_t 与 T_v 的关系曲线如图 4.21 所示。

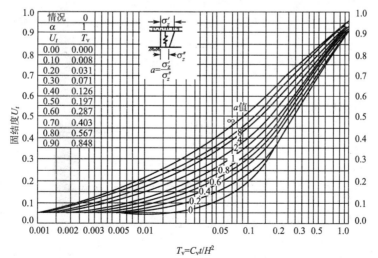

图 4.21 固结度 U_t 与时间因数 T_v 的关系曲线

以上讨论是以匀质饱和黏土单向排水、荷载一次作用于土体上、附加应力沿土层厚度均匀分布时沉降与时间的关系，如其他条件不变，只有附加应力分布发生变化时，其压力分布图可简化为五种情况（图4.22）。定义

$$\alpha=\frac{\sigma'_z}{\sigma''_z}$$

式中 σ'_z——压缩土层顶面压力；

σ''_z——压缩土层底面压力。

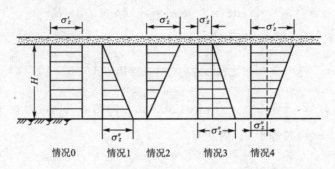

图4.22   一维固结的几种起始孔隙水压力分布图

情况0：$\alpha=1$，应力图形为矩形。适用于土层已在自重应力作用下固结，基础底面积较大而压缩层较薄的情况。

情况1：$\alpha=0$，应力图形为三角形。这相当于大面积新填土层（饱和时）由于本土层自重应力引起的固结。

情况2：$\alpha=\infty$，基底面积小，土层厚，土层底面附加应力已接近0的情况。

情况3：$\alpha<1$，适用于土层在自重应力作用下尚未固结，又在其上施加荷载。

情况4：$\alpha>1$，土层厚度$h_s>b/2$（b为基础宽度），附加应力随深度增加而减少，但深度h_s处的附加应力大于0。

双面排水时，可以证明，任一情况，均可利用图4.21中的$\alpha=1$曲线计算，此时，需将饱和压缩土层的厚度改为$2h$，h取压缩土层厚度之半。

【例题4-5】 某饱和黏土层层厚$h=10$m，压缩模量$E_s=3$MPa，渗透系数$k=10^{-6}$cm/s，地表作用大面积均布荷载$q=100$kPa，荷载瞬时施加，问：（1）加载1年后地基固结沉降多大？（2）若土层厚度、压缩模量和渗透系数均增大1倍，与原来相比，该地基固结沉降有何变化？

解 （1）最终沉降量计算如下

$$s=\frac{\sigma_s}{E_s}h=\frac{q}{E_s}h=\frac{100\text{kPa}}{3000\text{kPa}}\times1000\text{cm}=33.33\text{cm}$$

$$k=10^{-6}\text{cm/s}=0.31536\text{m/a}$$

$$C_v=\frac{kE_s}{\gamma_w}=\frac{0.31536\text{m/a}\times3000\text{kPa}}{10\text{kN/m}^3}=94.608\text{m}^2/\text{a}$$

$$T_v=\frac{C_vt}{h^2}=\frac{94.608\text{m}^2/\text{a}\times1\text{a}}{(10\text{m})^2}=0.94608$$

又，由$U_t=1-\frac{8}{\pi^2}\text{e}^{-\frac{\pi^2}{4}T_v}$，得

$$U_t = 1 - \frac{8}{\pi^2} e^{-\frac{\pi^2}{4} \times 0.94608} = 92.15\%$$

1年以后的沉降量为

$$s_t = U_t s = 0.9215 \times 33.33\text{cm} = 30.71\text{cm}$$

（2）因为 $T_v = \dfrac{C_v t}{h^2} = \dfrac{kE_s t}{\gamma_w h^2} = \dfrac{4kE_s t}{4\gamma_w h^2}$ 结果不变，所以固结沉降不变。

背 景 知 识

谈压缩模量和变形模量关系

有关教科书等文献几乎都有压缩模量与变形模量的关系式，且立论有据。本书中式(4-10)给出了变形模量和压缩模量的关系。按照这个关系式，压缩模量恒不小于变形模量，而实际上是有出入的。变形模量与压缩模量之间的比值在一定范围内的，对低压缩性土小于1，高压缩性取1～2。国外教材基本没有推导、建立这类关系式。

实际上，两种模量的试验方法不同，反映在应力条件、变形条件上也不同。

压缩模量是从固结试验得到的，变形模量是从载荷试验得到的。前者是在室内完全侧限状态条件下的一维变形问题，后者是在现场有限侧限状态条件下的三维空间问题，由于两者在压缩时所受的侧限条件不同，对同一种土在相同压应力作用下两种模量的数值显然相差很大。一个应力水平较高，一个应力水平较低，土既然并非弹性体，那么两种状态下的表现就不可能一样。因此，压缩模量和变形模量之间就不应当有明确的理论关系。

另外土体变形包括了可恢复的(弹性)变形和不可恢复的(塑性)变形两部分。压缩模量和变形模量是包括了残余变形在内的。在工程应用上，我们应根据具体问题采用不同的模量。

变形模量与压缩模量两者的关系，全国各地及各勘察院都有经验公式，但不尽相同。现在有些地质勘测报告提供的是变形模量，但在计算基础沉降时，国家规范只有压缩模量的公式。

按规范的规定，在地基变形验算中要用的是压缩模量，但因压缩模量是通过现场取原状土进行室内试验的，这对于黏性土来说很容易做到，但对于一些砂土和砾石土等黏聚力较小的土来说，取原状土是很困难的，很容易散掉，因此对砂土和砾石土通常都是通过现场载荷试验得到变形模量，所以在地质勘测报告上，对于砂土或砾石土一般都仅给出变形模量，即使给出压缩模量，也是根据变形模量换算来的，而不是试验直接测出的。

理论上压缩模量和变形模量有一定的关系，但根据目前所得到的理论关系换算误差较大，所以二者关系一般都是根据地区经验进行换算。各地区可以通过大量的统计分析，建立本地区的经验关系式。

本 章 小 结

土的压缩性和地基沉降计算是土力学基本课题之一，也是工程设计的重要内容。地基沉降的大小主要取决于土中应力状态的改变和土体本身的形状。本章介绍了土的压缩性及其评价指标，地基土的最终沉降量计算，土的变形与时间的关系等内容。其中土的压缩性，计算地基土的最终沉降量的分层总和法和规范法，太沙基一维固结理论是重点。

通过本章的学习，学生应掌握土的压缩性及其评价指标概念、作用及确定方法。掌握分层总和法的基本原理，熟练运用分层总和法和规范法计算地基土的最终沉降量。理解土的渗透性、有效应力原理、太沙基一维固结理论及其推导过程，掌握地基沉降与时间关系的计算方法。

思考题与习题

4-1 试述土的压缩系数、压缩指数、压缩模量、变形模量和固结系数的定义、用途。

4-2 分层总和法有哪些重要的前提？与实际情况有哪些不同？计算建筑物最终沉降量的分层总和法与应力面积法有什么不同？

4-3 太沙基的一维渗透固结理论的基本假设有哪些？写出固结微分方程式及其初始条件和边界条件是什么。

4-4 简述有效应力原理的基本概念。在地基最终沉降量计算中，土中附加应力是指有效应力还是总应力？

4-5 饱和土的一维固结过程中，土的有效应力和孔隙水压力是如何变化的？

4-6 某钻孔土样的压缩记录见表4-8，试绘制压缩曲线和计算各土层的 a_{1-2} 及相应的 E_s，并评定各土层的压缩性。（参考答案：土样 1：$a_{1-2} = 0.15\text{MPa}^{-1}$，$E_s = 12.347\text{MPa}$；土样 2：$a_{1-2} = 0.9\text{MPa}^{-1}$，$E_s = 2.106\text{MPa}$）

表 4-8 土样的压缩试验记录

压力/kPa		0	50	100	200	300	400
孔隙比	1#土样	0.882	0.864	0.852	0.837	0.824	0.819
	2#土样	1.182	1.015	0.895	0.805	0.750	0.710

4-7 某厂房为框架结构，柱基底面为正方形独立基础，基础地面尺寸 $l=b=4.0\text{m}$，基础埋置深度为 $d=1.0\text{m}$。上部结构传至基础顶面荷重 $F=1440\text{kN}$。地基为粉质黏土，土的天然重度 $\gamma=16.0\text{kN/m}^3$，地下水位埋深 3.4m，地下水位以下土的饱和重度 $\gamma_{sat}=18.2\text{kN/m}^3$，土的压缩试验结果 $e-\sigma$ 曲线，如图 4.23 所示。采用分层总和法计算柱基中点的沉降量。（参考答案：53.4mm）

4-8 某柱基础埋深为 1.5m，地面以下 2.5m 为粉质黏土层，2.5～5.5m 为黏土层，5.5m 以下为粉土层，地下水位为 3.5m，土中自重应力和附加应力分布及地基有关资料详如图 4.24 和图 4.25 所示。分别使用分层总和法和规范法计算基础的最终沉降量。（参考答案：9.39mm）

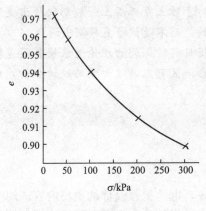

图 4.23 题 4-7 图

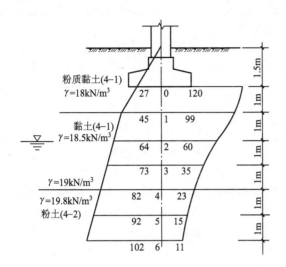

图 4.24 习题 4-8 图

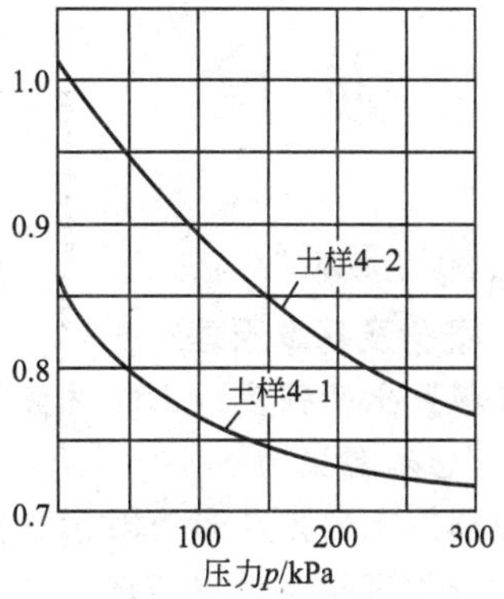

图 4.25 习题 4-8 土样压缩曲线

4-9 某单独柱基础的底面尺寸为 $4m \times 2.5m$，天然地坪下基础的埋置深度为 $1.0m$，室内地坪高出天然地坪 $0.4m$，其他资料如图 4.26 所示，试分别采用分层总和法和规范法计算基底中心点的沉降量（提示：计算地基土层的沉降量时，应考虑覆土 0.4 的影响，覆土重度同填土）。（参考答案：73.1mm）

4-10 厚度 $h=10m$ 的黏土层，上覆透水层，下卧不透水层，其压缩应力如图 4.27 所示。已知黏土层的初始孔隙比 $e_1=0.8$，压缩系数 $a=0.00025kPa^{-1}$，渗透系数 $k=0.02m/a$。试求：

(1) 加荷一年后的沉降量 s_t。（参考答案：115.0mm）

(2) 地基固结度达 $U_t=0.75$ 时所需要的历时 t。（参考答案：3.33a）

(3) 若将此黏土层下部改为透水层，则 $U_t=0.75$ 时所需历时 t。（参考答案：0.832a）

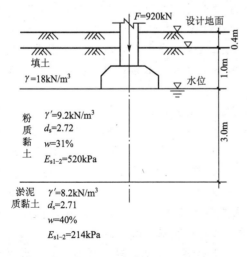

图 4.26 习题 4-9 图

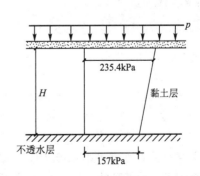

图 4.27 习题 4-10 图

第5章
土 的 强 度

教学目标与要求

● 概念及基本原理

【掌握】土的强度；土的抗剪强度、莫尔-库仑强度破坏准则、土的抗剪强度指标——内摩擦角 φ 和黏聚力 c

【理解】土的强度影响因素、孔隙压力系数、应力路径

● 计算理论及计算方法

【掌握】利用莫尔-库仑强度破坏准则、计算判别土的应力状态

● 试验

【掌握】直接剪切试验

【理解】三轴压缩试验、无侧限抗压强度试验和原位十字板剪切试验

导入案例

案例一　土体滑坡　2008 年 5 月 12 日汶川发生 8.0 级大地震，给四川广大地区及邻近省份的部分地区带来了巨大的灾难。如图 5.0 所示，唐家山堰塞湖是汶川大地震后形成的最大堰塞湖，地震后山体滑坡，阻塞河道形成的唐家山堰塞湖位于涧河上游距北川县城约 6km 处，是北川灾区面积最大、危险最大的一个堰塞湖，库容为 $1.45 \times 10^8 \text{m}^3$，体顺河长约 803m，横河最大宽约 611m，顶部面积约 $30 \times 10^4 \text{m}^2$，由石头和山坡风化土组成。产生山体滑坡的原因是地震时作用在土体滑动力超过土的强度，于是山坡土体发生滑动。

图 5.0　汶川地震造成山体滑坡

案例二　挡墙破坏　2008 年 11 月 15 日，正在施工的杭州地铁湘湖站北 2 基坑现场发生大面积坍塌事故，如图 5.1 所示，导致萧山湘湖风情大道 75m 路面坍塌，并下陷 15m，正在路面行驶的约有 11 辆车辆陷入深坑，造成 21 人死亡、24 人受伤，直接经济损失 4961 万元。多方面因素综合作用最终导致了事故的发生，是一起重大责任事故。其直接原因是施工单位违规施工、冒险作业、基坑严重超挖；支撑体系存在严重缺陷且钢管支撑架设不及时；垫层未及时浇筑。

案例三　地基破坏　1964 年 6 月 16 日，日本新潟发生 7.5 级地震后，引起大面积砂土地基液化后产生很大的侧向变形和沉降，大量的建筑物倒塌或遭到严重损伤，如图 5.2 所示。地基破坏的原因是松砂地基在振动荷载作用下丧失强度，变成一种流动状态。

图5.1 杭州地铁路面塌陷　　　图5.2 新潟地震造成地基破坏

5.1 概　述

5.1.1 土的强度的概念

　　土的强度不是指土颗粒矿物本身的强度，而是颗粒间的相互作用——抵抗剪切破坏的极限能力，由颗粒间的黏聚力与摩擦力组成，故常称为土的抗剪强度，其大小等于剪切破坏时滑动面上的剪应力，是土的主要力学性质之一。土体在外荷载作用下，不仅会产生压缩变形，而且还会产生剪切变形。剪切变形的不断发展，致使土体塑性变形区扩展成一个连续的滑动面，土体之间产生相对的滑动，使得建筑物整体失去稳定，即土体产生剪切破坏。土体是否达到剪切破坏状态，首先取决于本身的基本性质，即土的组成、土的状态和土的结构，而这些性质又与它所形成的环境和应力历史等因素有关，其次还与所受的应力组合密切相关。考虑破坏时不同的应力组合关系就构成了不同的破坏准则。土的破坏准则是一个十分复杂的问题，它是多年来近代土力学研究的重要课题之一，本章介绍常用的莫尔-库仑破坏准则。

5.1.2 与土的强度有关的工程问题

1. 土坡稳定问题

　　土坡稳定问题是针对土坝、路堤等人工填方土坡和山坡、河岸等天然土坡和挖方边坡等产生的滑动破坏，包括崩塌、平移滑动、旋转滑动和流滑（即泥石流），如图5.3(a)所示。

2. 土压力问题

　　土压力问题是针对挡土墙、地下结构物等周围的土体对其产生过大的侧向压力导致这些挡土构造物发生滑动或倾覆破坏，如图5.3(b)所示。

3. 地基承载力问题

　　地基承载力问题是针对各种不同的建筑物在很大的外荷载作用下，基础下地基中的塑性变形区扩展成一个连续的滑动面，即产生剪切破坏，使得建筑物整体丧失了稳定性，如图 5.3(c)所示。

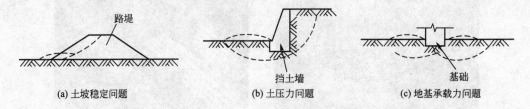

| (a) 土坡稳定问题 | (b) 土压力问题 | (c) 地基承载力问题 |

图 5.3 与土的抗剪强度有关的工程问题

本章首先介绍目前工程实践中广泛应用的莫尔-库仑破坏准则，其次是两个强度指标内摩擦角 φ 和黏聚力 c 的测定方法，而与土的强度有关的土坡稳定性问题、土压力问题和地基承载力问题将在后续三章中介绍。

5.2 莫尔-库仑强度理论及破坏准则

5.2.1 莫尔-库仑强度理论

莫尔(Mohr)强度理论认为材料受荷载产生破坏是剪切破坏，认为在破裂面上的剪应力 τ_f 是法向应力 σ 的函数

$$\tau_f = f(\sigma) \qquad (5-1)$$

由此函数关系确定的曲线称为莫尔破坏包线，或叫做抗剪强度包线，如图 5.4 所示。如果代表土任意点某一个面上的法向应力 σ 和剪应力 τ 的点落在莫尔破坏包线下面，如图 5.4 中 A 点，则它表明在该法向应力 σ 下，该面上的剪应力 τ 小于土的抗剪强度 τ_f，土体将不会沿该面发生剪切破坏。假如代表应力状态的点落在曲线以上的区域，如点 C，则表明土体已经破坏。而实际上这种应力状态是不会存在的，因为剪应力增加到抗剪强度 τ_f 值时，就不可能再继续增大。当点正好落在莫尔破坏包线上时，如 B 点，则表明土中通过该点的一个面上的剪应力等于抗剪强度，土中这一点将进入破坏状态，或称为极限平衡状态。

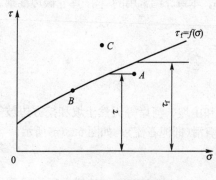

图 5.4 莫尔破坏包线

1776 年法国科学家库仑(Coulomb)提出了土的抗剪强度 τ_f 与作用在该剪切面上的法向应力 σ 的关系为

$$\tau_f = c + \sigma \tan\varphi \qquad (5-2)$$

式中　τ_f——剪切破裂面上的剪应力，即土的抗剪强度；

　　　σ——剪切面破裂上的法向应力；

　　　c——土的黏聚力，对于无黏性土 $c=0$；

φ——土的内摩擦角。

式(5-2)称为库仑定律(图5.5),式中 c 和 φ 是反映土体抗剪强度的两个指标,称为抗剪强度指标。对于同一种土,在相同的试验条件下为常数,但是试验方法不同则会有很大的差异。这点将在5.3节中讨论。

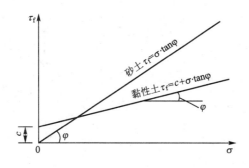

图 5.5 库仑定律

近代土力学中,人们认识到只有有效应力的作用才能引起抗剪强度的变化,因此上述库仑定律又改写为

$$\tau_f = c' + \sigma' \tan\varphi' \tag{5-3}$$

式中 σ'——剪切破裂面上的有效法向应力;

c'——土的有效黏聚力;

φ'——土的有效内摩擦角。

c' 和 φ' 称为土的有效抗剪强度指标,对于同一种土,其值理论上与试验方法无关,应接近于常数。

为了区别式(5-2)和式(5-3),前者称为总应力抗剪强度公式,后者称为有效应力抗剪强度公式。

实验证明,在应力变化范围不很大的情况下,莫尔破坏包线可以用库仑定律来表示,即土的抗剪强度与法向应力成线性函数的关系。实际上,库仑定律是莫尔强度理论的特例,即

$$\tau_f = f(\sigma) = c + \sigma \tan\varphi$$

这种以库仑定律来表示莫尔破坏包线的理论被称为莫尔-库仑破坏理论。

5.2.2 莫尔-库仑强度理论破坏准则——土的极限平衡条件

1. 剪切面的位置已确定

当土中某点可能发生剪切破坏面的位置已经确定,只要算出作用于该面上的剪应力 τ 和正应力 σ,根据库仑定律:$\tau_f = c + \sigma \tan\varphi$,就可直接判别该点是否会发生剪切破坏。

(1)若 $\tau < \tau_f$,该点处于弹性平衡状态,不发生剪切破坏。

(2)若 $\tau = \tau_f$,该点处于极限平衡状态,将发生剪切破坏。

2. 剪切面的位置未确定

土中某点可能发生剪切破坏面的位置一般不能预先确定,该点往往处于复杂的应力状

态，无法利用根据库仑定律直接判别该点是否会发生剪切破坏。如果通过对该点的应力进行分析，计算出该点的主应力，画出其莫尔应力圆，并将库仑定律中的莫尔破坏包线与其画在同一个坐标图中，如图 5.6 和图 5.7 所示。根据莫尔破坏包线与莫尔应力圆之间的关系，就可直接判别该点是否会发生剪切破坏。

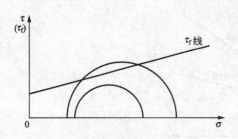

图 5.6　莫尔破坏包线与莫尔应力圆　　　　图 5.7　莫尔破坏包线与莫尔应力圆相切
　　　　　不相交、相割

（1）若莫尔破坏包线与莫尔应力圆不相交，表明该点任意截面上的 $\tau < \tau_f$，该点处于弹性平衡状态，不发生剪切破坏。

（2）若莫尔破坏包线与莫尔应力圆相割，表明该点部分截面上的 $\tau > \tau_f$，显然这种状态不会存在。

（3）若莫尔破坏包线与莫尔应力圆相切，表明该切点所代表的截面上的 $\tau = \tau_f$，该点处于极限平衡状态，将发生剪切破坏。

显然，该切点所代表的截面就是剪切破坏面，如图 5.6 所示，它与大主应力面的夹角为

$$\alpha = 45° + \frac{\varphi}{2} \tag{5-4}$$

此时，根据图 5.6 中的几何关系，有下列结果

$$\sin\varphi = \frac{\overline{aQ}}{\overline{aO'}}$$

$$\overline{aQ} = \frac{\sigma_1 - \sigma_3}{2}$$

$$\overline{aO'} = \frac{\sigma_1 - \sigma_3}{2} + c \cdot \cot\varphi$$

$$\sin\varphi = \frac{\sigma_1 - \sigma_3}{\sigma_1 + \sigma_3 + 2c\cot\varphi} \tag{5-5}$$

将式（5-5）经过数学变换，可得

$$\sigma_1 = \sigma_3 \tan^2\left(45° + \frac{\varphi}{2}\right) + 2c\tan\left(45° + \frac{\varphi}{2}\right) \tag{5-6}$$

$$\sigma_3 = \sigma_1 \tan^2\left(45° - \frac{\varphi}{2}\right) - 2c\tan\left(45° - \frac{\varphi}{2}\right) \tag{5-7}$$

式（5-6）和式（5-7）都表达了土体破坏时主应力间的关系，称为莫尔-库仑强度理论破坏准则，由于此时土体处于极限平衡状态，故也称为土的极限平衡条件。

5.3 土的强度指标的测定方法

土的强度指标包括内摩擦角 φ 和黏聚力 c 两项，其值是地基与基础设计的重要参数，该指标需要用专门的仪器通过试验来确定。常用的试验仪有直接剪切仪、无侧限压力仪、三轴剪切仪和十字板剪切仪等。由于各种仪器的构造和试验条件、原理及方法均不同，对于同样的土会得出不同的试验结果，所以需要根据工程的实际情况来选择适当的试验方法。本节将介绍常用的室内直接剪切试验、三轴剪切试验和无侧限抗压强度试验以及室外原位十字板剪切试验。

5.3.1 直接剪切试验

直接剪切试验是应用较早的一种测定土的抗剪强度指标的方法，由于其试验原理易于理解，试验设备简单、操作方便，故应用较为广泛，是现行《公路土工试验规程》(JTG E40—2007)规定使用的方法之一。

1. 仪器设备

(1) 应变控制式直剪仪。由剪切盒(分上盒和下盒)、垂直加荷设备、剪切传动装置、测力计、位移量测系统组成，如图5.8所示。

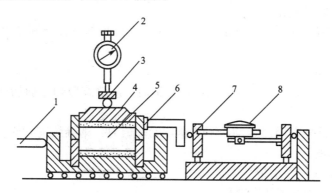

图5.8 应变控制式直剪仪示意图

1—推动座；2—垂直位移百分表；3—垂直加荷框架；4—活塞；5—试样；
6—剪切盒；7—测力计；8—测力百分表

(2) 环刀。内径61.8mm，高度20mm。

(3) 位移量测设备。包括百分表或传感器，百分表量程应为10mm，分度值为0.01mm，传感器的精度应为零级。

2. 试样制备

按《公路土工试验规程》(JTG E40—2007)中(T 0102—2007)的要求制备试样，每组试样不得少于4个，用环刀仔细切取土样，并测定土的密度与含水量，要求同组试样之间的密度差值不大于 0.03g/cm³，含水量差值不大于2%。

3．试验步骤

1）安装试样

对准剪切盒的上盒与下盒，插入固定销钉，在下盒底部放一块透水石，透水石上铺一张滤纸。将带试样的环刀刃口向上，环刀平口朝下，对准剪切盒口，用推土器小心地将试样推入剪切盒内。再将试样顶面安放一张滤纸，上放一块透水石。

2）测记初始读数

转动手轮（剪切传动装置），剪切盒向前移动，使其上盒前端钢珠刚好与测力计（即弹性量力环）接触。在剪切盒顶部透水石上，依次加上刚性传压板、加压框架，并安装竖向位移量测装置，测记初始读数。为计算简便，可将百分表初始读数调为零。

3）施加竖向压力

（1）根据工程实际和土的软硬程度，施加第一级竖向压力的数值，通常 $\sigma_1 = 100\text{kPa}$。

（2）为防止试样含水量蒸发，对于饱和试样，应向剪切盒内注水，而对于非饱和试样，不用注水，只在加压板周围包以湿棉花。

（3）若进行黏性土的慢剪试验时，在施加竖向压力后，使试样固结稳定，才能施加水平荷载进行剪切。试样固结稳定的标准为每 1h 竖向变形值不大于 0.05mm。

4）施加水平剪切荷载

拔去上下盒连接的固定销钉。匀速转动手轮，推动剪切盒的下盒前移，使剪切盒上、下盒之间的开缝处土样中部产生剪应力，并定时测记测力计（即水平向）百分表读数，直至土样剪损。

5）剪切速度的控制范围

黏性土慢剪试验为小于 0.02mm/min；其他试验，包括黏性土固结快剪试验与快剪试验及砂土试验，均为 0.8mm/min。

6）终止试验的标准

（1）当测力计百分表不走（读数不变）或后退时，应继续剪切至剪切位移为 4mm 时停止，记下破坏值。

（2）当测力计百分表慢速走动，不后退，无峰值时，则继续剪切至剪切位移达 6mm 时停止，记下破坏值。

7）测定剪切后试样含水量

（1）剪切结束，吸掉剪切盒内积水。

（2）反转手轮，退去剪切力，卸除砝码和加压框架，卸除竖向压力。

（3）取出试样，测定试样剪切后含水量。

8）同组试样测试

同组试样竖向压力由第一个试样为 100kPa，逐级增加到第二个试样变为 200kPa，第三个试样为 300kPa，第四个试样为 400kPa，分别重复上述试验步骤。每组试验不得少于 4 个试验数据。如其中一个试样异常，则应补做一个试样。

4．试验成果整理

1）剪切位移 Δl
应按下式计算

$$\Delta l = \Delta_1 n - R \qquad (5-8)$$

式中 Δl——剪切位移，0.01mm；

　　Δ_1——手轮转一圈的位移量，0.01mm；

　　n——手轮转动的圈数；

　　R——测力计读数，0.01mm。

2）剪应力 τ 或抗剪强度 τ_f

应按下式计算

$$\tau=CR \quad 或 \quad \tau_f=CR \tag{5-9}$$

式中 τ——试样的剪应力(kPa)；

　　τ_f——试样的抗剪强度(kPa)；

　　C——测力计校正系数(kPa/0.01mm)。

3）绘制剪应力与剪切位移的关系曲线

以剪应力 τ 为纵坐标，剪切位移 Δl 为横坐标，在直角坐标系中，按比例可绘制出每个试样的 $\tau-\Delta l$ 曲线，如图5.9所示。并根据此关系曲线，可分别找出每个试样在其竖向压力作用下的剪应力峰值：第一个试样的竖向压力为 p_1，其对应的剪应力峰值为 $\downarrow 1$；第二个试样的竖向压力为 p_2，找出其对应的剪应力峰值为 $\downarrow 2$；依此类推。

4）绘制抗剪强度与垂直压力的关系曲线

在图5.9中 $\tau-\Delta l$ 关系曲线上，取峰值或终值，作为抗剪强度 τ_f。以垂直压力 P 为横坐标，抗剪强度 τ_f 为纵坐标，在直角坐标系中，绘制 τ_f-P 曲线，如图5.10所示。4个试样可以得到4个点，基本落在一条直线上。此直线称为抗剪强度曲线，该曲线与纵坐标的截距 c 称为土的黏聚力，单位为kPa；该曲线与横坐标的夹角 φ，称为土的内摩擦角，单位为度。c 和 φ 即为该试验所要得到的土体的两个抗剪强度指标。

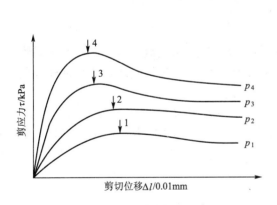

图5.9 剪应力与剪切位移关系曲线

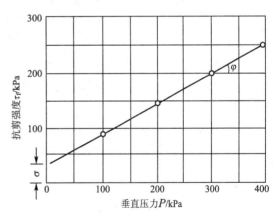

图5.10 抗剪强度与垂直压力关系曲线

5.3.2 三轴剪切试验

三轴剪切试验又称三轴压缩试验，是测定土的抗剪强度指标 c 和 φ 的精密方法。该试验克服了直剪试验中土样剪切面固定、应力条件与工程实际不相适应和固结条件不能严格控制等许多不足之处。尽管试验设备和操作较为复杂，但是在实际工程中的应用越来越普遍，尤其广泛应用于重大工程和土工科研工作。三轴压缩试验也是现行《公路土工试验规程》(JTG E40—2007)规定使用的方法之一。

1. 仪器设备

（1）应变控制式三轴压缩仪。包括周围压力系统、反加压系统、孔隙水压力量测系统和主机组成，各系统的组成如图 5.11 所示。

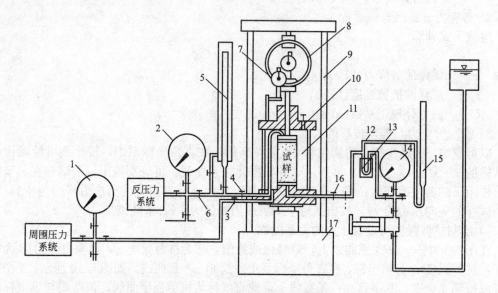

图 5.11　应变控制三轴压缩仪

1—周围压力表；2—反压力表；3—周围压力阀；4—排水阀；5—体变管；6—反压力阀；
7—垂直变形百分表；8—量力环；9—排气孔；10—轴向压力设备；11—压力室；
12—量管阀；13—零位指示器；14—孔隙压力表；15—量管；
16—孔隙压力阀；17—离合器

（2）附属设备。包括击实器、饱和器、切土器、分样器、切土盘、承膜筒和对开圆膜等，其构造如图 5.12 所示。这些设备是用来制备圆柱体试样和安装试样，并在试样外包橡皮膜。

（3）天平。要求天平的称量为 200g，感量 0.01g；或称量为 1000g，感量 0.1g。

（4）橡皮膜。橡皮膜是用来包扎试样，并使其与周围的压力水隔开。因此要求具有弹性，厚度应小于橡皮膜直径的 1/100，不得有漏气孔。

2. 仪器检查

（1）要求周围压力的测量精度为全量程的 1%，测读分值为 5kPa。

（2）孔隙水压力系统内的气泡应完全排除。系统内的气泡可用纯水或施加压力使气泡溶于水，并从试样底座溢出，测量系统的体积因数应小于 $1.5 \times 10^{-5}\,\mathrm{cm^3/kPa}$。

（3）管路应畅通，活塞应能滑动，各连接处应无漏气。

（4）橡胶膜在使用前应仔细检查有无漏气。其方法是在膜内充气后扎紧两端，再放进水下看是否有气泡产生。

3. 试样制备

1）试样数量

同一种土每组试验需要 3~4 个试样，分别在不同周围压力下进行试验。

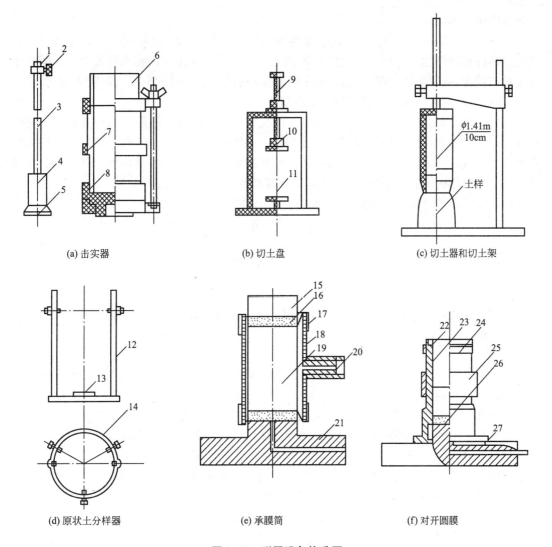

(a) 击实器　　　　　(b) 切土盘　　　　　(c) 切土器和切土架

(d) 原状土分样器　　　(e) 承膜筒　　　　　(f) 对开圆膜

图 5.12　附属设备构造图

1—套环；2—定位螺钉；3—导杆；4—击锤；5—底板；6—套筒；7—饱和器；8—底板；9—转轴；
10—上盘；11—下盘；12—滑杆；13—底座；14—钢丝架；15—上帽；16—透水石；17—橡皮膜；
18—承膜筒；19—试样；20—吸气孔；21—三轴仪底座；22—橡皮膜；23—制样圆模；
24—橡皮圈；25—圆箍；26—透水石；27—仪器底座

2）试样尺寸

形状为圆柱体，最小直径为 35mm，最大直径为 101mm。对于有裂缝、软弱面和构造面的试样，其直径宜大于 60mm；试样的高度宜为试样直径的 2.0～2.5 倍；试样的最大粒径 d_{max} 应符合下列规定：当试样直径小于 100mm 时，d_{max} 为试样直径的 1/10；当试样直径大于或等于 100mm 时，d_{max} 为试样直径的 1/5。

3）试样制备

（1）原状土试样制备。先用原状土分样器将圆筒形土样竖向分成 3 个扇形土样，再用切土盘将每个图样切成标准圆柱形试样。试样两端应平整，需垂直于试样轴。当试样表面有凹坑时，可用削下的余土补平，最后取其余土测定试样的含水量，整个试样制备过程应尽量避免试样的扰动。

（2）扰动试样制备。根据预定的干密度和含水量，称取风干过筛的土样，平铺于搪瓷盘内，将计算所需加水量用小喷壶均匀喷洒于土样上，充分拌匀，装入容器盖紧，防止水分蒸发。润湿一昼夜后，在击实器内分层击实（粉质土宜为3～5层，黏质土宜为5～8层）。各层土料数量应相等，各层接触面应刨毛。

（3）对于砂类土，应先在压力室底座上依次放上不透水板、橡皮膜和对开圆膜。将砂料填入对开圆膜内，分三层按预定干密度击实。当制备饱和试样时，在对开圆膜内注入纯水至1/3高度，将煮沸的砂料分三层填入，达到预定高度。放上不透水板、试样帽、扎紧橡皮膜。对试样内部施加5kPa负压力，使试样能站立，拆除对开膜。

（4）对制备好的试样，量测其直径和高度。试样的平均直径为

$$D_0 = \frac{D_1 + 2D_2 + D_3}{4} \tag{5-10}$$

式中 D_1、D_2、D_3——分别为上、中、下部位的直径。

4. 试样饱和

对饱和试样，应在试样制备、安装在底座上以后排除试样中的气体，可选用抽气饱和、水头饱和或反压饱和。

1）抽气饱和

如图5.13所示，是一个重叠式饱和器，在其正中放置稍大于环刀直径的透水石和滤纸，将装有试件的环刀放在滤纸上，试件上面再放一张滤纸和一块透水石。如此顺序重复，由上向下重叠至适当高度，将饱和器上板放在最上部透水石上，旋紧拉杆上端的螺钉，将各个环刀在上下板间夹紧。然后将装好试件的饱和器放入真空缸内，盖口涂一薄层凡士林后盖紧，防止漏气。如图5.14所示，关管夹，开阀门，开动抽气机，抽除缸内及土中气体，当真空压力表达到一个负大气压力值后，稍微开启管夹，使清水同引水管徐徐注入真空缸内。在注水过程中，应调节管夹，使真空压力表上的数值基本上保持不变。待饱和器完全淹没于水中后，即停止抽气，将引水管自水缸中提出，令空气进入真空缸内，静待一定时间，借大气压力使试件饱和。

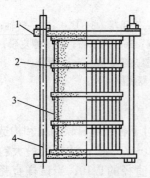

图5.13 重叠式饱和器

1—夹板；2—透水石；
3—环刀；4—拉杆

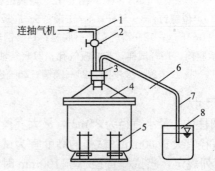

图5.14 抽气饱和法装置

1—排气管；2—二通阀；3—橡皮塞；4—真空缸；
5—饱和器；6—管夹；7—引水管；8—水缸

2）水头饱和

将试样装于压力室内，施加20kPa周围压力。水头高出试样顶部1m，使纯水从底部进入试

样，从试样顶部溢出，直至流入水量和溢出水量相等为止。当需要提高试样的饱和度时，宜在水头饱和前，从底部将二氧化碳气体通入试样，置换孔隙中的空气，再进行水头饱和。

3）反压饱和

试样要求完全饱和时，应对试样施加反压力。反压力系统与周围压力相同，但应用双层体变管代替排水量管。试样装好后，调节孔隙水压力等于大气压力，关闭孔隙水压力阀、反压力阀、体变管阀，测记体变管读数。开周围压力阀，对试样施加 $10\sim50\mathrm{kPa}$ 的周围压力，开孔隙压力阀，待孔隙压力变化稳定，测记读数。开体变管阀和反压力阀，同时施加周围压力和反压力 $30\mathrm{kPa}$，检查孔隙水压力增量，待孔隙水压力稳定后再施加下一级周围压力和反压力。每施加一级压力都测定孔隙水压力。当孔隙水压力增量与周围压力增量之比 $\Delta u/\Delta\sigma_3 > 0.98$ 时，认为试样达到饱和。

5. 试验步骤

1）安装试样

（1）在压力室底座上，依次放上不透水板、试样及试样帽，将橡皮膜套在试样外，并将橡皮膜上、下两端分别与试样帽和底座扎紧，不透水。

（2）装上压力室罩，向压力室内注满纯水，排除残留气泡后，关闭顶部排气阀。再将压力室顶部的活塞上端对准测力计，下端对准试样顶部。

2）施加周围压力

（1）关闭反压力系统的排水阀。

（2）打开周围压力阀，由小型空气压缩机或高压氮气瓶对试样施加周围压力 σ_3。

（3）周围压力值 σ_3 由压力表控制，该值应与工程实际荷载相适应，最大一级周围压力应与最大实际荷载大致相等。

3）施加竖直轴向压力剪切试样

（1）转动手轮，使试样帽与活塞及测力计接触。

（2）装上测量试样竖向变形用的百分表。

（3）将测力计和百分表的读数调至零位。

（4）启动电动机，接上离合器，开始剪切试样。剪切速率必须均匀等速。

4）测记读数

（1）剪切应变速率宜控制在每分钟 $0.5\%\sim1.0\%$。

（2）试样每产生 $0.3\%\sim0.4\%$ 的轴向应变时，测记一次测力计读数和轴向变形值。

（3）当轴向应变大于 3% 后，每隔 $0.7\%\sim0.8\%$ 的应变值测记一次读数。

5）停止剪切标准

（1）当测力计读数出现峰值时，即百分表指针后退，剪切应继续进行，直到超过 5% 的轴向应变为止。

（2）当测力计读数无峰值时，即百分表指针不走或极缓慢前走，剪切应进行到轴向应变为 $15\%\sim20\%$。

6）测量破坏试样

（1）试验结束后，先关闭周围压力阀，关闭电动机，拨开离合器。

（2）倒转手轮，然后打开排气孔，排除压力室内的水。

（3）拆除试样，描述试样破坏形状（通常试样破坏形状分为两种：当试样为砂土或硬塑状态的粉性土，破坏面呈一斜向直线剪切面；若试样为饱和状态软土，则无明显剪切面，而在试样中段向外鼓起，直径变大）。

(4) 称试样的质量，并测定含水量。

7) 重复试验

(1) 同组试样施加不同的周围压力 σ_3，通常可取 100kPa、200kPa、300kPa 和 400kPa。

(2) 重复上述试验步骤，可得到一组试验数据。

6. 试验成果整理

1) 轴向应变的计算

$$\varepsilon_1 = \frac{\Delta h_i}{h_0} \tag{5-11}$$

式中　ε_1——轴向应变值(%)；

Δh_i——剪切过程中的高度变化(mm)；

h_0——试样起始高度(mm)。

2) 试样面积的校正计算

$$A_a = \frac{A_0}{1 - \varepsilon_1} \tag{5-12}$$

式中　A_a——试样的校正断面积(cm^2)；

A_0——试样的初始断面积(cm^2)。

3) 大小主应力差计算

$$\sigma_1 - \sigma_3 = \frac{CR}{A_a} \times 10 \tag{5-13}$$

式中　σ_1——最大主应力，作用在试样顶面的总压力(kPa)；

σ_3——最小主应力，作用在试样周围的压力(kPa)；

C——测力计校正系数，由仪器产品提供(N/0.01mm)；

R——测力计读数(0.01mm)；

A_a——试样校正断面积(cm^2)。

4) 绘制轴向应变与主应力差的关系曲线

在直角坐标系中，以轴向应变 ε_1 为横坐标，以大小主应力差 $\sigma_1 - \sigma_3$ 为纵坐标，绘制 ε_1-$(\sigma_1 - \sigma_3)$ 关系曲线，如图 5.15 所示。

5) 绘制莫尔破损应力圆包线

如图 5.16 所示，取 ε_1-$(\sigma_1 - \sigma_3)$ 曲线上的峰值为破坏点；无峰值时取 15% 轴向应变时的主应力差值作为破坏点。在直角坐标系上，以法向应力 σ 为横坐标，剪应力 τ 为纵坐标，在横坐标上以 $\frac{\sigma_{1f} - \sigma_{3f}}{2}$ 为圆心，$\frac{\sigma_{1f} - \sigma_{3f}}{2}$ 为半径(下标 f 表示破坏)，在 τ-σ 应力平面图上绘制莫尔破损应力圆，并绘出不同周围压力 σ_{3i} 下的破损应力圆的包线(即公切线)，此包线即为该试样的

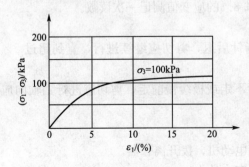

图 5.15　主应力差与轴向应变关系曲线

抗剪强度曲线，如图 5.16 所示。该曲线与纵坐标的截距 c 称为土的黏聚力，单位为 kPa；该曲线与横坐标的夹角 φ，称为土的内摩擦角，单位为度。c 和 φ 即为该试验所要得到的土体的两个抗剪强度指标。

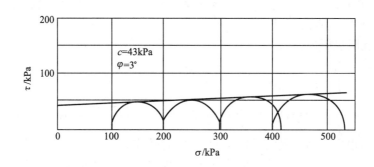

图 5.16　莫尔破损应力圆包线

7. 三轴压缩试验的种类

土的抗剪强度指标 c 与 φ 值，除了受土的物理化学性质影响，还与孔隙水的压力有关。根据有效应力原理可知：作用在试样剪切面上的总应力为有效应力与孔隙水压力之和。在外荷载作用下，随着时间的延长，孔隙水压力因排水而逐渐地消散，同时有效应力相应地不断增加。因为孔隙水压力作用在土中的自由水上，不会产生土粒之间的内摩擦力，只有作用在土颗粒骨架上的有效应力才能产生土的内摩擦力。因此，土的抗剪强度试验条件的不同，影响了土中孔隙水的排除量，从而影响到有效应力的变化，使得同一种土得到的抗剪强度指标 c 与 φ 值却不相同。三轴压缩试验最大的特点是试样的固结条件可以控制，由此可以根据工程实际固结情况，采用与之相适应的固结条件下的三轴压缩试验，得到相应的抗剪强度指标 c 和 φ 值。《公路土工试验规程》(JTG E40—2007)中将三轴压缩试验分为以下 3 种。

1) 不固结不排水试验(UU 试验)

不固结不排水试验又称快剪试验。该试验是在试样施加周围压力 σ_3 之前，将试样的排水阀关闭，在不固结的情况下施加轴向力进行剪切。而在剪切过程中排水阀始终关闭的是不排水试验。总之，在施加 σ_3 与增加 σ_1 直至破坏过程中均不允许试样排水，试样中存在着孔隙水压力 u。如图 5.16 所示，为不固结不排水强度包线，称为总应力抗剪强度曲线，由该曲线得到的 c 和 φ(一般记为 c_u 和 φ_u)称为土体的总抗剪强度指标。

2) 固结不排水试验(CU 试验)

固结不排水试验又称固结快剪。该试验是使试样先在某一周围压力 σ_3 作用下充分排水固结，然后在保持不排水的情况下，增加轴向压力直至破坏。与上述不固结不排水试验不同之处有以下几点。

(1) 试样安装。压力室底座上取下不透水板，换上透水板与滤纸。使试样底部与孔隙水压力系统相通。

(2) 施加周围压力 σ_3 后，打开孔隙水压力阀，测定孔隙水压力 u，然后打开排水阀，排除试样中孔隙水，直至孔隙水压力消散 95％以上。固结完成后，关闭排水阀，测记排水管读数和孔隙水压力读数。

（3）施加轴向力，对试样进行剪切的速率改为：黏质土每分钟应变为 $0.05\% \sim 1\%$，粉质土每分钟应变为 $0.1\% \sim 0.5\%$。

（4）有效主应力计算。

有效大主应力为
$$\bar{\sigma}_1 = \sigma_1 - u \tag{5-14}$$
式中　$\bar{\sigma}_1$——有效大主应力（kPa）；

　　　　u——孔隙水压力（kPa）。

有效小主应力为
$$\bar{\sigma}_3 = \sigma_3 - u \tag{5-15}$$
式中　$\bar{\sigma}_3$——有效小主应力（kPa）。

（5）有效破损应力圆包线。在直角坐标系中，以 $\dfrac{\bar{\sigma}_{1f} - \bar{\sigma}_{3f}}{2}$ 为圆心，以 $\dfrac{\bar{\sigma}_{1f} - \bar{\sigma}_{3f}}{2}$ 为半径，可绘制出有效破损应力圆。同组试样不同 $\bar{\sigma}_3$ 的有效应力圆的公切线即为有效应力强度包线，即为该试样的抗剪强度包线，如图 5.17 中虚线所示。并由该曲线与纵坐标的截距得到有效黏聚力 $\bar{c}_{cu}$，与横坐标的夹角得到有效内摩擦角 φ_{cu}。

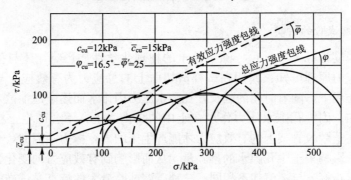

图 5.17　固结不排水剪强度包线

3）固结排水试验（CD 试验）

固结排水试验又称慢剪试验。该方法是使试样先在某一周围压力 σ_3 作用下排水固结，然后在允许试样充分排水的情况下增加轴向压力 σ_1 直至破坏。这就要求整个试验过程中，自始至终打开排水阀，剪切速率要缓慢，一般采用每分钟应变为 $0.003\% \sim 0.02\%$，使得在施加周围压力 σ_3 和施加轴向剪切压力 σ_1 过程中孔隙水能充分排除，从而孔隙水压力得到完全消散。通过试验成果整理，可以绘出固结排水剪强度包线，如图 5.18 所示，并由该曲线可得到土体的抗剪强度指标 c_d 和 φ_d。

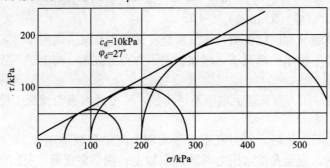

图 5.18　固结排水剪强度包线

5.3.3　无侧限抗压强度试验

无侧限抗压强度是指试样在无侧向压力的条件下抵抗轴向压力的极限强度。三轴试验中当周围压力 $\sigma_3 = 0$ 时即为无侧限试验条件，试验所得结果称为无侧限抗压强，该试验又称单轴试验。

由于 $\sigma_3 = 0$，土样在侧向变形不受限制，砂性土样难于稳定成型，一般情况下只适用于测定黏性土的无侧限抗压强度。

试样的受力情况如图 5.19(a) 所示，试验所得极限应力圆如图 5.19(b) 所示。土中 q_u 相当于三轴试验中使土样剪破时的 σ_1，由于 $\sigma_3 = 0$，所以由莫尔 - 库仑强度理论破坏准则式(5-6)，得

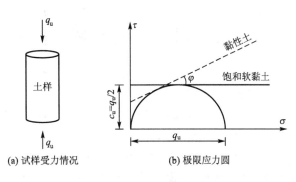

(a) 试样受力情况　　　　(b) 极限应力圆

图 5.19　无侧限抗压强度试验

$$\sigma_1 = q_u = 2c\tan\left(45° + \frac{\varphi}{2}\right) \tag{5-16}$$

对于饱和黏性土，采用不固结不排水试验，其破坏包线近似水平线，即 $\varphi_u = 0$，此时有

$$\tau_f = c_u = \frac{1}{2}q_u \tag{5-17}$$

式中　τ_f——土的不排水抗剪强度(kPa)；

　　　c_u——土的不排水黏聚力(kPa)；

　　　q_u——土的无侧限抗压强度(kPa)。

5.3.4　十字板剪切试验

十字板剪力试验，是在预钻的钻孔孔底，把有 4 个叶片的十字板头插至规定深度，施加扭转力矩，直至土体破坏。或是不用钻探，直接将十字板头压入土中不同深度，测土体破坏时扭转力矩。

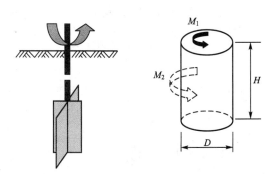

图 5.20　十字板剪切试验示意图

假定土体破坏时，形成一圆柱状剪损面，假定圆柱上下两面提供的抗扭力矩为 M_1，其抗剪强度为 τ_{fh}；圆柱侧面提供的抗扭力矩为 M_2，其抗剪强度为 τ_{fv}，如图 5.20 所示，有

$$M_1 = 2\int_0^{D/2} \tau_{fh} \times 2\pi r \times r\mathrm{d}r = \frac{\pi D^3}{6} \times \tau_{fh}$$

$$M_2 = \pi DH \times \frac{D}{2} \times \tau_{fv}$$

当 $\tau_{fv} = \tau_{fh}$ 时，得

$$M_{\max} = M_1 + M_2 = \frac{\pi D^3}{6} \times \tau_f + \frac{\pi D^2 H}{2} \times \tau_f$$

土的抗剪强度 τ_f 为

$$\tau_f = \frac{M_{\max}}{\frac{\pi D^2}{2} \left(\frac{D}{3} + H \right)}$$ 　　　　(5-18)

十字板剪力试验一般适用于测定软黏土的不排水强度指标。

5.4 孔隙压力系数和应力路径

1. 孔压系数

英国的斯开普顿等学者认为，土中的孔隙水压力不仅是由于法向应力所产生，而且切应力的作用也产生孔隙压力（因为在排水条件下剪切会产生体积应变，则在不排水条件下剪切会产生超静水孔隙水压力）。他们在三轴试验研究的基础上，提出了在一般应力状态下孔隙水压力的表达式为

$$u = B[\sigma_3 + A(\sigma_1 + \sigma_3)]$$ 　　　　(5-19)

式中　A、B——不同应力条件下的孔隙压力系数。

下面通过对式(5-19)的推导来说明 A、B 系数的物理意义（按弹性理论来推导公式）。

假设土体为各向同性弹性体，在地基表面局部荷载作用下，土中某点的应力状态如图 5.21 所示。其中 Δu 是荷载加上去后产生的孔隙水压力增量。假定应力对称，则为简化起见，取各方向应力增量分别为 $\Delta\sigma_z = \Delta\sigma_1$，$\Delta\sigma_y = \Delta\sigma_2$，$\Delta\sigma_x = \Delta\sigma_3$。根据弹性体的叠加原理，可以将这种不等向应力分解为等向应力和偏向应力分别作用，所对应的孔隙压力的增量分别为 Δu_1 和 Δu_2，如图 5.22 所示。

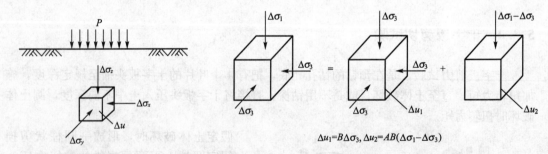

$\Delta u_1 = B\Delta\sigma_3$, $\Delta u_2 = AB(\Delta\sigma_1 - \Delta\sigma_3)$

图 5.21　地基中某点上的应力状态　　　　图 5.22　土中某点的应力分解

1) 孔隙压力系数 B

如果在等向应力 $\Delta\sigma_3$ 的作用下土中产生的孔隙压力为 Δu_1，则在 $\Delta\sigma_3$ 的作用下，各向有效应力都为

$$\Delta\sigma_3' = \Delta\sigma_3 - \Delta u_1$$

根据广义胡克定律，单元体的体积应变 ε_v（土骨架的体积应变）为

$$\varepsilon_v = \frac{3(1-2\nu)}{E}(\Delta\sigma_3 - \Delta u_1)$$ 　　　　(5-20)

因为 $\varepsilon_v = \dfrac{\Delta V}{V}$，所以单元体体积变化量 ΔV 为

$$\Delta V = \frac{3(1-2\nu)}{E}V(\Delta\sigma_3 - \Delta u_1) = C_s V(\Delta\sigma_3 - \Delta u_1) \qquad (5-21)$$

$$C_s = \frac{3(1-2\nu)}{E} \qquad (5-22)$$

式中 C_s——土的实际体积压缩系数。

此外，在孔隙压力增量 Δu_1 作用下，因孔隙变化而发生的体积压缩应变为

$$\frac{\Delta V_v}{V} = C_v \frac{e}{1+e}\Delta u_1 = C_v n \Delta u_1 \qquad (5-23)$$

$$\Delta V_v = C_v V n \Delta u_1$$

式中 C_v——孔隙的体积压缩系数；

$\quad\quad e$——孔隙比；

$\quad\quad n$——孔隙率。

土颗粒和水的体积压缩量极小，可以忽略不计，故认为单位土骨架的体积压缩量就等于孔隙体积的压缩量，即

$$C_s V(\Delta\sigma_3 - \Delta u_1) = C_v V n \Delta u_1$$

$$\Delta u_1 = \frac{1}{1+n\dfrac{C_v}{C_s}}\Delta\sigma_3 = B\Delta\sigma_3 \qquad (5-24)$$

$$B = \frac{1}{1+n\dfrac{C_v}{C_s}} = \frac{\Delta u_1}{\Delta\sigma_3} \qquad (5-25)$$

式中 B——等向应力孔隙压力系数。

对于完全饱和土，孔隙为水所充满，没有被压缩的余地，即 $C_v=0$，所以 $B=1$。对于干土，孔隙的压缩性接近于无穷大，所以 $B=0$。对于非饱和土则 B 在 $0\sim1$ 之间，饱和度越大，B 越接近于 1。试验中可用 B 值是否接近 1 来判断土是否饱和。

2）孔隙压力系数 A

如果在偏应力 $\Delta\sigma_1 - \Delta\sigma_3$ 作用下土中产生的孔隙压力为 Δu_2，见图 5.22。则在偏应力条件下，单元土体各方向的有效应力增量分别为

$$\Delta\sigma_1' = \Delta\sigma_1 - \Delta\sigma_3 - \Delta u_2$$

$$\Delta\sigma_3' = -\Delta u_2$$

则平均应力为

$$\frac{1}{3}\left[(\Delta\sigma_1 - \Delta\sigma_3 - \Delta u_2) + (-\Delta u_2) + (-\Delta u_2)\right] = \frac{1}{3}(\Delta\sigma_1 - \Delta\sigma_3 - 3\Delta u_2)$$

根据广义胡克定律，单元体的体积变化量（土骨架的体积变化量）为

$$\Delta V = \frac{3(1-2\nu)}{E}V \times \frac{1}{3}(\Delta\sigma_1 - \Delta\sigma_3 - 3\Delta u_2) \qquad (5-26)$$

在孔隙压力增量 Δu_2 作用下，孔隙发生的体积压缩变形量为

$$\Delta V = C_v V n \Delta u_2$$

同样，使 $\Delta V = \Delta V_v$，再考虑式(5-27)，可得

$$\Delta u_2 = \frac{1}{1+n\frac{C_v}{C_s}} \times \frac{1}{3}(\Delta\sigma_1 - \Delta\sigma_2) = B \cdot \frac{1}{3}(\Delta\sigma_1 - \Delta\sigma_3) \qquad (5-27)$$

式（5-27）即为偏应力作用下的孔隙压力表达式。由式（5-24）和式（5-26）可得图5.22中所示的应力条件下产生的孔隙压力，即

$$\Delta u = \Delta u_1 + \Delta u_2 = \frac{1}{1+n\frac{C_v}{C_s}} \times \frac{1}{3}(\Delta\sigma_1 - \Delta\sigma_2) = B\left[\Delta\sigma_3 + \frac{1}{3}(\Delta\sigma_1 - \Delta\sigma_3)\right] \qquad (5-28)$$

式（5-27）是在假定土体为弹性体的条件下得出的。真实土体不是完全弹性体，目前通常应用室内三轴压缩仪来实施复杂应力条件下土样的孔隙压力测定。令系数A代替式（5-27）中的1/3，则得

$$\Delta u_2 = B \cdot A(\Delta\sigma_1 - \Delta\sigma_3) \qquad (5-29)$$
$$\Delta u = \Delta u_1 + \Delta u_2 = B[\Delta\sigma_3 + A(\Delta\sigma_1 - \Delta\sigma_3)] \qquad (5-30)$$

式（5-30）也可以写成一般的全量表达式，即

$$u = B[\sigma_3 + A(\sigma_1 - \sigma_3)]$$

式中　A——偏向应力孔隙压力系数。它是在偏应力条件下所得到的孔隙压力系数，由试验测定，对于弹性材料$A=1/3$。

孔隙压力系数A、B可在室内三轴试验中通过测量土样中的孔隙压力确定。在常规的三轴压缩试验中，加荷程序是先加周围压力$\Delta\sigma_3$（排水固结或不固结），然后再加偏应力$\Delta\sigma_1 - \Delta\sigma_3$，使土样受剪直至破坏。根据对土样施加$\Delta\sigma_3$和$\Delta\sigma_1 - \Delta\sigma_3$的过程中先后测量的孔隙压力$\Delta u_1$和$\Delta u_2$，可由式（5-24）求出系数$B$。再根据式（5-29），得

$$A = \frac{\Delta u_2}{B(\Delta\sigma_1 - \Delta\sigma_3)} \qquad (5-31)$$

对于饱和土，$B=1$，则得

$$A = \frac{\Delta u_2}{\Delta\sigma_1 - \Delta\sigma_3} \qquad (5-32)$$

在工程问题中更为关心土体在剪坏时的孔隙压力系数A_f，故常在试验中监测土样剪坏时的孔隙压力u_f，相应的强度值为$(\Delta\sigma_1 - \Delta\sigma_3)_f$，所以对于饱和土，由式（5-31）可得

$$A_f = \frac{u_f}{(\Delta\sigma_1 - \Delta\sigma_3)_f} \qquad (5-33)$$

2. 应力路径

1）应力路径的概念

应力路径是指在外力作用下土中某一点的应力变化过程在应力坐标图中的轨迹。它是描述土体在外力作用下应力变化情况或过程的一种方法。同一种土，采用不同的试验手段或不同的加荷方法使之剪切到某种应力状态（即应力路径不同），产生的变形会相差很大，这就是要学习应力路径概念的重要性。

2）应力路径的表示方法

（1）$\sigma-\tau$直角坐标系，常用于表示破坏面上法向应力和剪应力变化的应力路径。

（2）$p-q$直角坐标系，常用于表示最大剪应力（τ_{max}）面上的应力变化的应力路径。其

中，$p=\dfrac{1}{2}(\sigma_1+\sigma_3)$，$q=\dfrac{1}{2}(\sigma_1-\sigma_3)$。

由于土中应力有总应力和有效应力之分，因此在同一应力坐标图中还存在着总应力路径(Total Stress Pass，TSP)和有效应力路径(Effective Stress Pass，ESP)。

3）两种常见的应力路径

（1）直剪试验的应力路径。

直剪试验是先施加法向应力 σ_1，而后在 σ_1 不变的条件下逐渐施加并增大剪应力 τ 直至土样被剪坏。所以受剪面上的应力路径先是一条水平线（$\tau=0$，与横轴重合的水平线），到达 σ_1 以后变为一条竖直线，至抗剪强度线(n')终止，如图 5.23 所示。

（2）三轴试验的应力路径。

以三轴固结排水试验中正常固结土样剪切破坏面上的应力变化过程为例来说明三轴试验的应力路径。它的加荷程序是：先施加周围压力 σ_3（等向固结），此时 $\sigma_1=\sigma_3$。这时在剪切破坏面上 $\sigma=\sigma_3$，$\tau=0$。然后施加竖向应力增量 $\sigma_1-\sigma_3$ 使土样受剪直至剪切破坏。据此，可得到一条应力路径图 Oe，如图 5.24 所示。其中起始点 O 的坐标为 $\sigma=\sigma_3$，$\tau=0$；终点 e 必将落在强度包线上。图 5.23 中的应力路径 nn' 和图 5.24 中的应力路径 Oe 都表示的是土样在破坏面上的应力路径，但因其斜率不同，所以对应力应变的影响也会不同。图 5.24 中由几何关系可以证明这时的应力路径是一条与横轴夹角为 $\left(45°+\dfrac{\varphi}{2}\right)$ 的直线。图 5.24 中还画出了最大剪应力面上的应力路径线 Oe'，它也是一条直线，与横轴的夹角为 45°（即斜率为 1）。

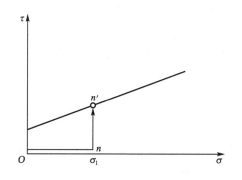

图 5.23　直剪试验的应力路径

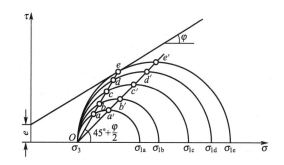

图 5.24　三轴试验剪切破坏面上的应力路径

如图 5.25 表示试验结果所作出的总应力路径(TSP)和有效应力路径(ESP)。由于等向固结，所以两条应力路径线都始发于点 $a(\sigma=\sigma_3)$，$\tau=0$。受剪时，总应力路径是向右上方延伸的直线，与横轴夹角为 $\left(45°+\dfrac{\varphi_{cu}}{2}\right)$；有效应力路径是向左上方弯曲的曲线。它们分别终止于总应力强度包线和有效应力强度包线上。总应力路径与有效应力路径之间各点横坐标的差值即表示施加偏应力 $\sigma_1-\sigma_3$ 过程中所产生的孔隙压力，而 b、c 两点间的横坐标差值即为剪切破坏时的孔隙压力 u_f。由于总应力莫尔圆与有效应力莫尔圆半径相同，

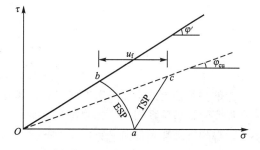

图 5.25　三轴试验不排水试验总应力路径
(TSP)和有效应力路径(ESP)

所以 b、c 两点的纵坐标（即强度值）是相同的。

在图 5.25 所示的条件下，试验中所出现的孔隙压力是正值，所以有效应力路径是在总应力路径的左面。因此，不难理解，如果是高度超固结的土样，在试验中由于剪胀性，孔隙压力出现负值，则此时的有效应力路径将会在总应力路径的右面。

施加应力的顺序，主要是指施加有效应力的顺序对土的强度及其他特性会有较大的影响。

背 景 知 识

破坏主应力线 K_f 与强度包线 τ_f

破坏主应力线 K_f 是指在 p-q 坐标系中所有处于极限平衡应力状态点的集合，强度包线 τ_f 是指在 σ-τ 坐标系中所有破坏状态莫尔圆的公切线，如图 5.26 所示。图中应力圆为极限状态应力圆，若破坏包线已知，则破坏包线必与应力圆相切，切点为 B。破坏主应力线是几个极限状态应力圆的最大剪应力面，即图中 C 点的连续。每一个应力圆都有 B 和 C 两点。当应力圆的半径无限缩小而趋于零时，变成聚焦于 O' 的点圆，也就是说 τ_f 线和 K_f 线都通过点 O'，于是有

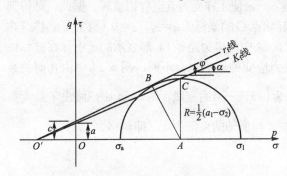

图 5.26 破坏主应力线与强度包线

$$R=\overline{O'A}\tan\alpha=\overline{O'A}\sin\varphi$$

故
$$\alpha=\tan^{-1}\sin\varphi \tag{5-34}$$

又
$$\overline{OO'}=\frac{a}{\tan\alpha}=\frac{c}{\tan\varphi}$$

故
$$a=\tan\alpha\frac{c}{\tan\varphi}=\sin\varphi\frac{c}{\dfrac{\sin\varphi}{\cos\varphi}}=c\cdot\cos\varphi \tag{5-35}$$

因此从应力路径图作出 K_f 线后，利用式（5-33）和式（5-34）即可直接求得抗剪强度指标 c 和 φ，并绘出破坏包线 τ_f。

本 章 小 结

土的强度是土的主要力学性质之一。本章从三个与土的强度密切相关的工程案例切入，提出强度问题是关系到工程成败和人命关天的大问题。土体是否达到剪切破坏状态，首先取决于本身的基本性质，即土的组成、土的状态和土的结构，而这些性质又与它所形成的环境和应力历史等因素有关，其次还与所受的应力组合密切相关。本章详细介绍了常用的莫尔-库仑破坏准则和利用莫尔-库仑强度破坏准则计算判别土的应力状态的方法，提出了孔隙

压力系数和应力路径等概念，描述了直接剪切试验、三轴压缩试验、无侧限抗压强度试验和原位十字板剪切试验的原理及方法。本章重点是土的强度指标的理解和确定方法。

思考题与习题

5-1 何谓土的抗剪强度？在实际工程中，与土的抗剪强度有关的问题有哪些？

5-2 何谓莫尔-库仑破坏理论？其破坏准则是什么？

5-3 土的抗剪强度指标 c 与 φ 值如何确定？

5-4 《公路土工试验规程》(JTG E40—2007)中将三轴压缩试验分为哪几种？

5-5 某地基的内摩擦角 $\varphi=20°$，黏聚力 $c=25\text{kPa}$，某点的大主应力为 250kPa，小主应力为 100kPa，试判别该点的应力状态。(参考答案：弹性状态)

5-6 某黏土样进行不排水剪切试验，施加围压 $\sigma_3=200\text{kPa}$，试件破坏时的 $\sigma_1-\sigma_3=280\text{kPa}$，如果破坏面与水平的夹角 $\alpha=57°$，试求内摩擦角及破坏面上的法向应力和剪应力。(参考答案：24°，283.07kPa，127.90kPa)

第 **6** 章
土压力计算

教学目标与要求

- ● 概念及基本原理

【掌握】静止土压力、主动土压力和被动土压力的概念；静止土压理论基本原理、朗金土压理论基本原理和库仑土压理论基本原理

【理解】墙体位移与墙后土压分布的关系

- ● 计算理论及计算方法

【掌握】运用朗金土压理论和库仑土压理论计算土压力

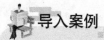 导入案例

上海莲花河畔景苑在建住宅楼整体倒塌

2009 年 6 月 27 日 5 时 30 分，当大部分上海市民都还在睡梦中的时候，家住上海闵行区莲花南路、罗阳路附近的居民却被"轰"的一声巨响吵醒，伴随的还有一些震动。没多久，他们知道是附近小区"莲花河畔景苑"中一栋 13 层的在建住宅楼倒塌了，事故造成一名正在安装门窗的工人死亡。由于倒塌的高楼尚未竣工交付使用，事故并没有酿成居民伤亡事故。但准业主"无比心惊"……倒塌的楼房已进入最后工期，计划于 2010 年 5 月交房，楼价每平方米近 1.8 万元。该栋楼整体朝南倒下，13 层的楼房在倒塌后外形几乎保持完整。但是，楼房底部原本应深入地下的数十根混凝土管桩整齐折断后裸露在外(图 6.0)。

图 6.0 上海莲花河畔景苑一栋在建住宅楼倒塌

经事故专家组认定，该楼倾倒的主要原因是大楼两侧的压力差使土体发生水平位移，过大的水平力超过桩基的抵抗能力。该压力差如何确定，正是本章介绍的主要内容。

6.1 概　　述

在房屋建筑、水利、铁路以及公路和桥梁工程中，用来支撑天然或人工斜坡不致坍塌以保持土体稳定性，或使部分侧向荷载传递分散到填土上的一种结构物，被称为挡土结构物，又称为挡土墙。图 6.1(a) 是路堤挡土墙，它的主要功能是防止土体坍塌。在墙后土体的作用下，挡土墙有向左侧离开填土方向移动的趋势。图 6.1(b) 是堤岸挡土墙，它的左侧受到水压力的作用，右侧受到土体的挤压，它的主要功能之一也是防止堤岸在填土自重及上部荷载的作用下而坍塌。图 6.1(c) 是地下室侧墙，其右侧是地下室，左侧承受室外填土的压力。由于结构整体性较好，一般情况下，地下室侧墙产生的水平位移极小。图 6.1(d) 是拱桥桥台，它的左上侧承受来自桥拱的巨大荷载，因而有向右侧填土方向移动的趋势，与土体相互挤压，可将部分荷载传递分散到填土上，因而墙后填土的存在可以提高桥台的侧向抵抗力。上述几个例子都是挡土结构物，它们的后背均受到墙后填土的压力。由于土体自重、土上荷载或结构物的侧向挤压作用，挡土结构物所承受的来自墙后填土的侧向压力，称为土压力。

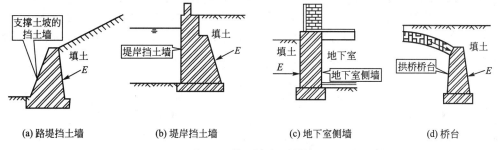

(a) 路堤挡土墙　　　　　(b) 堤岸挡土墙　　　　　(c) 地下室侧墙　　　　　(d) 桥台

图 6.1　挡土墙应用举例

挡土墙的类型按刚度及位移方式可分为刚性挡土墙和柔性挡土墙。刚性挡土墙其截面尺寸、自重和刚度大，又称为重力式挡土墙，通常用块石、砖、素混凝土和钢筋混凝土等材料建成，如图 6.2 所示，为最常见块石砌筑的重力式挡土墙和钢筋混凝土重力式挡土墙照片。柔性挡土墙其截面尺寸和刚度小，自重轻，一般用于深基坑支护，通常用木板、钢板和钢筋混凝土板或桩，并结合内支撑或拉锚支撑构成，如图 6.3 所示。

(a) 块石砌筑的重力式挡土墙　　　　　　　　　(b) 钢筋混凝土重力式挡土墙

图 6.2　块石砌筑的重力式挡土墙

(a) 人工挖孔灌注桩结合钢管内支撑　　　　　　(b) 预应力锚杆柔性支护

图 6.3　柔性挡土墙

作用在挡墙上的土压力与其位移的方向和大小、挡墙的状况（刚度、墙背剖面的形状、墙背竖直或倾斜、墙背光滑或粗糙等）和墙后填土的性质等因素有关。其中，当挡墙位移的方向相反时，作用在挡墙后的土压力会相差几十倍。因此，挡墙的位移方向是影响土压力大小的最主要因素。根据挡墙可能产生位移的方向，通常将土压力分为下列三种。

1. 静止土压力

挡墙保持原来位置不动，如图 6.4(a)所示，此时作用在挡墙上的土压力称为静止土压力。作用于每延米挡墙上的静止土压力用 E_0(kN/m) 表示，此时挡墙背后的土体处于静止的弹性平衡状态。修筑在坚硬土质的地基上，且断面尺寸很大的挡墙，如嵌固于岩基上的重力式挡墙所承受的土压力，属于这种情况。

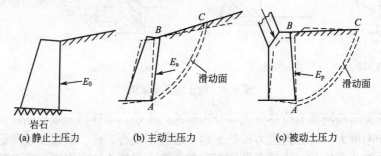

图 6.4　挡墙上的三种土压力

2. 主动土压力

挡墙在墙后土体的作用下（是土主动推墙）向前移动，如图 6.4(b)所示，墙后土体也随之向前移动，土中产生了剪应力 τ。随着位移的逐渐增大，土中剪应力随之增大，具有阻碍土体移动的抗剪强度 τ_f 逐渐发挥作用，使得作用于挡墙上的土压力由静止土压力 E_0 开始逐渐减小。当土中剪应力达到极限值($\tau=\tau_f$)时，墙后土体达到极限平衡状态，此时土压力减至最小值，该值被称为主动土压力。作用于每延米挡墙上的主动土压力用 E_a(kN/m) 表示。普通挡墙所承受的土压力，多数属于这种情况。

3. 被动土压力

挡墙在某种外力的作用下（是土被动受挤）向后移动，如图 6.4(c)所示，墙后土体也随之向后移动，土中产生了剪应力 τ。随着位移的逐渐增大，土中剪应力随之增大，具有阻碍土体移动的抗剪强度 τ_f 逐渐发挥作用，使得作用于挡墙上的土压力由静止土压力 E_0 开始逐渐增大。当土中剪应力达到极限值($\tau = \tau_f$)时，墙后土体达到极限平衡状态，此时土压力增至最大值，该值被称为被动土压力。作用于每延长米挡墙上的被动土压力用 $E_p(kN/m)$ 表示。当某种水平外力作用在挡墙前端，如拱桥的桥台所承受的土压力，属于这种情况。

在设计挡墙时，采用何种土压力，除了根据挡墙产生位移的方向确定外，还要考虑其位移的大小，即位移量。因为试验表明，形成被动极限平衡状态时的位移量远远大于形成主动极限平衡状态时的位移量。设挡墙高为 H，土体达到主动极限平衡状态时的位移量：密实砂土为 $0.5\%H$，密实黏土为 $(1\sim2)\%H$。土体达到被动极限平衡状态时的位移量：密实砂土为 $5\%H$，密实黏土为 $10\%H$。若 $H=10m$，土体达到被动极限平衡状态时，密实黏土的位移量将达到 1m，如此大的位移量是一般的

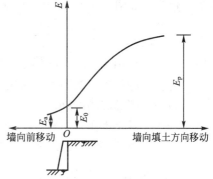

图 6.5 挡墙位移和土压力间的关系

挡墙所不允许的。因此在实际工程中，被动土压力可根据挡墙允许产生的位移量，按其一部分计算，有时也可按静止土压力计算。图 6.5 给出了挡墙位移和土压力间的关系。

6.2 静止土压力计算

6.2.1 计算原理

如图 6.6(a)所示，在挡墙后水平填土表面以下深度 z 处，土体自重所引起的竖向应力为 $\sigma_z = \gamma z$；水平应力为 $\sigma_x = \sigma_y = \xi \sigma_z = \xi \gamma z$。由于墙背静止不动，墙后土体无侧向位移，所以挡墙背后在该点静止土压力强度就是该点由土体自重所引起的水平应力，即

$$p_0 = \sigma_x = \xi \sigma_z = \xi \gamma z \qquad (6-1)$$

挡墙背后土体的静止土压力就等于墙背由土体自重引起的水平应力的总和。

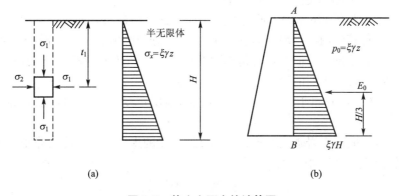

(a)   (b)

图 6.6 静止土压力的计算图

6.2.2 计算公式

由式(6-1)知：当墙高为 H 时，作用于墙背上的静止土压力强度沿墙背高度上的分布为三角形，如图 6.6(b)所示，所以作用于每延长米挡墙上的静止土压力 E_0 为

$$E_0 = \frac{1}{2}\gamma H^2 \xi \qquad (6-2)$$

式中　E_0——作用于墙背上的静止土压力强度(kN/m)；

　　　γ——墙后填土的容重(kN/m³)；

　　　H——挡墙的高度(m)；

　　　ξ——静止土压力系数(即土的侧压力系数)，可参考表 6-1 的经验值选取，或按下列半经验公式求得：$\xi = 1 - \sin\varphi'$，其中 φ' 为土的有效内摩擦角。

E_0 的方向水平，作用线通过分布图的形心，离墙脚的高度为 $\frac{H}{3}$，如图 6.6(b)所示。

表6-1　压实土的静止压力系数

压实土的名称	砾石、卵石	砂土	亚砂土	亚黏土	黏土
ξ	0.20	0.25	0.35	0.45	0.55

注：此表摘自《公路桥涵设计通用规范》。

6.2.3 静止土压力计算公式应用

(1)挡墙后的填土表面上作用有均布荷载 q 时，此时挡墙背后在深度 z 处的静止土压力强度为

$$p_0 = \xi(q + \gamma z) \qquad (6-3)$$

绘出 p_0 沿挡墙高度 H 的分布图(此时分布图形为梯形)，再求出分布图形的面积，就是作用在每延长米挡墙上的静止土压力 E_0，其值为

$$E_0 = \frac{1}{2}[\xi q + \xi(q + \gamma H)]H = \frac{1}{2}(2q + \gamma H)\xi H \qquad (6-4)$$

E_0 的方向水平，作用线通过梯形分布图的形心。

(2)墙后填土中有地下水时，此时水下土应考虑水的浮力，即式(6-2)中的 γ 应采用浮容重，并同时计算作用在挡墙上的静水压力 E_w，分别绘出 p_0 和 E_w 沿挡墙高度 H 的分布图，再求出分布图形的总面积，就是作用在每延长米挡墙上的静止土压力 E_0。E_0 的方向水平，作用线通过分布图的形心。

【例题6-1】　求嵌固于岩基上的重力式挡墙所承受的土压力，已知条件如图 6.7 所示。

解　因为是求嵌固于岩基上的重力式挡墙所承受的土压力，故可按静止土压力计算。

(1)求各特征点的竖向应力。

$$\sigma_{z1} = q = 20\text{kPa}$$
$$\sigma_{z2} = q + \gamma_1 h_1 = 20\text{kPa} + 18\text{kN/m}^3 \times 6\text{m} = 128\text{kPa}$$

$$\sigma_{zc}=q+\gamma_1h_1+\gamma_2h_2=128\text{kPa}+9.2\text{kN/m}^3\times4\text{m}=164.8\text{kPa}$$

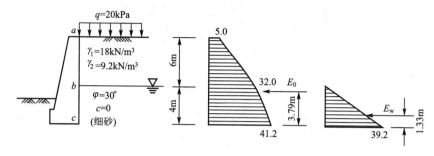

图 6.7　例题 6-1 图

（2）求各特征点的土压力强度。

查表 6-1，$\xi=0.25$，则

$$p_{0a}=\xi\sigma_{za}=0.25\times20\text{kPa}=5.0\text{kPa}$$

$$p_{0b}=\xi\sigma_{zb}=0.25\times128\text{kPa}=32.0\text{kPa}$$

$$p_{0c}=\xi\sigma_{zc}=0.25\times164.8\text{kPa}=41.2\text{kPa}$$

c 点静水压强　$p_{wc}=\gamma_wh_w=9.8\text{kN/m}^3\times4\text{m}=39.2\text{kPa}$

（3）求 E_0 及 E_w。

由计算结果绘出土压力强度 p_0 及静水压强 p_w 分布图，如图 6.7 所示。将 p_0 分布图分为四块（矩形或三角形），分别求其面积，总和后即为 E_0

$$E_{01}=p_{0a}h_1=5.0\text{kPa}\times6\text{m}=30.0\text{kN/m}$$

$$E_{02}=\frac{1}{2}(p_{0b}-p_{0a})-h_1=\frac{1}{2}\times(32.0-5.0)\text{kPa}\times6\text{m}=81.0\text{kN/m}$$

$$E_{03}=p_{0b}h_2=32.0\text{kPa}\times4\text{m}=128.0\text{kN/m}$$

$$E_{04}=\frac{1}{2}(p_{0c}-p_{0b})h_2=\frac{1}{2}\times(41.2-32.0)\text{kPa}\times4\text{m}=18.4\text{kN/m}$$

$$E_0=E_{01}+E_{02}+E_{03}+E_{04}=(30.0+81.0+128.0+18.4)\text{kN/m}=257.4\text{kN/m}$$

$$E_w=\frac{1}{2}p_{wc}h_w=\frac{1}{2}\times39.2\text{kN/m}^2\times4\text{m}=78.4\text{kN/m}$$

（4）求 E_0 和 E_w 的作用点位置。

$$z_{0c}=\frac{\sum E_{0i}z_i}{\sum E_{0i}}=\frac{E_{01}\left(h_2+\frac{h_1}{2}\right)+E_{02}\left(h_2+\frac{h_1}{3}\right)+E_{03}\frac{h_2}{2}+E_{04}\frac{h_2}{3}}{E_0}$$

$$=\frac{30.0\text{kN/m}\times\left(4+\frac{6}{2}\right)\text{m}+81.0\text{kN/m}\times\left(4+\frac{6}{3}\right)\text{m}+128.0\text{kN/m}\times\frac{4}{2}\text{m}+18.4\text{kN/m}\times\frac{4}{3}\text{m}}{257.4\text{kN/m}}$$

$$=3.79\text{m}$$

$$z_{wc}=\frac{h_w}{3}=\frac{4\text{m}}{3}=1.33\text{m}$$

6.3 朗金土压力理论

6.3.1 计算原理

朗金(Rankine)于1857年提出的土压力理论，虽然不够完善，但由于计算简单，在一定条件下其计算结果与实际较符合，所以目前仍被广泛应用。

朗金土压力理论是从分析挡土结构物后面土体内部因自重产生的应力状态入手，去研究土压力的。如图6.8(a)所示，在半无限土体中任意取一竖直切面AB即为对称面，而对称面上剪应力为零，即说明该面和与其垂直的水平面为主应力面，则AB面上深度z处的单元土体上的竖向应力σ_z和水平应力σ_x均为主应力。当土体处于弹性平衡状态时，$\sigma_z = rz$，$\sigma_x = \xi rz$，其应力圆如图6.8(d)所示，与土的抗剪强度线不相交。在σ_z不变的条件下，若σ_x逐渐减小，到土体达到极限平衡时，其应力圆将与抗剪强度线相切，如图6.8(d)中的MN_2所示，σ_z和σ_x分别为最大及最小主应力，称为朗金主动极限平衡状态，土体中产生的两组滑动面与水平面成夹角$\left(45° + \dfrac{\varphi}{2}\right)$，如图6.8(b)所示。在$\sigma_z$不变的条件下，若$\sigma_x$不断增大，在土体达到极限平衡时，其应力圆将与抗剪强度相切，如图6.8(d)中的MN_3所示，此时σ_z为最小主应力，σ_x为最大主应力，称为朗金被动极限平衡状态，土体中产生的两组滑动面与水平面成夹角$\left(45° - \dfrac{\varphi}{2}\right)$，如图6.8(c)所示。

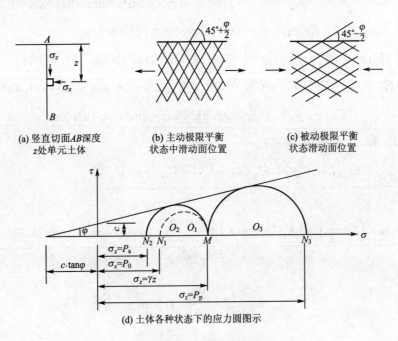

(a) 竖直切面AB深度　　　(b) 主动极限平衡　　　(c) 被动极限平衡
　z处单元土体　　　　　状态中滑动面位置　　　状态滑动面位置

(d) 土体各种状态下的应力圆图示

图6.8　朗金极限平衡状态

朗金假定：把半无限土体中的任意竖直面 AB，看成一个虚设的光滑（无摩擦）的挡土墙墙背。当该墙背产生位移时，使得墙后土体达到主动或被动极限平衡状态，此时作用在墙背上的土压力强度等于相应状态下的水平应力 σ_x。

朗金土压力公式适用于墙背竖直光滑（墙背与土体间不计摩擦力）、墙后填土表面水平且与墙顶齐平的情况。

6.3.2　计算公式

1. 主动土压力

由上述分析可知，当土体推墙发生位移，土体达到主动极限平衡状态时，$\sigma_x = \sigma_3 = p_a$，$\sigma_z = \sigma_1 = rz$。根据第 5 章得到的土体极限平衡条件公式（5−7），则

$$\sigma_3 = \sigma_1 \tan^2\left(45° - \frac{\varphi}{2}\right) - 2c\tan\left(45° - \frac{\varphi}{2}\right)$$

可得出深度 z 处的土压力强度为

$$p_a = \sigma_z \tan^2\left(45° - \frac{\varphi}{2}\right) - 2c\tan\left(45° - \frac{\varphi}{2}\right) \tag{6-5}$$

或
$$p_a = \sigma_z m^2 - 2cm$$

式中　p_a——主动土压力强度；

σ_z——深度处的竖向应力；

φ——土体的内摩擦角；

c——土体的黏聚力；

m——主动土压力系数，其值为 $m = \tan\left(45° - \frac{\varphi}{2}\right)$。

（1）砂性土。黏聚力 $c = 0$，由式（6−5）得：$p_a = \sigma_2 m^2 = \gamma z m^2$，$p_a$ 与 z 成正比例，其分布图为三角形，如图 6.9（a）所示，作用于每延长米挡土墙上的主动土压力合力 E_a 等于该三角形的面积。

E_a 的大小：
$$E_a = \frac{1}{2}(\gamma H m^2)H = \frac{1}{2}\gamma H^2 m^2 \tag{6-6}$$

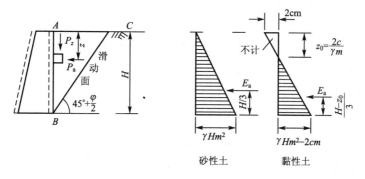

(a) 主动土压力

图 6.9　朗金土压力计算图式

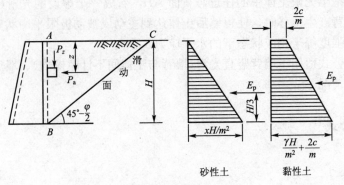

(b) 被动土压力

图 6.9 朗金土压力计算图式（续）

E_a 的方向：水平指向挡土墙墙背。

E_a 的作用点：通过该面积形心，离墙角的高度为 $z_c = \dfrac{H}{3}$，如图 6.9(a)所示。

（2）黏性土。黏聚力 $c \neq 0$，由式(6-5)知：当 $z = 0$ 时，$\sigma_z = \gamma z = 0$，$p_a = -2cm$；$z = H$ 时，$\sigma_z = \gamma H$，$p_a = \gamma H m^2 - 2cm$，其分布图为两个三角形，如图 6.9(a)所示，其中面积为负的部分表示受拉，而墙背与土体间不可能存有拉应力，故计算土压力时，负值部分应略去不计。

假设 $p_a = 0$ 处的深度为 z_0，则由式(6-5)得

$$z_0 = \frac{2c}{\gamma m}$$

作用于每延长米挡土墙上的主动土压力合力 E_a 等于分布土中压力部分三角形的面积。

E_a 的大小：

$$E_a = \frac{1}{2}(\gamma H m^2 - 2cm)(H - z_0)$$

$$= \frac{1}{2}\gamma H^2 m^2 - 2Hcm + \frac{2c^2}{\gamma} \tag{6-7}$$

E_a 的方向：水平指向挡土墙墙背。

E_a 的作用点：通过分布图形心，即作用点离墙角的高度为 $\dfrac{H - z_0}{3}$。

2. 被动土压力

同理，当墙推土产生位移，土体达到被动极限平衡状态时，$p_p = \sigma_x = \sigma_1$，$\sigma_z = \gamma z = \sigma_3$，根据极限平衡条件(5-6)，可得出深度 z 处的被动土压力强度

$$p_p = \sigma_z \tan^2\left(45° + \frac{\varphi}{2}\right) + 2c\tan\left(45° + \frac{\varphi}{2}\right) \tag{6-8}$$

$$p_p = \sigma_z \frac{1}{m^2} + 2c\frac{1}{m}$$

式中 p_p——被动土压力强度(kPa)；

其他符号意义同前。

（1）砂性土。黏聚力 $c = 0$，$p_p = \sigma_z \dfrac{1}{m^2} = \dfrac{\gamma z}{m^2}$，$p_p$ 与 z 成正比例，其分布图为三角形，

如图 6.9(b)所示，作用与每延长米挡土墙上的合力 E_p 等于该三角形的面积。

E_p 的大小：
$$E_p = \frac{1}{2} \cdot \frac{\gamma H}{m^2} \cdot H = \frac{\gamma H^2}{2m^2} \tag{6-9}$$

E_p 的方向：水平指向挡土墙墙背。

E_p 的作用点：通过该面积形心，离墙角的高度为 $z_c = \frac{H}{3}$，如图 6.9(b)所示。

（2）黏性土。黏聚力 $c \neq 0$，当 $z=0$ 时，$\sigma_z=0$，$p_p=\frac{2c}{m}$；$z=H$ 时，$\sigma_z=\gamma H$，$p_p=\frac{\gamma H}{m^2}+\frac{2c}{m}$，其分布图形为梯形，如图 6.9(b)所示，作用于每延长米挡土墙上的合力 E_p 等于该梯形分布图的面积。

E_p 的大小：
$$E_p = \frac{\gamma H^2}{2m^2} + \frac{2c}{m} \tag{6-10}$$

E_p 的方向：水平指向挡土墙。

E_p 的作用点：通过其分布图的形心。

6.3.3 朗金土压力公式应用

1. 填土面上作用有连续均布荷载时

如图 6.10(a)所示，当填土表面作用有连续均布荷载 q 时，先求出深度 z 处的竖向应力
$$\sigma_z = q + \gamma z$$
将上式代入式(6-5)，得
$$p_a = \sigma_z m^2 - 2cm = (q+\gamma z)m^2 - 2cm$$

（1）砂性土。黏聚力 $c=0$，当 $z=0$ 时，$p_a=qm^2$；当 $z=H$ 时，$p_a=(q+\gamma H)m^2-2cm$，其土压力分布图为梯形，如图 6.10(b)所示。

（2）黏性土。黏聚力 $c \neq 0$，当 $z=0$ 时，$p_a=qm^2-2cm$，若 $qm^2>2cm$，则 $p_a>0$，p_a 分布图为梯形；若 $qm^2 \leq 2cm$，则

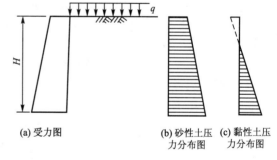

(a) 受力图　(b) 砂性土压力分布图　(c) 黏性土压力分布图

图 6.10　填土表面作用有连续均布荷载 q 时主动土压力计算

$p_a \leq 0$，p_a 分布图为三角形，如图 6.10(c)所示，若有负值，负值部分仍不考虑。

2. 墙后填土为多层土时

如图 6.11 所示，当填土有两层或两层以上时，需分层计算其土压力。

（1）上部土层产生的土压力按前述方法计算，对于黏性土
$$p_{a0} = -2c_1 m_1$$
$$p_{a1} = \sigma_{z1} m_1^2 - 2c_1 m_1 = \gamma_1 h_1 m_1^2 - 2c_1 m_1$$

其分布图如图 6.11(b)所示。

（2）下部土层产生的土压力，可将上部土层视为均布荷载，即

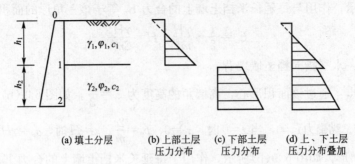

| (a) 填土分层 | (b) 上部土层
压力分布 | (c) 下部土层
压力分布 | (d) 上、下土层
压力分布叠加 |

图 6.11　多层土的主动土压力计算

$q=\sigma_{z1}=\gamma_1 h_1$，则

$$\sigma_{z2}=\gamma_1 h_1+\gamma_2 h_2$$

$$p_{a1}=\sigma_{a1}m_2^2-2c_2 m_2=\gamma_1 h_1 m_2^2-2c_2 m_2$$

$$p_{a2}=\sigma_{z2}m_2^2-2c_2 m_2=(\gamma_1 h_1+\gamma_2 h_2)m_2^2-2c_2 m_2$$

其分布图如图 6.12(c)所示。

(3) 将上下土层得到的土压力相加，即将图 6.11(b)与图 6.11(c)土压力分布图的面积相加，则为整个挡土墙所承受的土压力 E_a，其 E_a 作用方向水平，作用点通过其分布图的形心，如图 6.11(d)所示。

3. 墙后填土中有地下水时

将地下水位处看作一个土层分界面，水位以下的土一般采用浮容重 γ'，土压力计算方法同上，只是应注意计算静水压力。

【例题 6-2】　如图 6.12 所示，已知挡土墙后水位距墙顶 6m，墙后填土面 $\gamma=18\text{kN/m}^3$，$c=0$，$\varphi=30°$，$\gamma'=9\text{kN/m}^3$，求作用在挡墙上的主动土压力。

解　(1) 先求各层面的竖向应力。

$$\sigma_{za}=q=0\text{kPa}$$

$$\sigma_{zb}=\gamma h_1=18\text{kN/m}^3\times 6\text{m}=108\text{kPa}$$

$$\sigma_{zc}=\gamma h_1+\gamma' h_2=108\text{kPa}+9\text{kN/m}^3\times 4\text{m}=144\text{kPa}$$

$$m=\tan\left(45°-\frac{\varphi}{2}\right)=\tan\left(45°-\frac{30°}{2}\right)=0.577$$

$$m^2=0.333$$

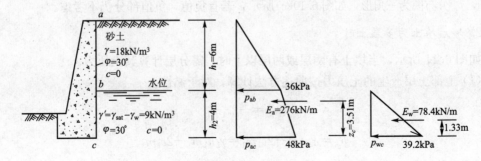

图 6.12　例题 6-2 图

（2）求各层面的主动土压力强度。

$$p_{aa}=\sigma_{za}m^2=0\text{kPa}$$

$$p_{ab}=\sigma_{zb}m^2=108\text{kPa}\times0.333=36.0\text{kPa}$$

$$p_{ac}=\sigma_{zc}m^2=144\text{kPa}\times0.333=48.0\text{kPa}$$

c 点静水压强：$p_{wc}=\gamma_w h_w=9.8\text{kN/m}^3\times4\text{m}=39.2\text{kPa}$

（3）求 E_a 及 E_w。

由计算结果绘出土压力强度 p_a 及静水压强 p_w 分布图，如图 6.12 所示。将 p_a 分布图分为三块（矩形和两个三角形），分别求其面积，总和后即为 E_a

$$E_a=\frac{36\text{kPa}\times6\text{m}}{2}+36\text{kPa}\times4\text{m}+\frac{(48-36)\text{kPa}\times4\text{m}}{2}=(108+144+24)\text{kN/m}=276\text{kN/m}$$

$$E_w=\frac{1}{2}p_{wc}h_w=\frac{1}{2}\times39.2\text{kPa}\times4\text{m}=78.4\text{kN/m}$$

（4）求 E_a、E_w 和起合力作用点位置。

$$z_{ac}=\frac{\sum E_{ai}z_i}{\sum E_{ai}}=\frac{108\text{kN/m}\times\left(4+\frac{6}{3}+144\times\frac{4}{2}+24\times\frac{4}{3}\right)\text{m}}{276\text{kN/m}}=3.51\text{m}$$

$$z_{wc}=\frac{h_w}{3}=\frac{4\text{m}}{3}=1.33\text{m}$$

$$z_c=\frac{(276\times3.51+78.4\times1.33)\text{kN/m}\times\text{m}}{(276+78.4)\text{kN/m}}=3.03\text{m}$$

目前岩土工程界一般认为，对于地下水按两种情况考虑：砂性土采用水土压力分开计算，黏性土采用水土压力一起计算。

【例题 6-3】　挡墙后的填土面上作用于均布荷载 $q=10\text{kPa}$，填土分两层，其厚度和物理力学性质指标如图 6.13(a)所示，求作用在挡墙上的主动土压力。

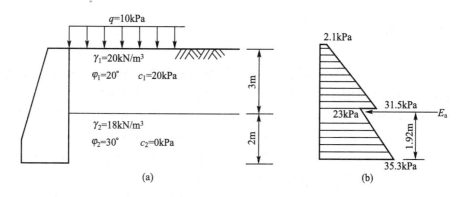

图 6.13　例题 6-3 图

解　（1）先求各层面的竖向应力。

$$\sigma_{z0}=q=10\text{kPa}$$

$$\sigma_{z1}=q+\gamma_1 h_1=10\text{kPa}+20\text{kN/m}^3\times3\text{m}=70\text{kPa}$$

$$\sigma_{z2}=q+\gamma_1 h_1+\gamma_2 h_2=70\text{kPa}+18\text{kN/m}^3\times2\text{m}=106\text{kPa}$$

由 $\varphi_1=20°$，$\varphi_2=30°$，得

$$m_1=0.70，\quad m_1^2=0.49，\quad m_2=0.577，\quad m_2^2=0.333$$

（2）求各层面的土压力强度。

上层：
$$p_{a0}=\sigma_{z0}m_1^2-2c_1m_1=10kPa×0.49-2×2×0.7=2.1kPa$$
$$p_{a1}=\sigma_{z1}m_1^2-2c_1m_1=70kPa×0.49-2×2×0.7=31.5kPa$$

下层：
$$p_{a1}=\sigma_{z1}m_2^2-2c_2m_2=70kPa×0.333=23.3kPa$$
$$p_{a2}=\sigma_{z2}m_2^2=106kPa×0.333=35.3kPa$$

按计算结果绘出 p_a 分布图 [图 6.13(b)]。

（3）求 E_a 值及其作用点。

p_a 分布图面积即为所求 E_a 值

$$
\begin{aligned}
E_a &= E_{a1}+E_{a2}+E_{a3}+E_{a4}\\
&= \left[2.1×3+\frac{(31.5-2.1)×3}{2}+23.3×2+\frac{(35.3-23.3)×2}{2}\right]kN/m×m\\
&= (6.3+44.1+46.6+12)kN/m=109kN/m
\end{aligned}
$$

E_a 作用方向水平指向挡墙，作用点距挡墙底的高度为

$$z_c=\frac{\sum E_{a1}z_1}{\sum E_{a1}}=\frac{\left[6.3×\left(2+\frac{3}{2}\right)+44.1×\left(2+\frac{3}{3}\right)+46.6×\frac{2}{2}+12×\frac{2}{3}\right]kN/m×m}{109kN/m}=1.92m$$

6.4 库仑土压力理论

6.4.1 计算原理

库仑(C. A. Coulomb)1776 年根据挡墙后土楔体处于极限平衡状态时力的平衡条件，提出了一种土压力计算方法，被称为库仑土压力理论。由于该理论计算方法简便，计算结果较符合实际，且能适用各种填土面和不同的墙背条件，因此至今仍被广泛应用，也是现行《公路桥涵设计通用规范》(JTG D60—2004)规定使用的计算方法。

库仑土压力理论研究的条件是墙后填土为松散、匀质的砂性土，墙背粗糙（与土之间有摩擦力），墙背与墙后填土面均可以为倾斜的。其计算假定如下。

（1）墙体产生的位移，使墙后填土达到极限平衡状态，并形成一个滑动的刚性土楔体 ABC，如图 6.14(a)所示。

（2）滑裂面为通过墙角的两个平面：一个是墙背 AB 面，另一个是通过墙角的 AC 面，如图 6.14(a)所示。

有了上述条件和假定，根据刚性土楔体的静力平衡条件，即可解出墙背上的土压力。

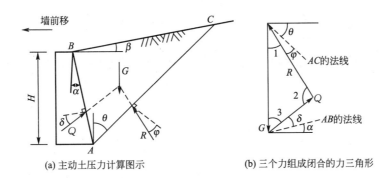

图 6.14　库仑主动土压力计算图示

6.4.2　计算公式

1. 主动土压力

如图 6.14(a)所示，由库仑土压力计算假定知，当墙背向前移动一定值时，墙后填土处于主动极限平衡状态，滑裂面为 AB 和 AC，形成滑动的刚性土楔体 ABC。此时，作用于该土楔体上的力有：为阻止土楔体下滑，在 AB、AC 面上均产生的摩阻力；土楔体自重 G；墙背 AB 面上的反力 Q 和 AC 面的反力 R。G 通过 $\triangle ABC$ 的形心，方向垂直向下；Q 与 AB 面的法线成 δ 角（δ 是墙背与土体间的摩擦角），Q 与水平面夹角为 $\alpha+\delta$；R 与 AC 面的法线成 φ 角（φ 为土的内摩擦角），AC 面与竖直面成 θ 角，所以 R 与竖直面夹角为 $90°-\theta-\varphi$。根据力的平衡原理可知：G、Q、R 三个力应交于一点，且应组成闭合的力三角形，如图 6.14(b)所示。在力三角形中，$\angle 1=90°-\theta-\varphi$，$\angle 2=\varphi+\theta+\alpha+\delta$，$\angle 3=90°-\alpha-\delta$。由正弦定理得

$$Q=G\frac{\sin(90°-\varphi-\theta)}{\sin(\varphi+\theta+\alpha+\delta)}=G\frac{\cos(\varphi+\theta)}{\sin(\varphi+\theta+\alpha+\delta)} \tag{6-11}$$

设 $\triangle ABC$ 的底为 AC、高为 h，则

$$G=\frac{1}{2}AC\cdot h\cdot\gamma$$

$$\frac{AC}{AB}=\frac{\sin(90°-\alpha-\beta)}{\sin[180°-(90°-\alpha+\beta)-(\alpha+\theta)]}=\frac{\sin(90°-\alpha-\beta)}{\sin(90°-\theta-\beta)}=\frac{\cos(\alpha-\beta)}{\cos(\theta-\beta)}$$

$$AC=AB\frac{\cos(\alpha-\beta)}{\cos(\theta+\beta)}=H\cdot\sec\alpha\frac{\cos(\alpha-\beta)}{\cos(\theta+\beta)}$$

$$h=AB\sin(\alpha+\theta)=H\cdot\sec\alpha\sin(\alpha+\theta)$$

$$G=\frac{1}{2}\gamma H^2\sec^2\alpha\cos(\alpha-\beta)\frac{\sin(\alpha+\theta)}{\cos(\theta+\beta)}$$

将 G 代入式(6-11)，得

$$Q=\frac{1}{2}\gamma H^2\sec^2\alpha\cos(\alpha-\beta)\frac{\sin(\theta+\alpha)\cos(\theta+\varphi)}{\cos(\theta+\beta)\sin(\varphi+\theta+\delta+\alpha)} \tag{6-12}$$

在式(6-12)中，α、β、φ、δ 均为常数，Q 仅随 θ 变化，θ 为滑裂面与竖直面的夹角，称为破裂角。当 $\theta=-\alpha$ 时，$G=0$，即 $\theta=0$；当 $\theta=90°-\varphi$ 时，R 与 G 重合，则 $Q=0$。因此，θ 在 $-\alpha$ 与 $90°-\varphi$ 之间变化时，Q 将有一个极大值，这个极大值 $Q_{\max}$ 即所求的主动土压力 E_a（E_a 与 Q 是作用力与反作用力）。

为求极大值 Q_{max}，令 $\dfrac{\mathrm{d}Q}{\mathrm{d}\theta}=0$，可求得破裂角 θ 的计算式为

$$\tan(\theta+\beta)=-\tan(\omega-\beta)+\sqrt{[\tan(\omega-\beta)+\cot(\varphi-\beta)][\tan(\omega-\beta)-\tan(\alpha-\beta)]} \qquad (6-13)$$

其中 $$\omega=\alpha+\delta+\varphi$$

将式(6-13)代入式(6-12)，得

$$E_a=Q_{max}=\frac{1}{2}\gamma H^2 \mu_a \qquad (6-14)$$

其中

$$\mu_a=\frac{\cos^2(\varphi-\alpha)}{\cos^2\alpha\cos(\alpha+\delta)\left[1+\sqrt{\dfrac{\sin(\delta+\varphi)\sin(\varphi-\beta)}{\cos(\delta+\alpha)\cos(\alpha-\beta)}}\right]^2} \qquad (6-15)$$

式中 μ_a——库仑主动土压力系数，由式(6-15)计算求出；

  γ——墙后填土的容重($\mathrm{kN/m^3}$)；

  H——挡土墙高度(m)；

  φ——填土的内摩擦角(°)；

  δ——墙背与土体之间的摩擦角(°)，由试验确定或参考表6-2得到；

  α——墙背与竖直面间的夹角(°)，墙背俯斜时为正值，仰斜时为负值；

  β——填土面与水平面间的夹角(°)。

表6-2 土与墙背间的摩擦角 δ

挡土墙情况	摩擦角 δ	挡土墙情况	摩擦角 δ
墙背平滑、排水不良	$(0\sim0.33)\varphi$	墙背很粗糙、排水良好	$(0.5\sim0.67)\varphi$
墙背粗糙、排水良好	$(0.33\sim0.5)\varphi$	墙背与填土间不可能滑动	$(0.67\sim1.0)\varphi$

注：φ 为墙背填土的内摩擦角。

当 $\beta=0$、$\alpha=0$、$\delta=0$ 时，$\mu_a=\tan\left(45°-\dfrac{\varphi}{2}\right)=m^2$，库仑土压力公式与朗金土压力公式计算结果是相同的，说明朗金土压力公式是库仑土压力公式一种特例。

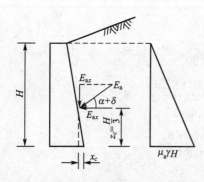

图 6.15 主动土压力

由式(6-14)可以看出，库仑主动土压力 E_a 是墙高 H 的二次函数，故主动土压力强度 p_a 是沿墙高按直线规律变化的，即深度 z 处 $p_a=\dfrac{\mathrm{d}E_a}{\mathrm{d}z}\mu_a\gamma z$，式中 γz 是竖向应力 σ_z，故该式可写为

$$p_a=\mu_a\sigma_z=\mu_a\gamma z \qquad (6-16)$$

填土表面处 $\sigma_z=0$，$p_a=0$，随深度 z 的增加 σ_z 呈直线增加，p_a 也呈直线增加，所以，库仑主动土压力强度分布图为三角形，如图6.15所示。E_a 的作用点为 p_a 分布图的形心，距墙角的高度 $z_c=\dfrac{H}{3}$；其作用线方向与墙背法线成 δ 角，并指向墙背(与水平面成 $\alpha+\delta$ 角)。E_a 可分解为水平方向和竖直方向两个分量：

$$E_{ax}=E_a\cos(\alpha+\delta) \qquad (6-17a)$$

$$E_{az}=E_a\sin(\alpha+\delta) \qquad (6-17b)$$

其中 E_{az} 至墙脚的水平距离为 $x_c = z_c \cdot \tan\alpha$。

2. 被动土压力

如图 6.16 所示，由库仑土压力计算假定知，当墙背向后移动一定值时，墙后填土处于被动极限平衡状态，滑裂面为 AB 和 AC，形成滑动的刚性土楔体 ABC。此时，在 AB、AC 面上作用的摩阻力均向下，与主动极限平衡时的方向刚好相反，根据 G、Q、R 三力平衡条件，可推导出被动土压力公式

$$E_p = \frac{1}{2}\gamma H^2 \mu_p \qquad\qquad (6-18)$$

其中

$$\mu_p = \frac{\cos^2(\varphi+\alpha)}{\cos^2\alpha\cos(\alpha-\delta)\left[1-\sqrt{\dfrac{\sin(\varphi+\delta)\sin(\varphi+\beta)}{\cos(\alpha-\delta)\cos(\alpha-\beta)}}\right]^2} \qquad (6-19)$$

式中 μ_p——库仑被动土压力系数；
其他符号意义同前。

库仑被动土压力强度沿墙高的分布也呈三角形，如图 6.16 所示，合力作用点距墙脚的高度也为 $\dfrac{H}{3}$。

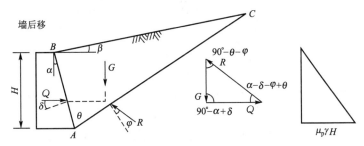

图 6.16 库仑被动土压力

6.4.3 库仑土压力公式应用

1. 填土面上有连续均布荷载作用

如图 6.17 所示，当填土面上有连续均布荷载 q 作用时，和朗金土压力计算方法与步骤相同，先求出深度 z 处的竖向应力和荷载强度

$$\sigma_z = q + \gamma z$$

$$p_a = \mu_a \sigma$$

再绘出 p_a 分布图，最后求分布图面积，即得库仑土压力合力 E_a。但有时为方便计算，经常用厚度为 h、容重与填土 γ 相同的等代土层来代替 q，即 $q = \gamma h$，于是等待土层的厚度 $h = \dfrac{q}{\gamma}$，同时假想

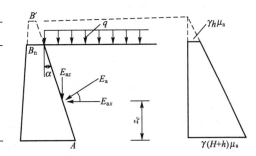

图 6.17 填土上有荷载时的库仑土压力

有墙背为 AB'，因而可求绘出三角形的土压力强度分布图。但 BB' 段墙背是虚设的，高度 h 范围内的侧压 BB' 力不应计算，因此作用于墙背 AB 上的土压力，应为实际墙高 H 范围内的梯形面积，即

$$E_a = \frac{H}{2}\left[\mu_a\gamma h + \mu_a\gamma(H+h)\right]$$

所以
$$E_a = \frac{1}{2}\mu_a\gamma H(H+2h) \tag{6-20}$$

E_a 的作用点为梯形面积的形心，作用方向线与水平面成 $\alpha+\delta$ 角，指向挡墙。

【例题 6-4】 某挡墙如图 6.18 所示，填土为细砂，$\gamma=19\mathrm{kN/m^3}$，$\varphi=30°$，$\delta=\dfrac{\varphi}{2}=15°$，试按库仑理论求其主动土压力。

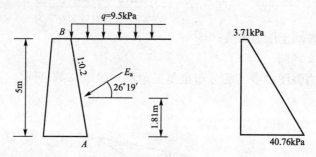

图 6.18 例题 6-4 图

解 解法 1

（1）先求出深度 z 处的竖向应力和荷载强度。
$$\sigma_{zB}=q=9.5\mathrm{kPa}$$
$$\sigma_{zA}=q+\gamma H=9.5\mathrm{kPa}+19\mathrm{kN/m^3}\times5\mathrm{m}=104.5\mathrm{kPa}$$
由 $\varphi=30°$ 代入式(6-15)得：$\mu_a=0.390$，则
$$p_{aB}=\mu_a\sigma_{zB}=0.390\times9.5\mathrm{kPa}=3.71\mathrm{kPa}$$
$$p_{aA}=\mu_a\sigma_{zA}=0.390\times104.5\mathrm{kPa}=40.76\mathrm{kPa}$$

（2）再绘出 p_a 分布图，如图 6.18 所示，求出分布图面积，即为库仑土压力合力 E_a。
$$E_a=E_{a1}+E_{a2}=\left[3.71\times5+\frac{1}{2}\times(40.76-3.71)\times5\right]\mathrm{kN/m^2}\times\mathrm{m}$$
$$=(18.6+92.6)\mathrm{kN/m}=111.2\mathrm{kN/m}$$

（3）E_a 作用点为梯形面积的形心
$$z_c=\frac{\sum E_{ai}z_i}{\sum E_{ai}}=\frac{\left(18.6\times\dfrac{5}{2}+92.6\times\dfrac{5}{3}\right)\mathrm{kN/m^2}\times\mathrm{m}}{111.2\mathrm{kN/m}}=1.81\mathrm{m}$$

E_a 作用线与水平面的夹角为：$\alpha+\delta=11°19'+15°=26°19'$。

解法 2

用厚度为 h、容重为与填土 γ 相同的等代土层来代替 q
$$h=\frac{q}{\gamma}=\frac{9.5\mathrm{kPa}}{19\mathrm{kN/m^3}}=0.5\mathrm{m}$$

由 $\varphi=30°$ 代入式(6-15)，解得 $\mu_a=0.390$；代入式(6-20)，得库仑土压力值

$$E_a = \frac{1}{2}\mu_a\gamma H(H+2h) = \frac{1}{2}\times 0.390\times 19\text{kN/m}^3\times 5\text{m}\times(5+2\times 0.5)\text{m} = 111.2\text{kN/m}$$

E_a 作用点为梯形面积的形心：$z_c = \dfrac{H}{3}\times\dfrac{H+3h}{H+2h} = \dfrac{5\text{m}}{3}\times\dfrac{(5+3\times 0.5)\text{m}}{(5+2\times 0.5)\text{m}} = 1.81\text{m}$

E_a 作用线与水平面的夹角为：$\alpha+\delta = 11°19'+15° = 26°19'$。

2. 填土面上有车辆荷载作用

《公路桥涵设计通用规范》规定：桥台和挡土墙设计，均应计算填土面上车辆荷载作用引起的土压力。其计算方法是将滑动土楔体范围内的车轮总重力，换算成厚度为 h、容重与填土 γ 相同的等代土层来代替，再按库仑主动土压力公式计算，如图 6.19 所示。其计算公式为

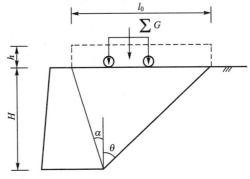

图 6.19 填土面上车辆荷载作用引起的土压力

$$h = \frac{\sum G}{\gamma B l_0} \qquad (6-21)$$

式中 γ——填土的容重（kN/m^3）；

B——桥台的计算宽度或挡土墙的计算长度（m）；

l_0——滑动土楔体长度（m）；

$\sum G$——布置在 $B\times l_0$ 面积内的车轮总重力（kN）。

（1）确定桥台的计算宽度或挡土墙的计算长度 B。

桥台的计算宽度 B 即为桥台横桥向的宽度。

如图 6.20 所示，挡土墙的计算长度 B 可按下列公式计算（实际为汽车的扩散长度），但不应超过挡土墙分段长度

$$B = 13 + H\tan 30° \qquad (6-22)$$

式中 H——挡土墙高度（m），对于墙顶以上有填土的挡土墙，为墙顶填土厚度的两倍加墙高。

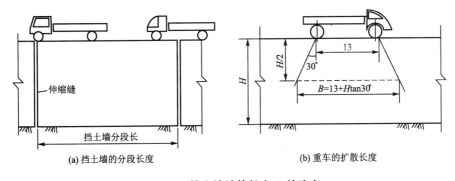

(a) 挡土墙的分段长度   (b) 重车的扩散长度

图 6.20 挡土墙计算长度 B 的确定

（2）确定滑动土楔体长度 l_0。

如图 6.21 所示，滑动土楔体长度 l_0 的计算公式为

$$l_0 = H(\tan\theta+\tan\alpha) \qquad (6-23)$$

式中　α——墙背倾斜角。如图 6.21(a)所示，俯斜墙背的 α 为正值；如图 6.22(b)所示，
仰斜墙背 α 为负值；而竖直墙背的 $\alpha=0$。

　　　θ——滑动面与竖直面间的夹角。

当填土面水平时，即 $\beta=0$，将此代入式(6-13)，得

$$\tan\theta = -\tan(\varphi+\alpha+\delta)+\sqrt{[\cot\varphi+\tan(\varphi+\alpha+\delta)][\tan(\varphi+\alpha+\delta)-\tan\alpha]}\quad(6-24)$$

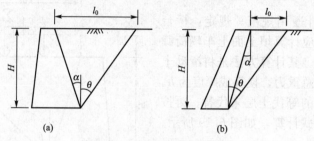

(a)　　　　　　　　　　(b)

图 6.21　滑动土楔体长度 l_0

（3）确定布置在 $B\times l_0$ 面积内的车轮总重力 $\sum G$。

① 桥台和挡土墙土压力计算应采用车辆荷载。

② 公路-Ⅰ级和公路-Ⅱ级采用相同的车辆标准值，如图 6.22 所示。

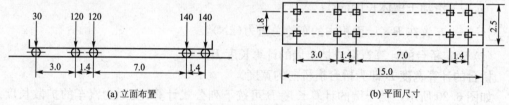

(a) 立面布置　　　　　　　　　　(b) 平面尺寸

图 6.22　车辆荷载布置图
（轴重力单位：kN；尺寸单位：m）

③ 车辆荷载横向布置如图 6.23 所示，外轮中线距路面边缘 0.5m。

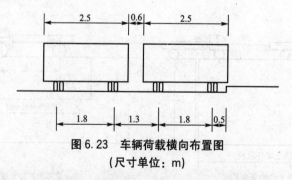

图 6.23　车辆荷载横向布置图
（尺寸单位：m）

④ 多车道加载时，车轮总重力应按表 6-3 和表 6-4 折减。

表 6-3　横向折减系数

横向布置设计车道数/条	2	3	4	5	6	7	8
横向折减系数	1.00	0.78	0.67	0.60	0.55	0.52	0.50

表 6-4　桥涵设计车道数

桥面宽度 B/m		桥涵设计车道数
车辆单向行驶时	车辆双向行驶时	
$B<7.0$		1
$7.0\leqslant B<10.5$	$6.0\leqslant B<14.0$	2
$10.5\leqslant B<14.0$		3
$14.0\leqslant B<17.5$	$14.0\leqslant B<21.0$	4
$17.5\leqslant B<21.0$		5
$21.0\leqslant B<24.5$	$21.0\leqslant B<28.0$	6
$24.5\leqslant B<28.0$		7
$28.0\leqslant B<31.5$	$28.0\leqslant B<35.0$	8

⑤ 在 $B\times l_0$ 面积内按不利情况布置轮重。

【例题 6-5】　某高速公路梁桥桥台如图 6.24 所示，桥台宽度为 8.5m，土的容重 $\gamma=$ 18kN/m³，$\varphi=35°$，$c=0$，填土与墙背间的摩擦角 $\delta=\dfrac{2}{3}\varphi$，桥台高 $H=8$m。求作用于台背(AB)上的主动土压力。

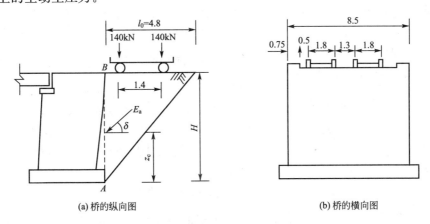

(a) 桥的纵向图　　　　　　　　(b) 桥的横向图

图 6.24　例题 6-5 图(长度单位：m)

解　(1) 确定桥台的计算宽度 B。

桥台 B 应取横向宽度，即 $B=8.5$m。

(2) 确定滑动土楔体长度 l_0。

AB 作为台背，$\alpha=0$；台后填土面水平，即 $\beta=0$；$\delta=\dfrac{2}{3}\varphi=23.33°$，则

$$\tan\theta=-\tan(\varphi-\delta)+\sqrt{\left[\cot\varphi+\tan(\varphi+\delta)\right]\tan(\varphi+\delta)}$$

$$=-\tan(35°+23.33°)+\sqrt{\left[\cot35°+\tan(35°+23.33°)\right]\tan(35°+23.33°)}$$

$$=-1.62+2.22=0.60$$

$$l_0=H\tan\theta=8\text{m}\times0.6=4.8\text{m}$$

(3) 确定布置在 $B\times l_0$ 面积内的车辆荷载 $\sum G$，求等代土层厚度 h。

对于桥台为 $B\times l_0$ 面积内可能布置的车辆荷载，由图 6.24(a)可知，l_0 范围内可布置一辆重车；由图 6.24(b)可知，B 范围内可布置两列汽车。所以 $B\times l_0$ 范围内可布置的车

轮总重为

$$\sum G = 2 \times (140 + 140)\text{kN} = 560\text{kN}$$

$$h = \frac{\sum G}{\gamma B l_0} = \frac{560\text{kN}}{18\text{kN/m}^3 \times 8.5\text{m} \times 4.8\text{m}} = 0.763\text{m}$$

（4）求主动土压力。

由 $\varphi = 35°$，$\delta = \dfrac{2}{3}\varphi$，$\alpha = 0$，代入式(6-15)，计算得：$\mu_a = 0.245$。

再代入式(6-20)，得

$$E_a = \frac{1}{2}\gamma H(H + 2h)\mu_a = \frac{1}{2} \times 18\text{kN/m}^3 \times 8\text{m} \times (8 + 2 \times 0.763)\text{m} \times 0.245$$

$$= 168.0\text{kN/m}$$

E_a 与水平面夹角为 $\qquad\qquad \alpha + \delta = 23.33°$

E_a 作用点离台脚的高度为

$$z_c = \frac{H}{3} \times \frac{H + 3h}{H + 2h} = \frac{8\text{m}}{3} \times \frac{(8 + 3 \times 0.763)\text{m}}{(8 + 2 \times 0.763)\text{m}} = 2.88\text{m}$$

所以作用于整个桥台上的主动土压力为 $B \times E_a = 8.5\text{m} \times 168\text{kN/m} = 1428\text{kN}$。

【例题 6-6】 如图 6.25 所示的一级公路某段挡土墙，其分段长度为 15m，墙高 $H = 6\text{m}$，填土容重 $\gamma = 18\text{kN/m}^3$，$\varphi = 35°$，$c = 0$，$\alpha = 14°$，墙背与土之间的摩擦角 $\delta = \dfrac{2}{3}\varphi$。试求挡土墙上承受的主动土压力。

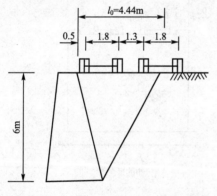

图 6.25 例题 6-6 图(长度单位：m)

解 （1）确定挡土墙的计算长度 B。

$$B = 13\text{m} + H\tan 30° = 13\text{m} + 6\text{m} \times \tan 30° = 16.46\text{m}$$

由于 B 值大于挡土墙分段长度(15m)，根据规定应取 $B = 15\text{m}$。

（2）确定滑动土楔体长度 l_0。

由已知 $\varphi = 35°$，$\alpha = 14°$，$\delta = \dfrac{2}{3}\varphi = 23.33°$，求得

$$\varphi + \alpha + \delta = 35° + 14° + 23.33°$$
$$= 72.33°$$

$$\tan\theta = -\tan(\varphi + \alpha + \delta) + \sqrt{[\cot 35° + \tan(\varphi + \alpha + \delta)] \times [\tan(\varphi + \alpha + \delta) - \tan\alpha]}$$

$$= -\tan 72.33° + \sqrt{[\cot 35° + \tan 72.33°] \times [\tan 72.33° - \tan 14°]}$$

$$= 0.49$$

$$l_0 = H(\tan\alpha + \tan\theta) = 6\text{m} \times (\tan 14° + 0.49) = 4.44\text{m}$$

（3）确定布置在 $B \times l_0$ 面积内的车辆荷载 $\sum G$，求等代土层厚度 h。

纵向：由于 B 取分段长度，故纵向布置一辆重车荷载。

横向：根据 $l_0 = 4.44\text{m}$，如图 6.25 所示，能布置一辆半车。

$$\sum G = 550\text{kN/辆} \times 1.5\text{辆} = 825\text{kN}$$

$$h = \frac{\sum G}{\gamma B l_0} = \frac{825\text{kN}}{18\text{kN/m}^3 \times 15\text{m} \times 4.44\text{m}} = 0.688\text{m}$$

（4）计算主动土压力。

由 $\varphi=35°$，$\delta=\frac{2}{3}\varphi$，$\alpha=14°$，代入式（6-15），算得：$\mu_a=0.361$。

再代入式（6-20），得

$$E_a=\frac{1}{2}\gamma H(H+2h)\mu_a$$

$$=\frac{1}{2}\times18\text{kN/m}^3\times6\text{m}\times(6\text{m}+2\text{m}\times0.688)\times0.361=143.79\text{kN/m}$$

E_a 与水平面夹角为：$\alpha+\delta=14°+23.33°=37.33°$

E_a 作用点离墙脚的高度为

$$z_c=\frac{H}{3}\times\frac{H+3h}{H+2h}=\frac{6\text{m}}{3}\times\frac{(6+3\times0.688)\text{m}}{(6+2\times0.688)\text{m}}=2.18\text{m}$$

3. 黏性土的土压力

库仑土压力理论研究的是挡墙后填土为砂性土，实际工程中墙后填土经常是黏性土，而黏性土的黏聚力，对土压力值有很大的影响。为了应用库仑土压力理论计算黏性土的土压力，一般将内摩擦角 φ 值适当提高为"综合内摩擦角 φ'（也称等效内摩擦角或等值内摩擦角）"，以此来反映凝聚力 c 对土压力的影响。现行《公路路基设计规范》（JTCD 30—2004)规定：应通过墙后填料的土质试验来确定综合内摩擦角。当缺乏可靠试验数据时可根据墙高采用：墙高大于6m，φ' 取30°～35°；墙高小于或等于6m，φ' 取 35°～40°，工程中也有按换算前后土体抗剪强度相等的原则或土压力相等的原则计算综合内摩擦角。

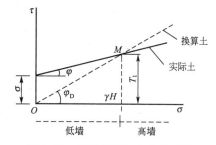

图6.26 按换算前后土体抗剪强度相等的原则计算 φ'

根据经验确定等效内摩擦角 φ'，仅与一定的墙高 H 相适应。对低于 H 的挡土墙，若按 φ' 设计，其结果偏于保守；而对高于 H 的挡土墙则偏于危险。如图6.26所示，为了消除这一不利因素，等效内摩擦角 φ' 可以按换算前后土体抗剪强度相等的原则或土压力相等的原则计算。

按土体抗剪强度相等的原则计算 φ'，参考图6.26，得到

$$\tan\varphi'=\tan\varphi+\frac{c}{\gamma H} \tag{6-25}$$

按土压力相等的原理计算 φ'，参考图6.27，得到

$$\tan\left(45°-\frac{\varphi'}{2}\right)=\tan\left(45°-\frac{\varphi}{2}\right)-\frac{2c}{\gamma H} \tag{6-26}$$

事实上，影响土体综合内摩擦角的因素很多，按土体抗剪强度相等或土压力相等的原理计算 φ'，虽然考虑了土体的黏聚力 c 和墙高 H 的影响，但未能考虑挡土墙的边界条件（如填土表面倾角 β 和墙背倾角等）对 φ' 的影响。因此，实际使用时也可以参考有关设计手册提供的方法计算。

4. 阶梯形墙背的土压力

如图6.28所示阶梯形挡土墙土压力的计算，一般先假定墙背为竖直面，按库仑公式计

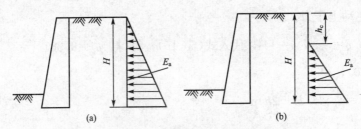

图 6.27　按换算前后土压力相等的原则计算 φ'

算出作用于假定墙背上的主动土压力 E_a，其作用点高度仍假设为 $H/3$，方向假定平行于填土表面；然后再计算填土部分的土体自重 G，取 G 与 E_a 的合力作为作用于墙背上的主动压力。

5. 墙背为折面时的土压力

如图 6.29 所示墙背为折面的挡土墙，不能直接用库仑理论求出全墙的土压力。一般将上墙和下墙看作两个独立的墙背，分别按库仑理论计算主动土压力，然后求出两者的矢量和作为全墙的土压力。计算上墙土压力时，不考虑下墙的影响，采用一般的库仑理论公式计算即可；下墙的土压力计算较为复杂，目前一般采用简化的计算方法——延长墙背法。如图 6.29(a)所示，AB 为上墙墙背，BC 为下墙墙背。用一般的库仑理论公式求出主动土压力 E_1，其主动土压力强度分布图形为 abc，如图 6.29(b)所示；以 DC 为假想墙背，用一般的库仑理论公式计算主动土压力，其主动土压力强度分布图形为 def，如图 6.29(c)所示，截取与下墙对应的部分 $hefg$，求其面积即为下墙的主动土压力 E_2。最后求出 E_1 和 E_2 的矢量和即为全墙的主动土压力(注意：作用于两段墙背上的主动土压力方向不同)。

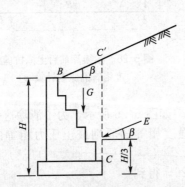

图 6.28　阶梯墙背后的土压力计算

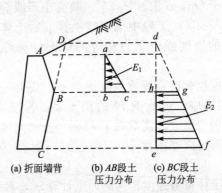

(a) 折面墙背　　(b) AB段土　　(c) BC段土
　　　　　　　　　压力分布　　　　压力分布

图 6.29　墙背为折面时的土压力计算

6. 填土表面为折面时的土压力

如图 6.30 所示的挡土墙，填土表面为折面时，先按填土面倾角为 β 时，求出 μ_{a1} 及其土压力强度分布图，如图 6.30(b)所示；其次按虚设墙背 $A'B$ 及填土面为水平时，求出 μ_{a2} 及其土压力强度分布图，如图 6.30(c)所示。设深度 z_1 处两种方法求出的土压力强度相等，则由 $rz_1\mu_{a1}=r(z_1+h)\mu_{a2}$，可得 $z_1=\dfrac{\mu_{a2}}{\mu_{a1}-\mu_{a2}}h$。图 6.30(b)中 z_1 以上的三角形 abc 和图 6.30(c)中 z_1 以下的梯形 $bcde$，合并成图 6.30(d)，即为该挡土墙承受的土压力分布图。求出图 6.30(d)的面积即为该挡土墙承受的土压力值，作用点为该面积的形心。

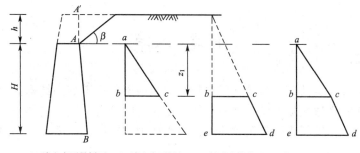

(a) 填土表面是折面　(b) 填土表面倾角　(c) 按虚设墙背A'B及填　(d) 合并后土
　　　　　　　　　　　为β时土压力分布　　土面水平时土压力分布　　压力分布

图6.30　路堤式挡土墙的土压力计算

7. 墙背后填土为多层土时的土压力

如图6.31所示，当墙背填土为多层时，可采用如下简化方法计算土压力：先分层绘出水平土压力强度分布图，并由分布图面积求出各层的水平土压力 E_{ax} 及相应的作用点位置（各层面积的形心），最后求出各层的竖向土压力 E_{az} 及相应的作用点位置。

在工程实践中，当遇到很复杂或者精度要求更高的土压力的计算，可参考有关的专著或计算手册，本书不再详述。但应该指出，土压力的计算是一个十分复杂的问题，它涉及墙身、填土和地基三者之间的共同作用。因此，有时计算结果与实际相差很大，如库仑被动土压力的计算结果常常偏大，并且随着 α、δ 和 β 值的增大而迅速增大。另外，由于产生被动极限平衡状态时的位移量太大，是挡墙设计所不允许的，所以实际的被动土压力也达不到理论计算值。如果设计中考虑土的被动土压力时，应对库仑被动土压力的计算值进行大幅度的折减。

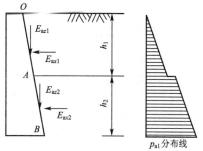

图6.31　成层土的库仑土压力计算

背 景 知 识

朗金土压力理论与库仑土压力理论的比较见表6-5。

表6-5　朗金土压力理论与库仑土压力理论比较

比较内容	朗金土压力理论	库仑土压力理论
分析方法	土体内各点均处于极限平衡状态	滑面上处于极限平衡状态（刚性楔体）
应用条件	墙背光滑垂直；填土水平；砂性土黏性土均可	墙背无限制；填土无限制；砂性土
计算误差	考虑墙背垂直实际 $\delta>0$，朗金主动土压力偏大；朗金被动土压力偏小	考虑实际滑裂面不一定是平面，主动土压力偏小；被动土压力偏大
计算公式	简单实用	当墙背垂直光滑，填土表面齐平时，库仑土压力公式与朗金土压力公式相同

本 章 小 结

　　工程实践中经常会使用各种支挡结构物，但是由于作用于支挡结构物后的土压力考虑不当，带来的工程事故屡见不鲜。本章介绍了土压力的分类和墙体位移与墙后土压分布的关系，较为详实地介绍了现行规范常用的计算土压力的方法，即朗金土压力理论和库仑土压力理论。

　　通过本章的学习，学生应明确静止土压力、主动土压力和被动土压力的概念，理解墙体位移与墙后土压分布的关系；掌握静止土压理论基本原理、朗金土压力理论基本原理和库仑土压力理论基本原理，并且能够熟练运用上述各种理论解决工程实践中土压力的计算问题。

思考题与习题

6-1　何谓静止土压力、主动土压力、被动土压力？

6-2　静止土压力计算原理是什么？

6-3　朗金土压力理论的计算原理和适用条件是什么？

6-4　库仑土压力理论的计算原理和适用条件是什么？

6-5　当填土面上有连续均布荷载作用时，如何用库仑理论求主动土压力？

6-6　何谓等代土层厚度？当填土面上有车辆荷载作用时，如何用库仑理论求主动土压力？

6-7　如图 6.32 所示，挡土墙墙背填土分两层，填土面作用有连续均布荷载。试用朗金理论求主动土压力。

6-8　某挡土墙如图 6.33 所示，已知 $H=4$m，$\beta=10°$，$\gamma=20$kN/m³，$\delta=10°$，$\varphi=30°$，$c=0$。试用库仑理论求 $\alpha=10°$ 和 $\alpha=-10°$ 时作用于挡土墙上的主动土压力。（参考答案：71.7kN/m，44.8kN/m）

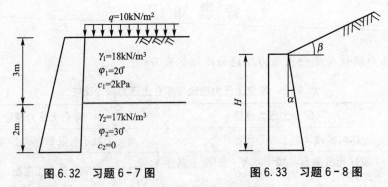

图 6.32　习题 6-7 图　　　　　图 6.33　习题 6-8 图

6-9　某高速公路有一路段的挡土墙分段长度为 15m，墙高 $H=7$m，填土容重 $\gamma=18$kN/m³，$\varphi=35°$，$c=0$，$\alpha=14°$，墙背与土之间的摩擦角 $\delta=\dfrac{2}{3}\varphi$。试求挡土墙上承受的主动土压力。（参考答案：190.50kN/m，37.33°，2.52m）

第 7 章
土坡稳定分析

教学目标与要求

● **概念及基本原理**

【掌握】土坡、滑动面、最危险的滑动面、土坡稳定安全系数

【理解】最危险的滑动面圆心

● **计算理论及计算方法**

【掌握】圆弧滑动法、费伦纽斯条分法、简化毕肖普法

【理解】特殊情况下的条分法，如浸水作用、多种土层、渗流作用和地震作用等

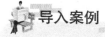 **导入案例**

香港宝城大厦

香港地区人口稠密，市区建筑密集，新建住宅只好建在山坡上。1972 年 7 月，香港连降暴雨，诱发滑坡，数万立方米残积土从山坡上滑下，巨大的冲击力正好通过一幢高层住宅——宝城大厦，顷刻之间，宝城大厦被冲毁倒塌。因楼间净距太小，宝城大厦倒塌时，砸毁相邻一幢大楼一角约五层住宅。宝城大厦居住着金城银行等银行界人士，因大厦冲毁时为清晨 7 点钟，人们都还在睡梦中，当场死亡 120 人。产生滑坡的原因是山坡上残积土本身强度较低，加之雨水入渗使其强度进一步大大降低，使得土体滑动力超过土的强度，于是山坡土体发生滑动。图 7.0 所示为香港宝城大厦滑坡前后对比照片。

(a) 香港宝城大厦滑坡前   (b) 香港宝城大厦滑坡后

图 7.0　香港宝城大厦滑坡前后对比照片

7.1　概　　述

土坡是具有倾斜坡面的土体。土坡根据其形成原因可分为两类：天然土坡是由地质作用自然形成的土坡，如山坡、江河的岸坡等；人工土坡是经过人工挖、填的土工建筑物，

如基坑、渠道、土坝、路堤等的土坡。根据组成土坡的材料可分为无黏性土坡、黏性土坡和岩坡三种。根据土坡的断面形状可分为简单土坡和复杂土坡。简单土坡指土质均匀、坡度不变，顶面和底面水平的土坡，图7.1给出了简单土坡的外形和各部分名称。

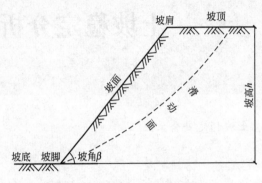

图 7.1　简单土坡各部分名称

由于表面倾斜，土坡在自重作用下，存在向下移动的趋势。一旦由于设计、施工和管理不当，或者由于不可预估的外来因素的影响，如地震、暴雨以及水流冲刷等，都可能诱发土坡中一部分土体对另一部分土体产生向下滑动而丧失原有稳定，这种滑动现象称为滑坡。土坡在滑动到来之前，一般在坡顶首先出现裂缝和下陷，在坡脚附近的地面有较明显的侧向位移并向上隆起等现象，这时如不及时采取措施而让其继续发展，则土坡中的一部分土体对另一部分土体，会突然沿着某一强度薄弱面产生向下滑动并造成滑坡现象，该薄弱面称为滑动面，如图7.2所示。

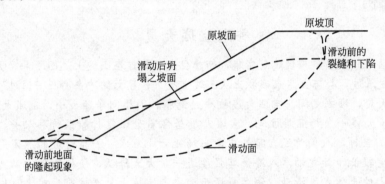

图 7.2　土坡的滑动现象

引起土坡滑动的根本原因，是由于滑动面上的剪应力过大或土的抗剪强度不足所致，具体原因不外乎下列两种：一是剪应力的增加，例如坡顶超载的增加（包括建造建筑物、堆载、车辆行驶等）、降雨使土体的重量增加、地震或打桩等引起的动荷、渗流引起的渗透力等；二是抗剪强度的降低，比如气候变化在土体内部引起的干裂或冻融、雨水渗入的润滑作用以及地震或打桩使土体结构的破坏和孔隙水压力的升高等，都有可能降低土的抗剪强度。

土坡产生滑动，常常会带来巨大的财产损失并危及生命。为了确保土坡的稳定，就必须对土坡的稳定性进行分析，它是工程中非常重要和实际的问题。路堑、路堤或基坑开挖也是土坡稳定问题，其目的是分析所设计的土坡断面是否安全与合理。通常缓坡可增加其稳定性，但会使土方量增加；而陡坡虽然可减少土方量，但有可能会发生坍滑，使土坡丧失稳定性。土坡的稳定安全度是用稳定安全系数 K 表示的，它是指土的抗剪强度 τ_f 与土坡中可能滑动面上产生的剪应力 τ 间的比值，即 $K=\dfrac{\tau_f}{\tau}$。

土坡稳定分析是一个复杂的问题，影响因素众多，其中一些不定因素还有待研究。如滑动面形式的确定；抗剪强度指标如何按实际情况合理取用；土的非均匀性和土坡内有水渗流时的影响等。本节主要介绍土坡稳定分析的基本原理。

7.2 无黏性土的土坡稳定分析

砂、砾、卵石等组成的无黏性土坡，只要坡面上颗粒能保持稳定，那么整个土坡就是稳定的。图 7.3(a)为一均质无黏性土坡，坡角为 β，不存在渗流作用。自坡面上取一单元土体 M，其重力为 W，由 W 引起的顺坡向下的滑动力为 $T=W\sin\beta$，阻止单元体下滑的力 T_f 为单元体自重分力引起的摩擦力，即 $T_f=N\tan\varphi=W\cos\beta\tan\varphi$（式中 φ 为无黏性土的内摩擦角），滑动力和抗滑力的比值，稳定安全系数为

$$K=\frac{T_f}{T}=\frac{W\cos\beta\tan\varphi}{W\sin\beta}=\frac{\tan\varphi}{\tan\beta} \tag{7-1}$$

由此可得：当 $\beta=\varphi$ 时，稳定系数 $K=1$，土坡处于极限稳定状态，此时的坡角 β 称为自然休止角。所以，对于均质无黏性土坡，理论上土坡的稳定性与坡高无关，仅取决于 β 角，只要 $\beta<\varphi$，$K>1$，土坡就是稳定的。工程中一般取 $K=1.1\sim1.5$，以保证土坡有足够的安全储备。

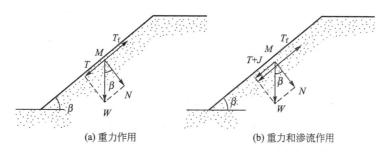

(a) 重力作用　　　　　　　　(b) 重力和渗流作用

图 7.3　无黏性土坡的稳定性

当无黏性土坡受到一定的渗流力作用时，坡面上渗流溢出处的单元土体 M，除自重外，还受到渗流力 $J=\gamma_w i$（i 为水头梯度，顺坡流出 $i=\sin\beta$）的作用，如图 7.3(b)所示。若渗流为顺坡出流，则溢出处渗流及渗流力方向与坡面平行，此时使单元土体 M 的下滑力为 $T+J=W\sin\beta+\gamma_w i$，注意计算单位土体自重时应用浮重度 γ'，故土坡的稳定安全系数变为

$$K=\frac{T_f}{T+J}=\frac{W\cos\beta\tan\varphi}{W\sin\beta+\gamma_w i}=\frac{\gamma'\cos\beta\tan\varphi}{\gamma'\sin\beta+\gamma_w\sin\beta}=\frac{\gamma'\cos\beta\tan\varphi}{(\gamma'+\gamma_w)\sin\beta}=\frac{\gamma'\tan\varphi}{\gamma_{sat}\tan\beta} \tag{7-2}$$

与前面无渗流作用情况相比，相差 γ'/γ_{sat} 倍，此值约为 1/2。因此，当坡面有顺坡渗流作用时，无黏性土坡的稳定安全系数约降低一半。

7.3 黏性土的土坡稳定性分析

黏性土坡由于剪切而破坏的滑动面大多为一曲面。根据土体极限平衡理论，可以推出均质黏性土坡的滑动面为对数螺线曲面，近似为圆弧面。因此，在研究黏性土坡的稳定分析时，常假定滑动面为圆弧面。其形式一般有下述三种：一是圆弧滑动面通过坡脚 B 点，

如图 7.4(a) 所示，称为坡脚圆；二是圆弧滑动面通过坡面上 E 点，如图 7.4(b) 所示，称为坡面圆；三是滑动面发生在坡脚以外的 A 点，如图 7.4(c) 所示，称为中点圆。

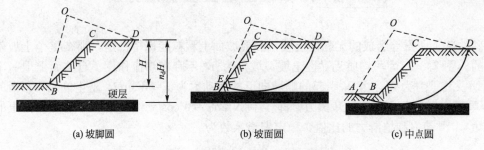

(a) 坡脚圆   (b) 坡面圆   (c) 中点圆

图 7.4　均质黏性土坡的 3 种圆弧滑动面

圆弧滑动面的采用首先由彼德森（K. E. Petterson）1916 年提出，此后费伦纽斯（W. Fellenius，1927）和泰勒（D. W. Taylor，1948）又做了研究和改进。可以将他们提出的分析方法分成两种：一是称为土坡圆弧滑动体的整体稳定分析法，主要适用于均质简单土坡；二是称为土坡稳定分析的条分法，主要适用于外形复杂的土坡、非均质土坡和浸于水中的土坡等。

7.3.1　圆弧滑动体的整体稳定分析法

1. 基本原理

土坡稳定分析采用圆弧滑动面的方法习惯上也称为瑞典圆弧滑动法。均质黏性土坡滑动时，其滑动面可近似为圆弧形状，假定圆弧滑动面以上的土体为刚性体，设计中不考虑滑动土体内部的相互作用力。

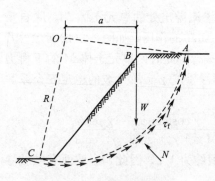

图 7.5　瑞典圆弧滑动法

如图 7.5 所示，取圆弧滑动面以上滑动体为脱离体，土体绕圆心 O 下滑的滑动力矩为 $M_s = Wa$，阻止土体滑动的力是滑弧 AC 上的抗滑力，其值等于土的抗剪强度 τ_f 与滑弧 AC 长度 L 的乘积，故其抗滑力矩为 $M_R = \tau_f L R$，如图 7.5 所示，则稳定安全系数

$$K = \frac{抗滑力矩}{滑动力矩} = \frac{M_R}{M_s} = \frac{\tau_f L R}{Wa} \qquad (7-3)$$

式中　L——AC 滑弧弧长；

　　　R——滑弧半径；

　　　a——滑动土体重心离滑弧圆心的水平距离。

一般情况下，土的抗剪强度 τ_f 由黏聚力 c 和摩擦力 $\sigma\tan\varphi$ 两部分组成，土体中法向应力 σ 沿滑动面并非常数，因此土的抗剪强度 τ_f 也随滑动面的位置不同而变化。但对饱和黏土来说，在不排水条件下，$\varphi_u = 0$，故 $\tau_f = c_u$，因此上式可写为

$$K = \frac{c_u L R}{Ga} \qquad (7-4)$$

由于土的抗剪强度沿滑动面 AD 上的分布是不均匀的，因此直接按式(7-3)、式(7-4)

计算土坡的稳定安全系数有一定的误差。另外，由于计算上述安全系数时，滑动面为任意假定，并不是最危险的滑动面，所求的结果并非最小安全系数。通常在计算时需假定一系列的滑动面，进行多次试算，安全系数最小的滑动面，才是真正的最危险的滑动面。

2. **摩擦圆法**

摩擦圆法由泰勒提出，他认为如图 7.6 所示滑动面 AD 上的抵抗力包括土的摩阻力及黏聚力两部分，它们的合力分别为 F 及 C。假定滑动面上的摩阻力首先得到充分发挥，然后才由土的黏聚力补充。下面分别讨论作用在滑动土体 $ABCDA$ 上的三个力。

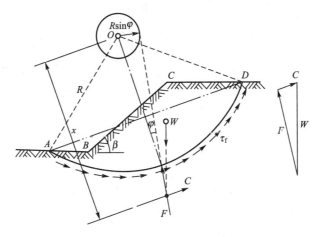

图 7.6　摩擦圆法

第一个力是滑动土体的重力 W，它等于滑动土体 $ABCD$ 的面积与土的重度 γ 的乘积，其作用点位置在滑动土体面积 $ABCD$ 的形心。因此，W 的大小和作用线都是已知的。

第二个力是作用在滑动面 AD 上黏聚力的合力 C。为了维持土坡稳定，沿滑动面 AD 上分布的需要发挥的黏聚力为 c_1，可以求得黏聚力的合力 C 及其对圆心 O 的力矩臂 x 分别为

$$C = c_1 \cdot \overline{AD} \tag{7-5}$$

$$x = \frac{\widehat{AD}}{\overline{AD}} \cdot R$$

式中　$\widehat{AD}$、$\overline{AD}$——分别为 AD 的弧长及弦长。

所以 C 的作用线是已知的，但其大小未知(因为 c_1 是未知值)。

第三个力是作用在滑动面 AD 上的法向力及摩擦力的合力，用 F 表示。泰勒假定 F 的作用线与圆弧 AD 的法线成 φ 角，也即 F 与圆心为 O 点、半径为 $R \cdot \sin\varphi$ 的圆(称摩擦圆)相切，同时 F 还一定通过 W 与 C 的交点。因此，F 的作用线是已知的，其大小未知。

根据滑动土体 $ABCDA$ 上三个作用力 W、F、C 的静力平衡条件，从图 7.6 所示的力三角形中求得 C 值，再由式(7-5)可求得维持土坡平衡时滑动面上所需要发挥的黏聚力 c_1 值。这时土坡的稳定安全系数为

$$K = \frac{c}{c_1} \tag{7-6}$$

式中　c——土的实际黏聚力。

上述计算中的滑动面 AD 也是任意假定的，不一定是最危险的滑动面，为求最危险的

滑动面（最小稳定安全系数 K_{min} 相应的滑动面）需要试算许多个可能的滑动面。为了方便计算，在对均质简单土坡做了大量计算分析工作的基础上，费伦纽斯提出了确定最危险滑动面圆心的经验法，泰勒提出了计算土坡稳定安全系数的图表法。

3. 费伦纽斯确定最危险滑动面圆心的经验法

为了减少计算土坡稳定的计算量，费伦纽斯（Fellenius，1927）提出了最危险滑动面圆心的经验法，一直沿用至今。该方法的内容如下。

（1）当 $\varphi=0$ 时，对于简单土坡最危险的滑动面是通过坡角的圆弧，其圆心 O 是图 7.7(a) 中 BO 与 CO 两线的交点，β_1 和 β_2 可根据坡角查表 7-1 确定。

表 7-1   不同土坡的 β_1 和 β_2 数据表

坡比	坡角	β_1	β_2	坡比	坡角	β_1	β_2
1 : 0.58	60°	29°	40°	1 : 3	18.43°	25°	35°
1 : 1	45°	28°	37°	1 : 4	14.04°	25°	37°
1 : 1.5	33.79°	26°	35°	1 : 5	11.32°	25°	37°
1 : 2	26.57°	25°	35°				

（2）当 $\varphi>0$ 时，最危险滑动面的圆心位置可能在图 7.7(b) 中 EO 弧的延长线上。自 O 点向外取圆心 O_1，O_2，…，分别作滑弧，并求得相应的抗滑安全系数 K_1，K_2，…，然后绘曲线找出最小值，即为所求最危险滑动面的圆心 O_m 和土坡的稳定安全系数 K_{min}。

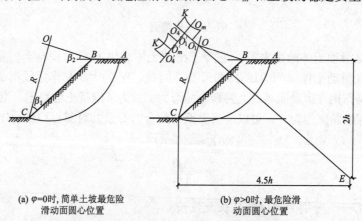

(a) $\varphi=0$ 时，简单土坡最危险
滑动面圆心位置

(b) $\varphi>0$ 时，最危险滑
动面圆心位置

图 7.7   最危险滑动面圆心位置的确定

当土坡非均质，或坡面形状及荷载情况比较复杂时，还需自 O_m 作 OE 线的垂直线，并在垂线上再取若干点作为圆心进行计算比较，才能找出最危险滑动面的圆心和相应的土坡稳定安全系数。

从上述可见，根据费伦纽斯提出的方法，虽然可以把最危险滑动面的圆心位置缩小到一定的范围，但其试算工作量还是很大的。泰勒对此作了进一步的研究，提出了确定均质简单土坡稳定安全系数的图表。

4. 泰勒计算土坡稳定安全系数的图表法

泰勒认为圆弧滑动面的三种形式同土的内摩擦角 φ 值、坡角 β 以及硬层的埋置深度等因素有关。经过大量的计算分析后，泰勒提出以下几点结论。

(1) 当 $\varphi > 3°$ 时，滑动面为坡脚圆，其最危险滑动面圆心位置可根据 φ 及 β 角度值，从图 7.8 中的曲线查得 θ 及 α 值作图求得。

(2) 当 $\varphi = 0°$，且 $\beta > 53°$ 时，滑动面仍是坡脚圆，其最危险滑动面圆心位置，同样可从图 7.8 中的 θ 及 α 值作图求得。

(3) 当 $\varphi = 0°$，且 $\beta < 53°$ 时，滑动面可能是中点圆，也可能是坡脚圆或坡面圆，具体形式取决于硬层的埋藏深度。设土坡高度为 H，硬层的埋藏深度为 $n_d H$。若滑动面为中点圆，则圆心位置在坡面中点 M 的铅直线上，且与硬层相切，如图 7.9(a) 所示，滑动面与土面的交点为 A，A 点距坡脚 B 的距离为 $n_x H$，n_x 值可根据 n_d 及 β 值由图 7.9(b) 查得。

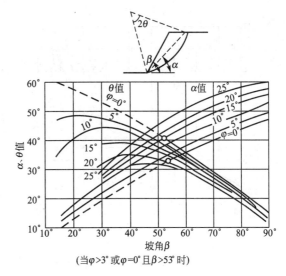

图 7.8 按泰勒方法确定最危险滑动面圆心位置(1)

若硬层埋藏较浅，则滑动面可能是坡脚圆或坡面圆，其圆心位置需通过试算确定。

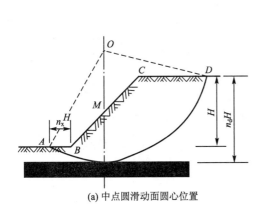

(a) 中点圆滑动面圆心位置

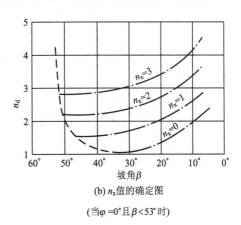

(b) n_x 值的确定图

(当 $\varphi = 0°$ 且 $\beta < 53°$ 时)

图 7.9 按泰勒方法确定最危险滑动面圆心位置(2)

泰勒提出在土坡稳定分析中共有 5 个计算参数，即土的重度 γ、土坡高度 H、坡角 β 以及土的抗剪强度指标 c、φ。若知道其中 4 个参数时，就可以求出第 5 个参数。为了简化计算，泰勒把 3 个参数组成一个新的参数，称为稳定因数，即

$$N_s = \frac{\gamma H}{c} \tag{7-7}$$

通过大量计算可以得到 N_s 与 φ 及 β 间的关系曲线，如图 7.10 所示。图 7.10(a) 给出了 $\varphi = 0°$ 时，稳定因数 N_s 与 β 的关系曲线；图 7.10(b) 给出了 $\varphi > 0°$ 时，N_s 与 β 的关系曲线。从图中可以看到，当 $\beta < 53°$ 时滑动面形式与硬层埋藏深度 n_d 值有关。

泰勒分析简单土坡的稳定性时，假定滑动面上土的摩阻力首先得到充分发挥，然后才由土的黏聚力补充。因此只要求出满足土坡稳定时滑动面上所需的黏聚力 c_1，再与土的实际黏聚力 c 进行比较，即可求出土坡的稳定安全系数。

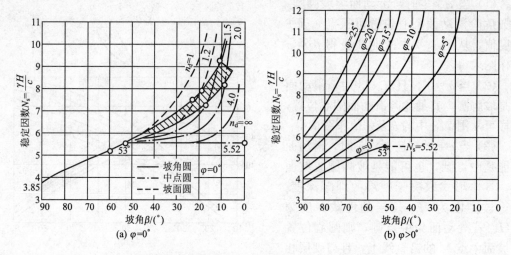

图 7.10　泰勒的稳定因素 N_s 与坡角 β 的关系

【例题 7-1】　如图 7.11 所示，有一个均质黏性土简单土坡，已知土坡的高度 $H=$
8m，坡角 $\beta=45°$，土的性质为：$\gamma=19.4\text{kN/m}^3$，
$\varphi=10°$，$c=25\text{kPa}$。试用泰勒的稳定因数曲线计算
土坡的稳定安全系数。

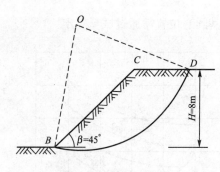

图 7.11　例题 8-1 图

解　当 $\varphi=10°$，$\beta=45°$时，由图 7.10(b) 查得
$N_s=9.2$。由式(7-7)可求得此时滑动面上所需要
的黏聚力 c_1 为

$$c_1=\frac{\gamma H}{N_s}=\frac{19.4\text{kN/m}^3 \times 8\text{m}}{9.2}\approx 16.9\text{kPa}$$

土坡稳定安全系数为

$$K=\frac{c}{c_1}=\frac{25}{16.9}\approx 1.48$$

7.3.2　费伦纽斯条分法

从前面的分析知道，由于圆弧滑动面上各点的法向应力不同，因此土的抗剪强度各点
也不相同，这样就不能直接用式(7-3)计算土坡稳定安全系数。而泰勒的分析方法是在对
滑动面上的抵抗力大小及方向作了一些假定的基础上，才得到分析均质简单土坡稳定的计
算图表。它对于非均质的土坡和比较复杂的土坡(如土坡形状比较复杂、土坡上有荷载作
用、土坡中有水渗流时等)均不适用。为了解决问题，费伦纽斯在瑞典圆弧滑动法的基础
上提出了条分法，至今仍广泛应用，该方法又称为瑞典圆弧条分法。为使土体的自重计算
更简便，抗剪强度的计算更加精确，费伦纽斯将滑动土体分成若干竖直土条，先求各土条
对滑动圆心的抗滑力矩和滑动力矩，再取其总和，计算安全系数，即为条分法的基本
原理。

费伦纽斯条分法假定各土条为刚性不变形体，不考虑土条两侧面间的作用力。具体的
计算步骤可归纳如下。

(1) 按一定比例尺画坡(图 7.12)。

(2) 任选一点 O 为圆心，以 Oa 为半径 R，画弧 ab，ab 为假定的滑动圆弧面。

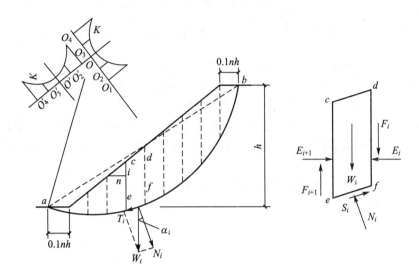

图 7.12 土坡稳定分析的条分法

(3) 将滑动面以上的土体竖直分成宽度相等的若干分条并编号，编号时可以令通过圆心 O 的竖直线为 0 条，图中向右为正，向左为负。为了计算方便，土条宽度可取滑弧半径的 $1/10$，即 $b=0.1R$。则 $\sin\alpha_i=\dfrac{i}{10}$，$\sin\alpha_{-i}=-\dfrac{i}{10}$ 等，可减少三角函数计算。

(4) 计算作用在土条 $cdef$ 上的剪切力 T_i 和抗剪力 S_i。土条自重 W_i 在滑动面 ef 上的法向反力 N_i 和切向反力 T_i 分别为

$$W_i=\gamma_i b_i h_i \tag{7-8}$$

$$N_i=W_i\cos\alpha_i \tag{7-9}$$

$$T_i=W_i\sin\alpha_i \tag{7-10}$$

抗剪力 S_i 为

$$S_i=c_i l_i+W_i\cos\alpha_i\tan\varphi_i \tag{7-11}$$

式中　α_i——法向应力与垂直线的 τ_f 夹角。

计算中忽略土条两侧面上的法向力 E_i 和剪切力 F_i 的影响。

(5) 计算滑动力矩。

$$M_{\mathrm{T}}=T_1 R+T_2 R+\cdots+T_n R=R\sum_{i=1}^{n}W_i\sin\alpha_i \tag{7-12}$$

式中　n——为土条数目。

(6) 计算抗滑力矩。

$$M_{\mathrm{R}}=R\sum_{i=1}^{n}W_i\cos\alpha_i\tan\varphi_i+R\sum_{i=1}^{n}c_i l_i \tag{7-13}$$

（7）计算稳定安全系数。

$$K = \frac{M_R}{M_T} = \frac{\sum\limits_{i=1}^{n} W_i\cos\alpha_i\tan\varphi_i + \sum\limits_{i=1}^{n} c_i l_i}{\sum\limits_{i=1}^{n} W_i\sin\alpha_i} \qquad (7-14)$$

（8）求最小安全系数，即找最危险的滑弧，重复步骤（2）～（7），选不同的滑弧，求 K_1，K_2，K_3…的值，取最小者即为所求的 K_{min}。最小安全系数相应的滑弧即为最危险滑弧，理论上最小安全系数必须大于1，实践中根据工程性质取 1.1～1.5。

上面是对于某一个假定滑动面求得的稳定安全系数，因此需要试算许多个可能的滑动面，相应于最小安全系数的滑动面圆心位置的方法，同样可利用前述费伦纽斯经验法或泰勒的图表法。

【例题 7-2】 某土坡如图 7.12 所示。已知土坡高度 $H=6$m，坡角 $\beta=55°$，容重 $\gamma=18.6$kN/m³，内摩擦角 $\varphi=12°$，黏聚力 $c=16.7$kPa。试用条分法验算土坡的稳定安全系数。

解 （1）按比例绘出土坡的剖面图：采用泰勒的图表法确定最危险滑动面圆心位置。

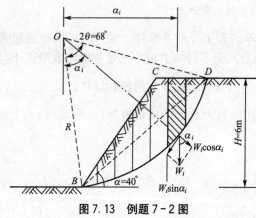

图 7.13 例题 7-2 图

由已知 $\varphi=12°$，$\beta=55°$，确定土坡的滑动面是坡脚圆，其最危险滑动面圆心的位置，可从图 7.13 中的曲线得到：$\alpha=40°$，$\theta=34°$，以此结果作图求得圆心 O，如图 7.13 所示。

（2）将滑动土体 $BCDB$ 划分成若干竖直土条：滑动圆弧 BD 的水平投影长度为 $H\cdot\cot\alpha=6\text{m}\times\cot40°\approx7.15\text{m}$，把滑动土体划分为 7 个土条，从坡脚开始编号，把第 1～6 条的宽度均取为 1m，而余下的第 7 条的宽度则为 1.15m。

（3）计算各土条滑动面中点与圆心的连线同竖直线间的夹角值，可按下式计算

$$\sin\alpha_i = \frac{\alpha_i}{R}$$

$$R = \frac{d}{2\sin\theta} = \frac{H}{2\sin\alpha\cdot\sin\theta} = \frac{6\text{m}}{2\times\sin40°\times\sin34°} \approx 8.35\text{m}$$

式中 α_i——土条的滑动面中点与圆心 O 的水平距离；

R——圆弧滑动面 BD 的半径；

d——BD 弦的长度，$d=\dfrac{H}{\sin\alpha}$；

θ、α——求圆心 O 位置时的参数。

将求得的各土条 α_i 值列于表 7-2 中。

（4）从图中量取各土条的中心高度 h_i，计算各土条的重力 $W_i=\gamma b_i h_i$、$W_i\sin\alpha_i$ 和 $W_i=\cos\alpha_i$ 值，其结果列于表 7-2。

表 7 - 2　土坡稳定计算结果

土条编号	土条宽度 b_i/m	土条中心高 h_i/m	土条重力 W_i/(kN/m)	α_i/(°)	$W_i\sin\alpha_i$/(kN/m)	$W_i\cos\alpha_i$/(kN/m)	L/m
1	1	0.60	11.16	9.5	1.84	11.0	
2	1	1.80	33.48	16.5	9.51	32.1	
3	1	2.85	53.01	23.8	21.39	48.5	
4	1	3.75	69.75	31.8	36.56	59.41	
5	1	4.10	76.26	40.1	49.12	58.33	
6	1	3.05	56.73	49.8	43.33	36.62	
7	1.15	1.50	27.90	63.0	24.86	12.67	
合　计					186.60	258.63	9.91

(5) 计算滑动面圆弧长度 L。

$$L=\frac{\pi}{180}2\theta R=\frac{2\times\pi\times34°\times8.35\text{m}}{180°}\approx9.91\text{m}$$

(6) 用式(7 - 14)计算土坡的稳定安全系数 K。

$$K=\frac{\tan\varphi\sum\limits_{i=1}^{7}W_i\cos\alpha_i+cL}{\sum\limits_{i=1}^{7}W_i\sin\alpha_i}=\frac{258.63\text{kN/m}\times\tan12°+16.7\text{kN/m}^2\times9.91\text{m}}{186.6\text{kN/m}}\approx1.18$$

7.3.3　毕肖普条分法

　　费伦纽斯条分法不考虑土条间的作用力，一般说这样得到的稳定安全系数是偏小的。在工程实践中，为了改进条分法的计算精度，大家都认为应该考虑土条间的作用力，以求得比较合理的结果。目前已有许多解决方法，其中毕肖普(A. W. Bishop，1955)提出的简化方法是目前被认为最简便、实用和可靠的方法。

　　如图 7.12 所示土坡，通过前面的分析已经知道任意一土条 i 上的作用力中有 5 个未知量，但只能建立 3 个方程，故属二次静不定问题。毕肖普在求解时补充了假设条件：忽略土条间的竖向剪切力 X_i 及 X_{i+1} 的作用；对滑动面上的切向力 T_i 的大小作了规定。

　　根据土条 i 的竖向平衡条件可得：

$$W_i-X_i+X_{i+1}-T_i\sin\alpha_i-N_i\cos\alpha_i=0$$

即
$$N_i\cos\alpha_i=W_i+(X_{i+1}-X_i)-T_i\sin\alpha_i \tag{7-15}$$

　　若土坡的稳定安全系数为 K，则土条 i 面上的抗剪强度 τ_{fi} 也只发挥了一部分，毕肖普假设 τ_{fi} 与滑动面上的切向力 T_i 相平衡，即

$$T_i=\tau_{fi}l_i=\frac{1}{K}(N\tan\varphi_i+c_il_i) \tag{7-16}$$

　　将式(7 - 16)代入式(7 - 15)，整理，得

$$N_i=\frac{W_i+(X_{i+1}-X_i)-\dfrac{c_il_i}{K}\sin\alpha_i}{\cos\alpha_i+\dfrac{1}{K}\tan\varphi_i\sin\alpha_i} \tag{7-17}$$

由式(7-14)得土坡的稳定安全系数为

$$K = \frac{M_r}{M_s} = \frac{\sum (N_i \tan\varphi_i + c_i l_i)}{\sum W \sin\alpha_i} \tag{7-18}$$

将式(7-17)代入式(7-18)，得

$$K = \frac{\displaystyle\sum_{i=1}^{n} \frac{[W_i + (X_{i+1} - X_i)]\tan\varphi_i + c_i l_i \cos\alpha_i}{\cos\alpha_i + \dfrac{1}{k}\tan\varphi_i \sin\alpha_i}}{\displaystyle\sum_{i=1}^{n} W_i \sin\alpha_i} \tag{7-19}$$

由于式(7-19)中 X_i 及 X_{i+1} 是未知的，故求解尚有困难。毕肖普假定土条间的竖向剪切力均略去不计，即 $X_{i+1} - X_i = 0$，则式(7-19)可简化为

$$K = \frac{\displaystyle\sum_{i=1}^{n} \frac{1}{m_{ai}}(W_i \tan\varphi_i + c_i l_i \cos\alpha_i)}{\displaystyle\sum_{i=1}^{n} W_i \sin\alpha_i} \tag{7-20}$$

$$m_{ai} = \cos\alpha_i + \frac{1}{K}\tan\varphi_i \sin\alpha_i \tag{7-21}$$

式(7-20)就是简化的毕肖普计算土坡稳定安全系数的公式。由于式中 m_{ai} 也包含 K 值，因此式(7-20)须用迭代法求解。即先假定一个 K 值，按式(7-21)求得 m_{ai} 值，代入式(7-20)求出 K 值，若此 K 值与假定值不符，则用此 K 值重新计算 m_{ai} 求得新的 K 值，如此反复迭代，直至假定的 K 值与求得的 K 值相近为止。为了计算方便，可将式(7-21)的 m_{ai} 值制成曲线，如图7.14所示，可按 α_i 及 $\dfrac{\tan\varphi_i}{K}$ 直接查得 m_{ai}。

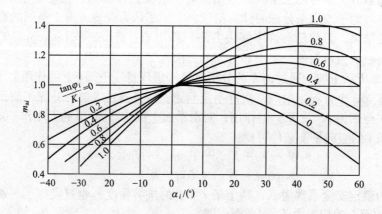

图7.14　m_{ai} 曲线

最危险滑动面圆心位置的确定方法，仍可按前述经验法或图表法确定。

【例题7-3】　用简化的毕肖普条分法计算例题7-2土坡的稳定安全系数。

解　土坡的最危险滑动面圆心 O 的位置以及土条划分情况均与例题7-2相同。

由式(7-20)计算各土条的有关各项列于表7-3中。

第一次试算假定 $K = 1.20$，计算结果列于表7-3，按式(7-20)求得稳定安全系数：

表7-3 土坡稳定计算表

土条编号	α_i /(°)	l_i /m	W_i /(kN/m)	$W_i\sin\alpha_i$ /(kN/m)	$W_i\tan\alpha_i$ /(kN/m)	$c_il_i\cos\alpha_i$ /(kN/m)	m_{ai}		$\dfrac{1}{m_{ai}}(W_i\tan\varphi_i + c_il_i\cos\alpha_i)$	
							$K=1.20$	$K=1.19$	$K=1.20$	$K=1.19$
1	9.5	1.01	11.16	1.84	2.37	16.64	1.016	1.016	18.71	18.71
2	16.5	1.05	33.48	9.51	7.12	16.81	1.009	1.010	23.72	23.69
3	23.8	1.09	53.01	21.39	11.27	16.66	0.986	0.987	28.33	28.30
4	31.8	1.18	69.75	36.56	14.83	16.73	0.945	0.945	33.45	33.45
5	40.1	1.31	76.26	49.12	16.21	16.73	0.879	0.880	37.47	37.43
6	49.8	1.56	56.73	43.33	12.06	16.82	0.781	0.782	36.98	36.93
7	63.0	2.68	27.90	24.86	5.93	20.32	0.612	0.613	42.89	42.82
合 计				186.60					221.55	221.33

$$K = \frac{\sum\limits_{i=1}^{n}\dfrac{1}{m_{ai}}(W_i\tan\varphi_i + c_il_i\cos\alpha_i)}{\sum\limits_{i=1}^{n}(W_i\sin\alpha_i)} = \frac{221.55\text{kN/m}}{186.6\text{kN/m}} \approx 1.187$$

第二次试算假定 $K=1.19$，计算结果列于表7-3，按式(7-20)求得稳定安全系数：

$$K = \frac{221.33\text{kN/m}}{186.6\text{kN/m}} = 1.186$$

此计算结果与假定接近，故得土坡的稳定安全系数 $K=1.19$。

7.3.4 特殊情况下的条分法

1. 均质土坡部分浸水

当土坡部分浸水时，如图7.15所示，应考虑水对土的浮力作用，因此，在计算土条的重力 W_i 时，凡在水位以下的部分，应采用浮重度 γ'。同时，假定水位上下的强度指标 c、φ 值相同。均质土坡部分浸水时的安全系数为：

$$K = \frac{\sum\limits_{i=1}^{n}(\gamma h_{i1} + \gamma' h_{i2})b_i\cos\alpha_i\tan\varphi_i + \sum\limits_{i=1}^{n}c_il_i}{\sum\limits_{i=1}^{n}\left[(\gamma h_{i1} + \gamma' h_{i2})b_i\sin\alpha_i\right]} \tag{7-22}$$

2. 成层土坡

土坡由不同土层组成时，仍可用条分法分析其稳定性。但使用时须注意两个问题。

(1) 在划分土条时，应使土条的弧面落在同一土层内。

(2) 应分层计算土条的质量，然后叠加起来，如图7.16所示第 i 个土条的重力为 $G_i = (\gamma_1 h_{i1} + \gamma_2 h_{i2} + \gamma_3 h_{i3})b_i$，其中 h_{i1}、h_{i2}、h_{i3} 为土条穿过各土层的厚度。

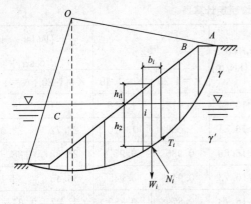
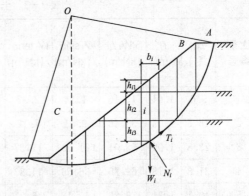

图 7.15　均质土坡部分浸水情况　　　图 7.16　成层土坡稳定计算

（3）土的黏聚力和内摩擦角应按圆弧所通过的土层，而采取不同的强度指标，如图 7.16 所示第 i 个土条的弧面处于第三个土层中，则该土条的强度指标应采用，因此对于成层土坡，其安全系数表达式为：

$$K = \frac{\sum\limits_{i=1}^{n}(\gamma_1 h_{i1} + \gamma_2 h_{i2} + \cdots + \gamma_n h_{in})b_i\cos\alpha_i\tan\varphi_i + \sum\limits_{i=1}^{n}c_i l_i}{\sum\limits_{i=1}^{n}(\gamma_1 h_{i1} + \gamma_2 h_{i2} + \cdots + \gamma_n h_{in})b_i\sin\alpha_i} \qquad (7-23)$$

3. 渗流作用

当土坡坡体内发生渗流时（图 7.17），渗透水流给土体有一个作用力，该力称为渗透力。作用于单位土体上的渗透力常以 J 表示，它的大小等于水的重度 γ_w 与水力坡降 i 的

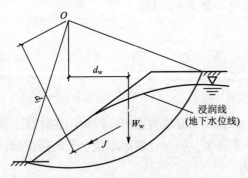

图 7.17　渗流对土坡稳定的影响

乘积，即 $J = \gamma_w i$，而渗透力的作用方向则与渗流的流向相同。因此，渗流对土坡的稳定起着不利的影响，我们必须予以足够的重视。

考虑渗流对土坡稳定不利的影响时，一般应从两方面着手：一是浸润线（或地下水位线）以下的土重一律采用浮重度 γ' 计算；二是滑动力矩（即分母）中增加一项由于渗透力对滑动圆心 O 产生的滑动力矩 $M_j = Jd_j$。同时可以证明，渗透力产生的滑动力矩等于滑动面以上、浸润线（地下水位线）以下所包围的水体的重力对圆心 O 的力矩，即 $M_j = W_w d_w$。于是，有渗流作用时土坡的安全系数最后可用下列近似公式来表示，即

$$K = \frac{M_R}{M_R + M_j} = \frac{\sum\limits_{i=1}^{n}(\gamma_i h_{i1} + \gamma_i' h_{i2})b_i\cos\alpha_i\tan\varphi_i + \sum\limits_{i=1}^{n}c_i l_i}{\sum\limits_{i=1}^{n}(\gamma_i h_{i1} + \gamma_{sat} h_{i2})b_i\sin\alpha_i} \qquad (7-24)$$

上式说明：当有渗流作用时，在计算抗滑力矩时，浸润线（地下水位线）以上采用天然重度 γ，浸润线以下一律采用浮重度 γ'；而在计算滑动力矩（即分母）时，则浸润线以上采用天然重度 γ，浸润线以下一律采用饱和重度 γ_{sat}。

4. 地震作用

在地震设计烈度为 7、8 及 9 度的地区建造土坡时，应考虑地震的影响，但一般只计算地震惯性力而不计算地震动水压力。目前土坡抗震稳定分析中常用的方法是拟静力法。其实质是在常规的土坡稳定分析中增加一项地震惯性力，并当作静力计算。按圆弧滑动条分法计算时，各土条的重心处多作一地震惯性力（图 7.18），其方向和地震力作用方向相反。此时土坡稳定安全系数为

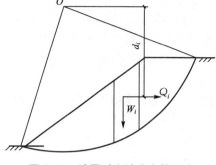

图 7.18 地震对土坡稳定的影响

$$K = \frac{\sum_{i=1}^{n}(W_i \cos\alpha_i - Q_i \sin\alpha_i)\tan\varphi_i + \sum_{i=1}^{n} c_i l_i}{\sum_{i=1}^{n}(W_i \sin\alpha_i + M_{ic}/R)}$$

$$(7-25)$$

$$Q_i = K_H C_z \alpha_i G_i$$

式中　Q_i——作用在各土条重心处的水平地震惯性力；

　　　K_H——水平地震系数；

　　　C_z——综合影响系数；

　　　α_i——地震加速度分布系数；

　　　M_{ic}——水平方向地震惯性力对滑动圆心 O 的力矩，即 $\sum_{i=1}^{n} Q_i d_i$；

　　　c_i、φ_i——土体在地震作用下的黏聚力和内摩擦角。

条分法计算简便，有长时间的使用经验，但工作量大，可用计算机进行，由于忽略了条间力对 N_i 值的影响，误差约为 $10\% \sim 15\%$。

整体圆弧滑动法和条分法都是把滑动土体当成刚体，根据静力平衡条件和极限平衡条件求得滑动面上力的分布，从而计算出稳定安全系数。但由于土体是变形体，并不是刚体，用分析刚体的办法，不能满足变形协调条件，因而计算出滑动面上的应力状态不可能是真实的。这些问题需要由理论体系更为严格的有限元法解决，具体参见相关文献。

7.4 土坡稳定分析的几个问题

7.4.1　土的抗剪强度指标及安全系数的选用

黏性土边坡的稳定计算，不仅要求提出计算方法，更重要的是如何测定土的抗剪强度指标，如何确定安全系数的问题，这对于软黏土尤为重要，因为采用不同的试验仪器和试验方法得到的抗剪强度指标有很大的差异。

在工程实践中应该结合土坡的实际加载情况、填土性质和排水条件等，选用合适的抗

剪强度指标。如验算土坡施工结束时的稳定情况，若土坡施工速度较快，填土的渗透性较差，则土中孔隙水压力不易消散，这时宜采用不排水剪或固结不排水剪总应力指标，用总应力法分析；如验算土坡长期稳定性时，则应采用排水剪或固结不排水剪有效应力强度指标，用有效应力法分析。

《建筑地基基础设计规范》（GB 50007—2011）规定，土坡稳定的安全系数要求不小于1.2；《公路路基设计规范》（JTG D30—2004）规定，土坡稳定的安全系数要求不小于1.25。但应该看到安全系数是与选用的抗剪强度指标相关的，同一个边坡稳定分析若采用不用试验方法所得到的强度指标，会得到不同的安全系数。

7.4.2　坡顶开裂时的土坡稳定分析

在黏性土路堤的坡顶附近，可能因土的收缩及张力作用而发生裂缝，如图7.19所示。地表水渗入裂缝后，将产生静水压力 P_w，它是促使土坡滑动的作用力，故在土坡稳定分析中应考虑进去。

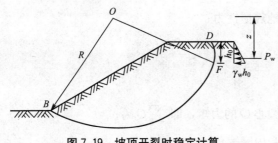

图7.19　坡顶开裂时稳定计算

坡顶裂缝的开展深度 h_0 可近似地按挡土墙后为黏性土填土时，在墙顶产生的拉力区高度公式计算，即

$$h_0 = \frac{2c}{\gamma \sqrt{K_a}} \qquad (7-26)$$

裂缝内因积水产生的静水压力 $P_w = \frac{1}{2}\gamma_w h_0^2$，它对最危险滑动面的圆心 O 的力臂为 z。在按前述各种方法分析土坡稳定时，应考虑 P_w 引起的滑动力矩，同时土坡滑动面的弧长也将由 BD 减为 BF。

坡顶出现裂缝对土坡的稳定是不利的，在工程中应该避免这种情况的出现。例如，对于暴露时间较长、雨水较多的基坑边坡，应在土坡滑动范围外边设置水沟拦截水流，在土坡滑动范围内的坡面上采用水泥砂浆或塑料布铺面防水。如果坡顶出现裂缝，则应立即采用水泥砂浆嵌缝，以防止水流入土坡内而造成对土坡的损害。

7.4.3　按有效应力法分析土坡稳定

前面所介绍的土坡稳定安全系数计算公式都属于总应力法，采用的抗剪强度指标也是总应力指标。若土坡采用饱和黏土填筑，因填土或施加的荷载速度较快，土中孔隙水来不及排除，将产生孔隙水压力，使土的有效应力减小，增加了土坡滑动的危险。这时，土坡稳定分析应考虑孔隙水压力的影响，采用有效应力方法计算。其稳定安全系数计算公式，可将前述总应力方法公式修正后得到。如条分法可改写成

$$K = \frac{\tan\varphi' \sum\limits_{i=1}^{n}(W_i\cos\alpha_i - u_i l_i) + c'L}{\sum\limits_{i=1}^{n}W_i\sin\alpha_i} \qquad (7-27)$$

式中 c'、φ'——土中有效黏聚力和有效内摩擦角；

u_i——作用在土条 i 滑动面上的平均孔隙水压力；

其他符号意义同前。

毕肖普法可改写为

$$K = \frac{\sum_{i=1}^{n} \frac{1}{m_{ai}}\left[(W_i - u_i l_i \cos\alpha_i)\tan\varphi'_i + c'_i l_i \cos\alpha_i\right]}{\sum_{i=1}^{n} W_i \sin\alpha_i} \qquad (7-28)$$

7.4.4 挖方、填方边坡的特点

从边坡有效应力分析的稳定安全系数计算公式中可以看出，孔隙水压力是影响边坡滑动面上土的抗剪强度的重要因素。在总应力保持不变的情况下，孔隙水压力增大，土的抗剪强度就会减小，边坡的稳定安全系数也会相应地下降；反之，孔隙水压力变小，边坡的稳定安全系数则会相应的增大。

如图 7.20 所示为在饱和黏性土地基上修筑路堤或堆载形成的边坡，以 a 点为例，填方边坡稳定分析如图 7.21 所示，从图中可见，超孔隙水压力随着填土荷载

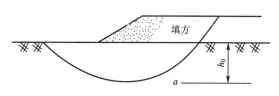

图 7.20 填方边坡

的不断增大而加大，如果近似地认为在施工过程中不发生排水，则填土荷载将全部由孔隙水来承担，施工过程中土的有效应力和土的抗剪强度也保持不变。竣工以后，土中的总应力保持不变，而超孔隙水压力则由于黏性土的固结而消散，直至趋于零，相应的土的有效应力和土的抗剪强度就会不断地增加 [图 7.21(c)]。因此，当填土结束时，边坡的稳定性应采用总应力法和不排水强度来分析，而长期稳定性则应采用有效应力法和有效应力参数来分析。边坡的安全系数在施工刚结束时最小，并随着时间的增长而增大。

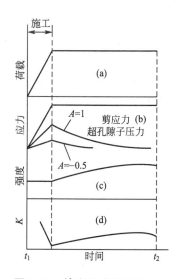

图 7.21 填方边坡稳定性分析

黏性土中挖方形成的边坡如图 7.22 所示，以 a 点为例，挖方边坡稳定分析如图 7.23 所示，从图中可知，随着总应力的减小，孔隙水压力不断地下降，直至出现负值。如果同样地在施工期间不实施排水，则土的有效应力和土的抗剪强度保持不变；竣工以后，负超孔隙水压力随着时间逐渐消散 [图 7.23(b)]，伴随而来的是黏性土的膨胀和抗剪强度的下降 [图 7.23(c)]。因此，竣工时的稳定性和长期稳定性应分别采用卸载条件不排水和排水抗剪强度来分析。与填方边坡不同，挖方边坡的最不利条件是其长期稳定性 [图 7.23(d)]。

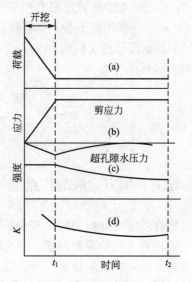

图 7.23　挖方边坡稳定性分析

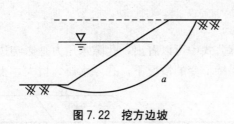

图 7.22　挖方边坡

7.4.5　边坡稳定性的计算机分析方法

从前面的分析可以看出，无论采用哪种土坡稳定分析方法，计算工作量都很大。计算机技术的发展为方便求解此类问题提供了可能的途径，下面介绍一种可借助于数值计算的求解方法。

对图 7.24 所示的圆弧滑动面土坡，当用费伦纽斯方法确定其稳定安全系数时，其稳定安全系数为

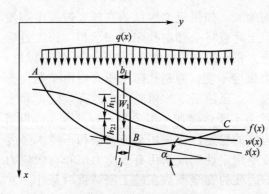

图 7.24　边坡分析简图

$$K = \frac{\sum_{i=1}^{n} \left[c_i l_i + (q_i b_i + W_i) \cos\alpha_i \tan\varphi_i \right]}{\sum_{i=1}^{n} (q_i b_i + W_i) \sin\alpha_i} \tag{7-29}$$

式中　W_i——土条 i 的天然重力；

$\qquad q_i$——作用在土条 i 上荷载的平均集度；

$\qquad c_i$、φ_i——土条 i 底端所在土层的黏聚力和内摩擦角，采用总应力指标。

对式（7-29）作变形，可得

$$K = \frac{\sum_{i=1}^{n} l_i \left[c_i + \left(q_i + \dfrac{W_i}{b_i} \right) \cos^2\alpha_i \tan\varphi_i \right]}{\sum_{i=1}^{n} l_i \left(q_i + \dfrac{W_i}{b_i} \right) \sin\alpha_i} \tag{7-30}$$

当对土坡划分无限多的土条时，式（7-30）就从求和表达转换为积分表达，即

$$K = \frac{\int_{\widehat{ABC}} (c + \sigma_c \cos^2 \alpha \tan\varphi) \, ds}{\int_{\widehat{ABC}} \sigma_c \sin\alpha \cos\alpha \, ds} \tag{7-31}$$

$$= \frac{\int_{x_C}^{x_A} \left(c + \frac{\sigma_c \tan\varphi}{1 + s^2(x)}\right) \sqrt{1 + s^2(x)} \, dx}{\int_{x_C}^{x_A} \frac{\sigma_c s(x) \, dx}{\sqrt{1 + s^2(x)} \, dx}} \tag{7-32}$$

式中 σ_c——在滑动面 $y = s(x)$ 上点 $[x, s(x)]$ 处的竖向应力，等于坡面上 x 处的荷载集度 q 与点 $[x, s(x)]$ 处自重应力之和；

c、φ——土层中点 $[x, s(x)]$ 处的黏聚力和内摩擦角。

如按有效应力法计算，则可取滑面至坡面范围内土体骨架作为隔离体（各土条单元）进行分析，可得下式

$$K = \frac{\sum_{i=1}^{n} [c'_i l_i + (q_i b_i + W'_i) \cos\alpha_i \tan\varphi'_i]}{\sum_{i=1}^{n} (q_i b_i + W'_i) \sin\alpha_i} \tag{7-33}$$

式中 W'_i——土条 i 的有效重力；

c'_i、φ'_i——有效应力指标。

同样，当将土坡划分为无限多的土条时，式 (7-33) 就从求和表达转换为积分表达，即

$$K = \frac{\int_{x_C}^{x_A} \left(c' + \frac{\sigma'_c \tan\varphi'}{1 + s^2(x)}\right) \sqrt{1 + s^2(x)} \, dx}{\int_{x_C}^{x_A} \frac{\sigma'_c s(x) \, dx}{\sqrt{1 + s^2(x)}}} \tag{7-34}$$

式中 σ'_c——点 $[x, s(x)]$ 处的有效自重应力；

其他符号意义同前。

当土坡内存在渗流时，可取滑面至坡面范围内土体骨架及水体作为隔离体进行分析，可得下式

$$K = \frac{\sum_{i=1}^{n} \{c'_i l_i + [(q_i b_i + W_i) \cos\alpha_i - u_i l_i] \tan\varphi'_i\}}{\sum_{i=1}^{n} (q_i b_i + W'_i) \sin\alpha_i} \tag{7-35}$$

$$K = \frac{\sum_{i=1}^{n} \left[c'_i l_i + b_i \left(q_i + \gamma h_{1i} + \gamma_m h_{2i} - \gamma_w \frac{h_{wi}}{\cos^2 \alpha_i}\right) \tan\varphi'_i\right]}{\sum_{i=1}^{n} (q_i + \gamma h_{1i} + \gamma_m h_{2i}) b_i \sin\alpha_i} \tag{7-36}$$

式中 u_i——土条 i 底部的孔隙水压力，$u_i = \gamma_w h_{wi}$；

γ_w——水的重度。

工程中通常采用替代重度法，即令 $h_{2i} = \frac{h_{wi}}{\cos^2 \alpha_i}$，则有

$$K = \frac{\sum_{i=1}^{n}\left[c'_i l_i + (q_i b_i + W'_i)\cos\alpha_i \tan\varphi'_i\right]}{\sum_{i=1}^{n}(q_i b_i + W'_i)\sin\alpha_i} \qquad (7-37)$$

$$= \frac{\int_{x_C}^{x_A}\left(c' + \frac{\sigma'_c \tan\varphi'}{1+s^2(x)}\right)\sqrt{1+s^2(x)}\,\mathrm{d}x}{\int_{x_C}^{x_A}\frac{\sigma'_c s(x)\,\mathrm{d}x}{\sqrt{1+s^2(x)}}} \qquad (n\to\infty) \qquad (7-38)$$

同样的思路，可将毕肖普条分表达的边坡稳定安全系数用积分方式表达。

总应力法的稳定安全系数为

$$K = \frac{\int_{x_C}^{x_A}\frac{c + \sigma_c \tan\varphi}{1+\dfrac{s(x)\tan\varphi}{K}}\sqrt{1+s^2(x)}\,\mathrm{d}x}{\int_{x_C}^{x_A}\frac{\sigma_c s(x)\,\mathrm{d}x}{\sqrt{1+s^2(x)}}} \qquad (n\to\infty) \qquad (7-39)$$

有效应力法的稳定安全系数为

$$K = \frac{\int_{x_C}^{x_A}\frac{c' + \sigma'_c \tan\varphi'}{1+\dfrac{s(x)\tan\varphi'}{K}}\sqrt{1+s^2(x)}\,\mathrm{d}x}{\int_{x_C}^{x_A}\frac{\sigma'_c s(x)\,\mathrm{d}x}{\sqrt{1+s^2(x)}}} \qquad (n\to\infty) \qquad (7-40)$$

由于上述稳定安全系数均为积分表示，可以很方便地将其编制成计算软件。

7.5 工程中涉及土坡稳定问题的因素和防治措施

7.5.1 工程中的土坡稳定问题

土木建筑工程中经常会遇到各类天然土坡（山坡、海滨、河岸、湖边等）和人工土坡（基坑开挖、填筑路基、堤坝等）。如果处理不当，一旦土坡失稳产生滑坡，不仅影响工程进度，甚至危及生命安全和工程存亡。工程中常见的土坡稳定问题有如下几种。

1. 基坑开挖

如果基坑开挖浅（1～2m）并且地基土质较好，可竖直开挖，既节省工作量，又可以采用机械开挖，施工进度快。但如果基坑开挖深，竖直开挖基坑土坡不稳定，则必须设计合理坡度。例如，北京西苑饭店新楼，地上23层，塔楼27层，地下3层箱形基础。基坑开挖最深12m。地表下约5m厚为黏性土，其下约7m为粉细砂及粉土，深度12m为卵石层作箱基的持力层。原设计基坑开挖土坡坡度为1∶1，即坡角为45°，因危及基坑北侧市政管道及基坑西侧原西苑饭店多层客房基础稳定性，故将坡度收陡为上段1∶0.5、下段1∶0.75，经实践证明是安全的。

一些重要建筑的基础工程任务重、难度大、工期长，基坑开挖后要经受冬季冰冻春季融化、夏季暴雨冲刷等考验，如果设计或施工不当，基坑可能滑坡。

2. 天然土坡

经过漫长时期形成的天然土坡原本是稳定的,但在降雨、地震和人类活动这些因素触发下,也会发生滑坡。如 1920 年 11 月 16 日海源地区 8.5 级地震触发了 675 个高原地区的滑坡。1972 年,我国香港特区连续普降大雨,诱发了一次大滑坡,数万方残积土从山坡上下滑,巨大的冲击力正好通过一幢高层住宅——宝城大厦,顷刻之间,大厦被冲毁倒塌,并砸毁相邻一幢大楼一角,当场死亡 120 人。在土坡上建造房屋,增加了坡上荷载,则土坡可能发生滑动。若在坡角建房,为增加平地面积,往往将坡角的缓坡削平,则土坡更易失稳发生滑动。这类情况在实际工程中屡见不鲜,应引起注意。

3. 堤坝路基

人工填筑河堤、土坝、铁路与公路路基,要在地面以上形成新的土坡。这类土坡的坡度,设计时应做到既安全又经济。由于这类工程长度往往较大,因此设计最优坡度具有很高的经济价值。

7.5.2 影响土坡稳定的因素

影响土坡稳定性的因素很多,包括土坡的边界条件、土质条件和外界条件,简单分述如下。

(1) 土坡坡度。一般坡度越缓,土坡越稳定。

(2) 土坡高度。试验研究表明,对于黏性土坡,当其他条件相同时,坡高越小,土坡越稳定。

(3) 土的性质。土的性质越好,土坡越稳定。如土的抗剪强度指标大的土坡比小的土坡更安全。又如钙质或石膏质胶结的土、湿陷性黄土等,遇水后强度降低很多,容易发生滑坡。

(4) 工程地质条件。土坡的失稳与当地的工程地质条件有关。不良地质条件下,土坡容易发生滑坡。在非均质土层中,如果土坡下面有软弱层,则滑动面将通过软弱土层,形成曲折的复合滑动面,从而发生失稳,如图 7.25(a) 所示;如果土坡位于倾斜的岩层面上,则滑动面往往沿岩层面发生失稳,如图 7.25(b) 所示。

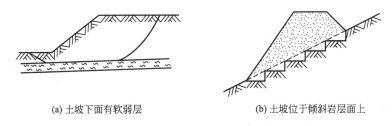

(a) 土坡下面有软弱层　　　　　　　　(b) 土坡位于倾斜岩层面上

图 7.25　非均质土中的滑动面

(5) 气象条件。若天气晴朗,土坡处于干燥状态,土的强度高,土坡稳定性好。若在雨季,尤其是连降大暴雨,大量雨水入侵,会使土的强度降低,可能导致土坡滑动。

(6) 地下水的渗透。当土坡中存在与滑动方向一致的渗透力时,对土坡稳定不利。

(7) 地震。发生地震时,会产生附加的地震荷载,降低土坡的稳定性。同时,地震荷载还可能使土体中的孔隙水压力升高,降低土体的抗剪强度。

（8）人为影响。由于人类不合理的开挖，当开挖坡脚、基坑、沟渠、道路土坡时将弃土堆在坡顶附近；在斜坡上建房或堆放重物时，都可引起斜坡变形破坏。

7.5.3 防治土坡失稳的措施

在工程实践中，尽管对土坡进行了稳定分析，但常常由于施工不当或其他不可预估因素的影响而造成土坡的滑动。因此，一方面要加强工程地质和水文地质的勘查，查明建筑场地的不良地质现象，对土坡的稳定性进行认真的分析；另一方面，对可能造成滑坡的潜在因素应采取防治措施。

1. 土坡设计

土坡设计应保护和整治土坡环境，土坡水系应因势利导，设置排水设施。对于稳定的土坡，应采取保护及营造植被的防护措施。建筑物的布局应依山就势，防止大挖大填。场地平整时，应采取确保周边建筑物安全的施工顺序和工作方法。由于平整场地而出现的新土坡，应及时进行支挡或构造防护。土坡工程在设计前，应进行详细的工程地质勘查，并应对土坡的稳定性作出准确的评价；对周围环境的危害性做出预测；对岩石土坡的结构面调查清楚，指出主要结构面的所在位置；提供土坡设计所需要的各项参数。土坡的支挡结构应进行排水设计。支挡结构后面的填土，应选择透水性强的填料。

2. 土坡开挖

在山坡整体稳定的条件下，土坡开挖应符合下列规定。

（1）土坡的坡度允许值，应根据当地经验，参照同类土层的稳定坡度确定。当土质良好且均匀、无不良地质现象、地下水不丰富时，可按表7-4确定。

表7-4 土坡坡度允许值

土的类别	密实度或状态	坡度允许值（高宽比）	
		坡高在5m以内	坡高为5～10m
碎石土	密实	1：0.35～1：0.50	1：0.50～1：0.75
	中密	1：0.50～1：0.75	1：0.75～1：1.00
	稍密	1：0.75～1：1.00	1：1.00～1：1.25
黏性土	坚硬	1：0.75～1：1.00	1：1.00～1：1.25
	硬塑	1：1.00～1：1.25	1：1.25～1：1.50

注：1. 表中碎石土的充填物为坚硬或硬塑状态的黏性土。
  2. 对于砂土或充填物为砂土的碎石土，其土坡坡度允许值均按自然休止角确定。

（2）土坡开挖时，应采取排水措施，土坡的顶部应设置截水沟。在任何情况下不允许在坡脚及坡面上积水。

（3）土坡开挖时，应由上往下开挖，依次进行。弃土应分散处理，不得将弃土堆置在坡顶及坡面上。当必须在坡顶或坡面上设置弃土转运站时，应进行坡体稳定性验算，严格控制堆载的土方量。

（4）土坡开挖后，应立即对土坡进行防护处理。

3. 产生滑坡时应采取的措施

（1）排水。对地面水，应设置排水沟进行拦截和疏导，防止地面水侵入滑坡地段，必要时还可采取防渗措施；当地下水的影响较大时，应根据地质条件，做好地下排水工程，降低地下水或采取防渗保护措施。

（2）卸载。卸载视情况可在坡顶或坡面进行。当卸载在坡面进行时，必须保证卸载区上方即两侧岩土体的稳定条件，而且应在主动区卸载，决不允许在被动区或坡脚附近卸载。

（3）当没有条件进行上述工程措施或采取了上述措施后，仍不能使安全系数达到允许值时，就需要使用结构性工程措施对土坡进行加固。

背 景 知 识

各种方法和简化处理对计算精度的影响

关于边坡稳定分析各种方法的计算精度、适用范围等问题，一直受到普遍的关注。近代土力学经过十几年的发展，学术界已对这些问题有了比较统一的看法，各种传统边坡稳定分析方法的计算精度和适用范围论述如下。

各种边坡稳定分析的图表，在边坡几何条件、重度、强度指标和孔压可以简化的情况下可得出有用结果，其主要局限性在于使用这些图表需对上述条件做简化处理。使用图表法的优点是可以快速求得安全系数，通常可先使用这些图表进行初步核算，再用计算机程序进行详细核算。

传统的瑞典法在平缓边坡和高孔隙水压情况下进行有效应力法分析时是非常不准确的。该法的安全系数在"$\varphi=0$"分析中是完全精确的，对于圆弧滑裂面的总应力法可得出基本正确的结果。此法的数值分析不存在问题。

毕肖普简化法在所有情况下都是精确的（除了遇到数值分析困难的情况），其局限性表现在仅适用于圆弧滑裂面以及有时会遇到数值分析问题。如果使用毕肖普简化法计算获得的安全系数反而比瑞典法小，那么可以认为毕肖普法中存在数值分析问题。在这种情况下，瑞典法的结果比毕肖普法好。基于这个原因，同时计算瑞典法和毕肖普法，比较其结果，是一个较好的选择。

仅使用静力平衡方法（如 Janbu 法、Spencer 法）的结果对所假定的条间力方向极为敏感，条间力假定不合适将导致安全系数严重偏离正确值，与其他考虑条间作用力方向的方法一样，这个方法也存在数值分析问题。

满足全部平衡条件的方法在任何情况下都是精确的。这些方法计算的成果相互误差不超过 12%，相对于一般可认为是正确答案的误差不超过 6%，所有这些方法也都存在数值分析问题。

本 章 小 结

土坡是具有倾斜坡面的土体。土坡中一部分土体对另一部分土体产生向下滑动而丧失原有稳定的现象称为滑坡。引起土坡滑动的根本原因，是由于滑动面上的剪应力过大或土的抗剪强度不足所致。土坡的稳定安全度用稳定安全系数 K 表示，它是指土的抗剪强度 τ_f 与土坡中可能滑动面上产生的剪应力 τ 间的比值。

对于均质无黏性土坡，理论上土坡的稳定性与坡高无关，仅取决于 β 角，只要 $\beta<\varphi$、$K>1$，土坡就是稳定的。

黏性土坡的稳定分析方法有两种：一是土坡圆弧滑动体的整体稳定分析法；二是土坡稳定分析的条分法。无论哪种方法均假定滑动面为圆弧面。整体稳定分析法假定圆弧滑动面以上的土体为刚性体，重力对圆心产生下滑力矩，圆弧面上的抗剪强度产生抗滑力矩，当抗滑力矩大于滑动力矩时，土坡稳定。条分法是将滑动土体分成若干竖直土条，先求各土条对滑动圆心的抗滑力矩和滑动力矩，再取其总和，计算安全系数。费伦纽斯条分法假定各土条为刚性不变形体，不考虑土条两侧面间的作用力。毕肖普法考虑了土条间的作用力，提高了计算精度。条分法可用于多种情况，如土坡浸水后的稳定性、成层土坡稳定性、考虑渗流作用土坡的稳定性，有地震作用时土坡的稳定性，等等。

影响土坡稳定的因素很多，进行土坡稳定分析时要合理考虑抗剪强度指标的选取、坡顶开裂、是否按有效应力方法分析、挖方还是填方土坡等问题。土坡要进行合理的设计，并应采取有效措施防止其失稳。

思 考 题 与 习 题

7-1 土坡失稳破坏的原因有哪些？

7-2 土坡稳定安全系数的意义是什么？

7-3 什么叫坡脚圆、中点圆及坡面圆？其产生条件与土质、土坡形状及土层构造有何关系？

7-4 无黏性土土坡的稳定性只要坡角不超过其内摩擦角，坡高 H 可不受限制，而黏性土土坡的稳定性还同坡高有关，试分析其原因。

7-5 试述摩擦圆法的基本原理。如何用泰勒的稳定因素图表确定土坡的稳定安全系数。

7-6 掌握条分法的基本原理及计算步骤。

7-7 对费伦纽斯条分法和毕肖普条分法的异同进行比较。

7-8 掌握毕肖普法稳定安全系数的试算过程。

7-9 从土力学观点出发，你认为土坡稳定计算的主要问题是什么？

7-10 了解坡顶开裂及路堤内有水渗流时的土坡稳定分析方法。

7-11 用总应力法及有效应力法分析土坡稳定时有何不同之处？各适用于何种情况？

7-12 土坡稳定有何实际意义？影响土坡稳定的因素有哪些？

7-13 如何防治土坡滑动？

7-14　有一土坡坡高 $H=5\mathrm{m}$，已知土的重度 $\gamma=18\mathrm{kN/m^3}$，土的抗剪强度指标 $c=12.5\mathrm{kPa}$，$\varphi=10°$，要求土坡的稳定安全系数 $K\geqslant1.25$，试用泰勒图表法确定土坡的容许坡角 β 值及最危险滑动面圆心位置。（参考答案：$\beta=45°$，$\theta=39°$，$\alpha=34°$）

7-15　已知某土坡坡角 $\beta=60°$，土的内摩擦角 $\varphi=0°$，试按费伦纽斯方法（表7-1）及泰勒方法确定其最危险滑动面圆心位置，并比较两者得到的结果是否相同？（参考答案：费伦纽斯方法 $\beta_1=29°$、$\beta_2=40°$，泰勒方法 $\theta=35°$、$\alpha=35°$）

7-16　设土坡高度 $H=5\mathrm{m}$，坡角 $\beta=30°$，土的重度 $\gamma=19\mathrm{kN/m^3}$，土的抗剪强度指标 $c=18\mathrm{kPa}$，$\varphi=0°$，试用泰勒方法分别计算，在坡脚下 $2.5\mathrm{m}$、$0.75\mathrm{m}$、$0.255\mathrm{m}$ 处有硬层时，土坡的稳定安全系数及圆弧滑动面的形式。（参考答案：1.14，1.23，1.42）

7-17　用条分法计算如图7.26所示土坡的稳定安全系数（按有效应力法计算）。已知土坡高度 $H=5\mathrm{m}$，边坡坡度为 $1:1.6$（即坡角 $\beta=32°$），土的性质及试算滑动面圆心位置如图7.26所示。

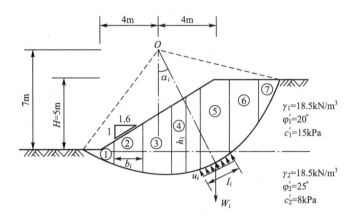

图7.26　习题7-17图

计算时将土条分成7条，各土条宽度 b_i、平均高度 h_i、倾角 α_i、滑动面弧长 l_i 及作用在土条底面的平均孔隙水压力 u_i，均列于表7-5。（参考答案：1.50）

表7-5　土条计算数据

土条编号 i	b_i/m	h_i/m	α_i	l_i/m	u_i/kPa
1	2	0.7	$-27.7°$	2.3	2.1
2	2	2.6	$-13.4°$	2.1	7.1
3	2	4.0	$0°$	2.0	11.1
4	2	5.1	$13.4°$	2.1	13.8
5	2	5.4	$27.7°$	2.3	14.8
6	2	4.0	$44.2°$	2.8	11.2
7	2	1.8	$68.5°$	3.2	5.7

7-18　用毕肖普法（考虑孔隙水压力作用时）计算习题7-17土坡稳定安全系数（第一次试算时假定安全系数 $K=1.5$）。（参考答案：1.74）

第8章
土的地基承载力

教学目标与要求

● **概念及基本原理**

【掌握】承载力、极限承载力、承载力容许值、临塑荷载、临界荷载

【理解】地基剪切破坏的三种模式、地基整体剪切破坏的三个阶段

● **计算理论及计算方法**

【掌握】临界荷载与临塑荷载的计算、极限承载力的不同计算方法、利用规范法确定地基承载力

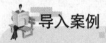 **导入案例**

加拿大特朗斯康谷仓失稳

加拿大特朗斯康谷仓平面呈矩形，长 59.44m、宽 23.47m、高 31.0m，容积 36368m³。谷仓为圆筒仓，每排 13 个圆筒仓，共 5 排 65 个圆筒仓组成。谷仓的基础为钢筋混凝土筏基，厚 61cm，基础埋深 3.66m。谷仓于 1911 年开始施工，1913 年秋完工。谷仓自重 20000t，相当于装满谷物后满载总质量的 42.5%。1913 年 9 月起往谷仓装谷物，仔细地装载，使谷物均匀分布。10 月当谷仓装了 31822m³ 谷物时，发现 1h 内垂直沉降达 30.5cm。结构物向西倾斜，并在 24h 间谷仓倾倒，倾斜度离垂线达 26°53′。谷仓西端下沉 7.32m，东端上抬 1.52m。1913 年 10 月 18 日谷仓倾倒后，上部钢筋混凝土筒仓坚如磐石，仅有极少的表面裂缝(图 8.0)。

图 8.0 倾倒后的特朗斯康谷仓

谷仓的地基土事先未进行调查研究。根据邻近结构物基槽开挖试验结果，计算承载力为 352kPa，应用到这个仓库。谷仓的场地位于冰川湖的盆地中，地基中存在冰河沉积的黏土层，厚 12.2m。黏土层上面是更近代沉积层，厚 3.0m。黏土层下面为固结良好的冰川下冰碛层，厚 3.0m。这层土支承了这地区很多更重的结构物。

1952 年从不扰动的黏土试样测得，黏土层的平均含水量随深度而增加，从 40% 增加到约 60%；无侧限抗压强度 q_u 从 118.4kPa 减少至 70.0kPa，平均为 100.0kPa；平均液限 $w_L = 105\%$，塑限 $w_P = 35\%$，塑性指数 $I_P = 70$。试验表明这层黏土是高胶体、高塑性的。按大沙基公式计算承载力，如采用黏

土层无侧限抗压强度试验平均值 100kPa 计算，则为 276.6kPa，已小于破坏发生时的压力 329.4kPa 值。如用 $q_{umin}=70$kPa 计算，则为 193.8kPa，远小于谷仓地基破坏时的实际压力。地基土上的加荷速率对发生事故起了一定作用，因为当荷载突然施加的地基承载力要比加荷固结逐渐进行的地基承载力小。这个因素对黏性土尤为重要，因为黏性土需要很多年时间才能完全固结。根据资料计算，抗剪强度发展所需时间约为 1 年，而谷物荷载施加仅 45d，几乎相当于突然加荷。

综上所述，加拿大特朗斯康谷仓发生地基破坏失稳的主要原因为，对谷仓地基土层事先未作勘察、试验与研究，采用的设计荷载超过地基土的抗剪强度，从而导致这一严重事故。由于谷仓整体刚度较高，地基破坏后，筒仓仍保持完整，无明显裂缝，因而地基发生强度破坏而整体失稳。为修复筒仓，在基础下设置了 70 多个支撑于深 16m 基岩上的混凝土墩，使用了 388 只 500kN 的千斤顶，逐渐将倾斜的筒仓纠正。补救工作是在倾斜谷仓底部水平巷道中进行，新的基础在地表下深 10.36m。经过纠偏处理后，谷仓于 1916 年起恢复使用，但是修复后位置比原来降低了 4m。

8.1 概　　述

8.1.1　地基剪切破坏的三种模式

根据大量的现场观察、模型试验，认为不同性质的土层在荷载作用下，破坏模式是不同的。因此，所对应的地基承载力的计算方法也应该有所不同。

为了了解地基承载力的概念以及地基土受荷后剪切破坏的过程和性状，很多学者通过现场载荷试验对于地基土的破坏模式进行了研究。现场载荷试验实际上是一种基础加载的模拟试验，模拟基础作用于地基的是一块刚性载荷板，面积一般约为 $0.25\sim1.0\text{m}^2$。在载荷板上逐级施加荷载，同时测定各级荷载作用下载荷板的沉降量以及周围土的位移情况，直到地基土破坏失稳为止。由载荷试验得到的各级压力 p 与相应的稳定沉降量 s 之间的关系，可以绘出 p-s 曲线如图 8.1 所示。

从图 8.1 所示的 p-s 曲线的特征，可以得到不同性质土体在荷载作用下的地基破坏失稳机理。曲线 a 在荷载较小的时候呈直线关系；但当荷载增大到某个极限值以后，沉降量 s 急剧增大，整个地基发生失稳破坏。曲线 b 在开始阶段也呈现直线关系，在到达某个极限值以后，随着荷载增大，沉降量增加速率增大，但是没有出现类似曲线 a 那样的急剧增大的特征。曲线 c 在整个沉降发展过程中，

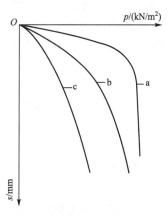

图 8.1 p-s 曲线
a—整体剪切破坏；b—局部剪
切破坏；c—刺入剪切破坏

沉降对压力的变化率没有明显变化，整个曲线没有出现明显的拐点。这三条曲线代表了三种不同的典型地基破坏模式。

太沙基和魏锡克等对此做了深入的研究分析。太沙基根据上述试验研究提出了两种典型的地基破坏模式，分别称为整体剪切破坏和局部剪切破坏。图 8.2(a)给出了整体剪切破坏的特征，当基础上荷载较小时，基础下形成一个三角形压密区Ⅰ，这时 p-s 曲线呈现直线关系。随着荷载增加，压密区Ⅰ向两侧挤压，土中出现塑性区，从基础边缘处逐步扩展为Ⅱ、Ⅲ塑性区，这时 p-s 曲线呈现曲线性状。当荷载达到极限值以后，土中形成连续滑裂面，并延伸到地基土表面，土从基础两侧挤出并隆起，地基沉降量急剧增加，导致地基失稳破坏，其 p-s 曲线如图 8.1 曲线 a 所示，有一个明显的转折点。整体剪切破坏一般出现在浅埋基础下的密砂或者硬黏土等坚实地基中。

图 8.2(b)给出了局部剪切破坏的特征，随着荷载的增加，地基中也出现压密区Ⅰ和塑性区Ⅱ，但是塑性区的发展被限制在地基中的某一范围内，地基中的滑裂面并不延伸到地基表面，仅在基础两侧地面微微隆起，不出现明显的裂缝。其 p-s 曲线如图 8.1 曲线 b 所示，曲线 b 也有一个拐点，但不像整体剪切破坏那样显著，拐点以后的沉降也没有出现类似整体剪切破坏那样的急剧增加。这种局部剪切破坏模式一般发生于中等密砂中。

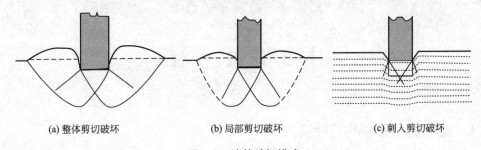

(a) 整体剪切破坏   (b) 局部剪切破坏   (c) 刺入剪切破坏

图 8.2　地基破坏模式

魏锡克在上述两种破坏模式以外，提出了第三种地基破坏模式——冲剪破坏模式，也叫作刺入剪切破坏模式，如图 8.2(c)所示。这种破坏模式通常发生在松砂及软土地基中，其破坏特征为随着荷载增加，基础下土层发生压缩变形，基础随之下沉，当荷载继续增加，基础周围附近土体发生竖向剪切变形，使基础刺入土中。地基的侧向变形较小，基础两侧的土体也没有明显移动以及隆起现象。冲剪破坏的 p-s 曲线如图 8.1 曲线 c 所示，沉降随着荷载的增大而增加，曲线上没有明显的拐点，没有比例极限和极限荷载。

8.1.2　地基整体剪切破坏的三个阶段

苏联学者格尔谢万诺夫(1948)根据载荷试验结果，进一步提出了地基整体剪切破坏过程可以分为 3 个阶段，如图 8.3 所示。

1) 压密阶段

压密阶段也可以称为直线变形阶段，相当于图 8.3(a)所示 p-s 曲线的直线段 Oa 段，土中各点的剪应力都小于其抗剪强度，土体处于弹性平衡状态。原位试验中的载荷板沉降主要是因为土体的压密引起的，点 a 所对应的荷载强度 p_{cr} 称为比例界限或临塑荷载。

2) 剪切阶段

剪切阶段对应于 p-s 曲线的 ab 段，这一阶段的 p-s 曲线不再是线性的，沉降速率 $\Delta s/\Delta p$ 随着荷载的增加而增大。地基土中局部范围内，首先在基础边缘发生剪切破坏，产生塑性区。随着荷载的增加，土中塑性区的范围不断扩展，如图 8.3(c)所示，直到在土中形成连续的滑裂面，从载荷板周围挤出而使地基发生破坏。剪切阶段是地基土中塑性区的发生与发展的阶段，点 b 对应的荷载 p_u 称为地基的极限荷载。

3）破坏阶段

该阶段对应于 $p-s$ 曲线上的 bc 段。当荷载超过极限荷载后，载荷板急剧下沉，在不增加荷载的情况下，沉降也不能稳定，$p-s$ 曲线急剧下降。在这个阶段，由于地基中的塑性区的不断发展，最后在土中形成连续的滑动面，地基土体从载荷板周围挤出隆起而发生失稳破坏，如图 8.3(d)所示。

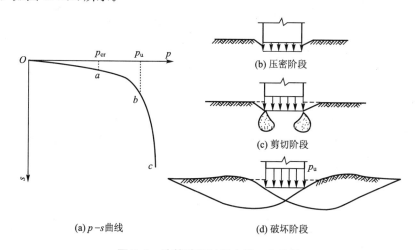

(a) $p-s$ 曲线   (b) 压密阶段
(c) 剪切阶段
(d) 破坏阶段

图 8.3 地基破坏过程中的三个阶段

8.2 临塑荷载和临界荷载的确定

工程设计中需要确保地基有足够的稳定性，因此必须限制建筑物基底压力，使其不得超过地基的承载力容许值。地基承载力容许值(allowable bearing capacity)是指考虑一定安全储备后的地基承载力，一般记作 p_a。

工程实践中，根据建筑物的不同要求，可以用临塑荷载或临界荷载作为地基的承载力容许值，也可以将极限承载力除以一定的安全系数作为地基承载力容许值。本节主要介绍浅基础临塑荷载和临界荷载的确定方法。

从 8.1 节内容可知，地基破坏过程中的剪切阶段是土中塑性区范围随着荷载的增加而不断发展的阶段，把土中塑性区开展到不同深度时所对应的荷载称为临界荷载，而将地基土中将要出现但是尚未出现塑性区，即塑性区开展深度为 0 时的浅基础基底压力称作临塑荷载。其计算公式可以根据土中应力计算的弹性理论和土体极限平衡条件进行推导得出。

如图 8.4(a)所示，在地基表面作用一均匀条形荷载 p，地表下任一深度 z 处的点 M 的附加应力可以表示为

$$\left.\begin{array}{c}\sigma_1\\\sigma_3\end{array}\right\}=\frac{p}{\pi}(2\alpha\pm\sin2\alpha) \tag{8-1}$$

若条形浅基础的埋深为 D 时，如图 8.4(b)所示，计算基底下深度 z 处点 M 的主应力

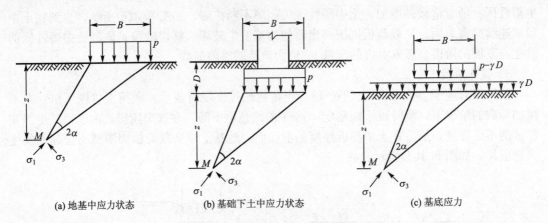

(a) 地基中应力状态　　(b) 基础下土中应力状态　　(c) 基底应力

图 8.4　塑性区边界方程的推导

时，可以把基底水平面上的荷载 p 分解为图 8.4(c)所示的两部分，即无限均布荷载 γD 以及基底范围内的均布荷载 $p-\gamma D$。严格来讲，点 M 的自重应力在各个方向是不等的，因此导致自重应力和附加应力的求和在数学上非常烦琐。所以为了简化计算，假定土的侧压力系数 $K_0=1$，即土的自重应力在各个方向是相等的，均为 $\gamma(D+z)$。这样，土体中任一点 M 的主应力为

$$\left.\begin{array}{r}\sigma_1\\ \sigma_3\end{array}\right\}=\frac{p-\gamma D}{\pi}(2\alpha\pm\sin2\alpha)+\gamma(D+z) \tag{8-2}$$

若点 M 处于塑性区的边界上时，该点处于极限平衡状态。根据极限平衡理论，该点的大、小主应力应满足极限平衡条件

$$\sin\varphi=\frac{\sigma_1-\sigma_3}{\sigma_1+\sigma_3+2c\cdot\cot\varphi}$$

将式(8-2)代入上式，整理，可得塑性区的边界方程为

$$z=\frac{p-\gamma D}{\pi\gamma}\left(\frac{\sin2\alpha}{\sin\varphi}-2\alpha\right)-\frac{c}{\gamma}\cot\varphi-D \tag{8-3}$$

式(8-3)表示在荷载 p 作用下，地基土的塑性区边界上任一点的 z 与视角 2α 之间的关系。若已知荷载 p、浅基础的宽度 B 和埋深 D、地基土的强度指标 γ、c、φ，则根据式(8-3)可以绘出塑性区的边界轮廓线。采用弹性理论进行计算，条形浅基础两个边点的主应力最大，因此塑性区首先从基础两边点开始向深处逐渐开展。

根据函数极值条件 $\dfrac{\mathrm{d}z}{\mathrm{d}\alpha}=0$，可得

$$2\alpha=\frac{\pi}{2}-\varphi \tag{8-4}$$

将式(8-4)代入式(8-3)，得到条形均布荷载 p 作用下，地基中塑性区开展最大深度的表达式为

$$z_{\max}=\frac{p-\gamma D}{\gamma\pi}\left[\cot\varphi-\left(\frac{\pi}{2}-\varphi\right)\right]-c\frac{\cot\varphi}{\gamma}-D \tag{8-5}$$

由式(8-5)可见，当其他条件不变时，塑性区开展最大深度随着均布荷载 p 的增大而增大，因此我们可以规定塑性区开展深度 $z_{\max}$，而求解得到该深度所对应的基底压力大小，即临塑荷载或临界荷载。

若令 $z_{max}=0$，则表示地基土中将要出现但是尚未出现塑性区，其所对应的荷载大小即为临塑荷载 p_{cr}。

$$p_{cr}=N_q\gamma D+N_c c \qquad (8-6)$$

其中

$$N_q=\frac{\cot\varphi+\varphi+\frac{\pi}{2}}{\cot\varphi+\varphi-\frac{\pi}{2}}$$

$$N_c=\frac{\pi\cot\varphi}{\cot\varphi+\varphi-\frac{\pi}{2}}$$

大量工程实践表明，即使地基中产生塑性区，只要塑性区开展深度不超过某一个限值，就不会影响建筑物的正常使用，因此以临塑荷载 p_{cr} 作为地基的承载力容许值偏于保守。地基塑性区容许开展深度与建筑物类型、荷载性质以及土的性质等因素有关，目前工程界和学术界都没有定论。

一般认为，在中心垂直荷载作用下，z_{max} 可控制在基础宽度 B 的 $1/4$ 范围内，相应的临界荷载用 $p_{1/4}$ 表示。因此在式(8-5)中令 $z_{max}=B/4$，可得到 $p_{1/4}$ 的表达式为

$$p_{1/4}=\gamma B N_\gamma+N_q\gamma D+cN_c \qquad (8-7)$$

式中 N_γ、N_q、N_c——承载力系数，$N_\gamma=\dfrac{\pi}{4\left(\cot\varphi+\varphi-\dfrac{\pi}{2}\right)}$，$N_q$、$N_c$ 符号意义同前。

对于偏心荷载作用下的基础，可取 $z_{max}=B/3$，即取 z_{max} 等于基础宽度 B 的 $1/3$ 所对应的临界荷载 $p_{1/3}$ 作为地基的承载力容许值。根据相同的方法得到 $p_{1/3}$ 的表达式为

$$p_{1/3}=\gamma B N_\gamma+N_q\gamma D+cN_c \qquad (8-8)$$

式中

$$N_\gamma=\frac{\pi}{3\left(\cot\varphi+\varphi-\frac{\pi}{2}\right)}$$

其他符号意义与式(8-7)完全一致。

通过式(8-6)~式(8-8)，可以看到承载力系数 N_γ、N_q、N_c 只与地基土的内摩擦角 φ 有关，可以根据相关表格查取或者直接进行计算。直接计算时，需要注意内摩擦角 φ 须取弧度值。

【例题8-1】 某条形浅基础宽5m，基础埋深1m，地基土重度 $\gamma=18kN/m^3$，内摩擦角 $\varphi=15°$，黏聚力 $c=15kPa$，计算该地基的临塑荷载及临界荷载 $p_{1/4}$。

解 (1) 根据式(8-6)可求得临塑荷载 p_{cr}。

$$N_q=\frac{\cot\varphi+\varphi+\frac{\pi}{2}}{\cot\varphi+\varphi-\frac{\pi}{2}}=\frac{\cot15°+15\times\frac{\pi}{180}+\frac{\pi}{2}}{\cot15°+15\times\frac{\pi}{180}-\frac{\pi}{2}}\approx2.296$$

$$N_c=\frac{\pi\cot\varphi}{\cot\varphi+\varphi-\frac{\pi}{2}}=\frac{\pi\times\cot15°}{\cot15°+15\times\frac{\pi}{180}-\frac{\pi}{2}}\approx4.839$$

$$p_{cr}=N_q\gamma D+N_c c=2.296\times18kN/m^3\times1m+4.839\times15kPa\approx113.91kPa$$

(2) 根据式(8-7)可求得临塑荷载 $p_{1/4}$。

$$N_\gamma=\frac{\pi}{4\left(\cot\varphi+\varphi-\frac{\pi}{2}\right)}=\frac{\pi}{4\left(\cot15°+15\times\frac{\pi}{180}-\frac{\pi}{2}\right)}\approx0.324$$

$$p_{1/4} = \gamma B N_\gamma + N_q \gamma D + c N_c = 18\text{kN/m}^3 \times 5\text{m} \times 0.324 + 2.296 \times 18\text{kN/m}^3 \times 1\text{m} + 4.839 \times 15\text{kPa}$$
$$\approx 143.07\text{kPa}$$

8.3 极限承载力计算

地基的极限承载力（Ultimate Bearing Capacity）是地基不致失稳时地基土单位面积上所能承受的最大荷载，一般记作 p_u。其确定方法一般有两种：①通过载荷板试验；②根据土的极限平衡理论和已知的边界条件，建立一些半经验半理论性的计算公式。由于推导时的假定条件不同，所得到的极限承载力计算公式也不同，下面介绍常用的几个极限承载力计算公式。

8.3.1 普朗特尔承载力公式

1. 普朗特尔基本解

普朗特尔（L. Prandtl，1920）根据极限平衡理论，对无重土地基、条形基础直接置于地基表面、基础底面光滑无摩擦情况下，地基的极限承载力进行了研究。普朗特尔认为当基底荷载达到极限值时，地基中形成了连续的塑性区且处于极限平衡状态，此时地基土中的滑裂面形状如图 8.5 所示。

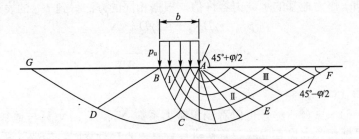

图 8.5 普朗特尔假设的滑裂面形状

地基的极限平衡区分成 3 个区：在基底下的 Ⅰ 区，由于基础底面光滑无摩擦，因此基底平面是最大主应力面，两组滑裂面与基础底面间成 $\left(45° + \dfrac{\varphi}{2}\right)$ 角，即 Ⅰ 区是朗金主动区；随着基础下沉，Ⅰ 区土楔向两侧挤压，因此 Ⅲ 区为朗金被动区，其水平向应力成为大主应力，该区的滑裂面也是由两组平面组成，且与地基表面，即小主应力作用平面成 $\left(45° - \dfrac{\varphi}{2}\right)$ 角；Ⅰ 区与 Ⅲ 区之间是过渡区 Ⅱ 区，第 Ⅱ 区的滑裂面一组是辐射线，另一组是对数螺旋线，如图 8.5 中的 CD 与 CE 所示，其方程为

$$r = r_0 e^{\theta \tan\varphi} \tag{8-9}$$

对于以上情形，普朗特尔得到的地基极限承载力公式为

$$p_u = c\left[e^{\pi\tan\varphi}\tan^2\left(\frac{\pi}{4} + \frac{\varphi}{2}\right) - 1\right]\cot\varphi = cN_c \tag{8-10}$$

式中　N_c——承载力系数，$N_c = \left[e^{\pi\tan\varphi}\tan^2\left(\dfrac{\pi}{4} + \dfrac{\varphi}{2}\right) - 1\right]\cot\varphi$。

2. 雷斯诺对普朗特尔公式的改进

一般浅基础都有一定的埋深 d，若埋深较浅时，可以忽略基础底面以上两侧土的抗剪强度，而将这部分土作为分布在基础两侧的均布荷载 $q=\gamma d$ 作用在 GF 面上，如图 8.6 所示。这部分超载限制了塑性区的滑动隆起，有助于地基极限承载力的提高。雷斯诺 (H. Reissner, 1924)在普朗特尔公式假定的基础上，导出了由这部分超载 q 而增加的承载力

$$p_u = q e^{\pi \tan\varphi} \tan^2 \left(\frac{\pi}{4} + \frac{\varphi}{2} \right) = q N_q \qquad (8-11)$$

式中 N_q——承载力系数，$N_q = e^{\pi \tan\varphi} \tan^2 \left(\frac{\pi}{4} + \frac{\varphi}{2} \right)$。

将式(8-10)和式(8-11)合并，得到不考虑土重时，埋深为 d 的条形浅基础极限承载力公式

$$p_u = q N_q + c N_c \qquad (8-12)$$

上述普朗特尔及雷斯诺推导的公式，均是在假定土的重度 $\gamma=0$ 的情况下得到的。从式(8-12)可以看到，当基础放置在砂土地基($c=0$)表面上($d=0$)时，地基承载力为零，这显然是不合埋的。导致这种不合理现象出现的主要原因是假定地基土的重度为零。但若考虑土的重力时，普朗特尔导出的滑裂面Ⅱ区中的 CD、CE 就不再是对数螺旋线了，其滑裂面形状非常复杂，目前尚无法按照极限平衡理论求得解析解。

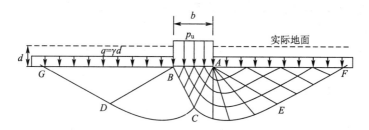

图 8.6 基础有埋深时的雷斯诺解

3. 泰勒对普朗特尔公式的改进

虽然考虑土体重力时，根据普朗特尔地基破坏模式无法按照极限平衡理论得到解析解，但是很多学者在此基础上作了一些近似计算。其中，泰勒的方法应用最多。

泰勒(Taylor, 1948)提出，若考虑土体重力时，仍然假定其滑裂面与普朗特尔公式一致，那么如图 8.6 所示的滑动土体 ABGDCEF 的重力，将使得滑裂面 GDCEF 上的抗剪强度提高。泰勒假定其增加值可用一个换算黏聚力 $c'=\gamma t$ 表示，其中 γ 为土的重度，t 为滑动土体的换算高度，$t=\frac{b}{2}\tan\left(\frac{\pi}{4}+\frac{\varphi}{2}\right)$。这样可以用 $(c+c')$ 代替式(8-12)中的 c，即得考虑土体重度的地基承载力计算公式

$$p_u = q N_q + (c+c')N_c = \frac{1}{2}\gamma b N_\gamma + q N_q + c N_c \qquad (8-13)$$

式中 N_γ——承载力系数，$N_\gamma = \tan\left(\frac{\pi}{4}+\frac{\varphi}{2}\right)\left[e^{\pi \tan\varphi}\tan^2\left(\frac{\pi}{4}+\frac{\varphi}{2}\right)-1\right]=$

$(N_q-1)\tan\left(\frac{\pi}{4}+\frac{\varphi}{2}\right)$。

8.3.2 太沙基承载力公式

太沙基（Terzaghi，1943）从实用角度建议，当基础的长宽比 $l/b \geqslant 5$ 并且基础的埋深与宽度之比 $d/b \leqslant 1$ 时，可以作为条形浅基础。基底以上的土体看作是作用在基础两侧的均布荷载 $q = \gamma d$。在此基础上，太沙基提出了其确定条形浅基础的极限荷载计算公式。

太沙基假定基础底面有完全光滑、完全粗糙和既非完全光滑也非完全粗糙三种情况，本节进行推导时只按照完全粗糙的情况进行讨论，地基滑裂面的形状如图 8.7 所示，也分成三个区：I 区在基底下的土楔 ABC，由于基底是粗糙的，存在很大的摩擦力，因此 AB 面不会产生剪切位移，也不再是大主应力面。此时，I 区内土体不是处于朗金主动状态，而是处于弹性压密状态，它与基底一起移动，滑裂面 AC、BC 与水平面成 ψ 角。一般情况下，基底完全粗糙时，$\psi = \varphi$；基底完全光滑时，$\psi = 45° + \varphi/2$；基底既非完全光滑也非完全粗糙时，ψ 角在两者之间。II 区假定与普朗特尔公式一致，滑裂面一组是通过点 A、B 的辐射线，另一组是对数螺旋线 CD、CE。前面已经指出，如果考虑土重时，滑裂面的形状不再是对数螺旋线，太沙基忽略了土重对滑裂面形状的影响，所以也是一种近似解。由于滑裂面 AC 与 CD 之间的夹角等于 $\left(\dfrac{\pi}{2} + \varphi\right)$，所以对数螺旋线在点 C 的切线是竖直的。

III 区是朗金被动区，滑裂面 AD、DF 与水平面成 $\left(\dfrac{\pi}{4} - \dfrac{\varphi}{2}\right)$ 角。

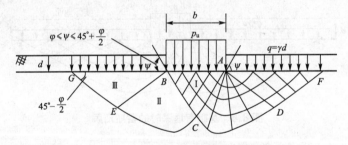

图 8.7 太沙基假定的滑裂面形状

若作用在基底的极限荷载是 p_u 时，假设地基此时发生整体剪切破坏，那么基底下的弹性压密区（I 区）ABC 将贯入土中，向两侧挤压土体 $ACDF$ 和 $BCEG$ 达到被动破坏。因此，在面 AC 及 BC 上将作用被动力 p_p，且与作用面法线方向成角 φ，故被动力 p_p 是竖直向的，如图 8.8 所示。

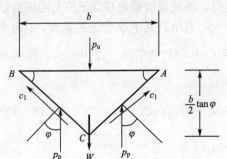

图 8.8 隔离体 ABC 受力示意图

取隔离体 ABC，考虑单位长基础，根据平衡条件，有

$$p_u b = 2c_1 \sin\varphi + 2p_p - W \qquad (8\text{-}14)$$

式中 c_1——滑裂面 AC 及 BC 上黏聚力的合力，$c_1 = c \cdot \overline{AC} = c \cdot \overline{BC} = \dfrac{c \cdot b}{2\cos\varphi}$；

W——土楔 ABC 的重力，$W = \dfrac{1}{2}\gamma H b = \dfrac{1}{4}\gamma b^2 \tan\varphi$。

由此式(8-14)可以写成

$$p_u = c\tan\varphi + \frac{2p_p}{b} - \frac{1}{4}\gamma b\tan\varphi \tag{8-15}$$

式中，被动力 p_p 是由土的重度 γ、黏聚力 c 和超载 q 三种因素引起的总值，目前尚不能精确求解。太沙基从实际工程要求的精度出发做了适当简化，认为浅基础的地基极限承载力可以近似假设为由如下三种情况近似结果的总和。

① 土无重度、有黏聚力和内摩擦角、无超载，即 $\gamma=0$，$c\neq0$，$\varphi\neq0$，$q=0$；

② 土无重度、无黏聚力、有内摩擦角、有超载，即 $\gamma=0$，$c=0$，$\varphi\neq0$，$q\neq0$；

③ 土有重度、无黏聚力、有内摩擦角、无超载，即 $\gamma\neq0$，$c=0$，$\varphi\neq0$，$q=0$。

最后，从式(8-15)可得太沙基的极限承载力公式

$$p_u = \frac{1}{2}\gamma b N_\gamma + q N_q + c N_c \tag{8-16}$$

式中 N_γ、N_q、N_c——太沙基承载力系数，它们都是无量纲系数，且仅与土的内摩擦角 φ 有关，可查表8-1。

表8-1 太沙基承载力系数表

φ /(°)	0	5	10	15	20	25	30	35	40	45
N_γ	0	0.51	1.20	1.80	4.00	11.0	21.8	45.4	125	326
N_q	1.00	1.64	2.69	4.45	7.42	12.7	22.5	41.4	81.3	173.3
N_c	5.71	7.32	9.58	12.9	17.6	25.1	37.2	57.7	95.7	172.2

应该指出，式(8-16)只适用于条形浅基础。对于圆形和方形基础，其地基土的失稳破坏模式属于三维空间问题，在数学上求解比较复杂，目前尚没有合理的理论解。太沙基对此建议了半经验的计算公式。

1) 圆形基础

$$p_u = 0.6\gamma R N_\gamma + q N_q + 1.2 c N_c \tag{8-17}$$

式中 R——圆形基础的半径。

2) 方形基础

$$p_u = 0.4\gamma b N_\gamma + q N_q + 1.2 c N_c \tag{8-18}$$

式(8-16)~式(8-18)只适用于地基土发生整体剪切破坏的情况，即地基土比较密实，p-s 曲线有明显拐点，破坏前沉降不大等情况。而对于松软地基土，地基发生局部剪切破坏，沉降较大的情况，其极限承载力一般较小。太沙基对此建议，采用较小的 φ'、c' 代入以上公式进行计算，即令

$$\tan\varphi' = \frac{2}{3}\tan\varphi, \quad c' = \frac{2}{3}c \tag{8-19}$$

根据 φ' 值从表8-1查得承载力系数 N_γ、N_q、N_c，并以 c' 代入以上公式进行计算。

8.3.3 考虑其他因素影响的承载力计算公式

前面所介绍的普朗特尔与太沙基承载力公式，都是针对中心竖向荷载作用下的浅基

础，并且忽略基础底面以上土的抗剪强度的作用。因此，若基础上荷载是倾斜的或者偏心的，基底形状是矩形的或圆形的，基础埋深比较深，计算时需要考虑基底以上土的抗剪强度的作用，或土中含有地下水时，就不能直接应用上述承载力计算公式。很多学者在这个领域进行了大量研究，下面介绍汉森（Hanson，1961）提出的中心倾斜荷载作用下，不同基础形状及不同埋深的极限承载力计算公式：

$$p_u = \frac{1}{2}\gamma b N_\gamma i_\gamma s_\gamma d_\gamma + q N_q i_q s_q d_q + c N_c i_c s_c d_c \tag{8-20}$$

式中 N_γ、N_q、N_c——汉森承载力系数，N_q、N_c 值与普朗特尔、雷斯诺公式相同，见式（8-11）和式（8-10），N_γ 值根据汉森建议，按照 $N_\gamma = 1.5(N_q - 1)$ $\tan\varphi$ 计算；

  i_γ、i_q、i_c——荷载倾斜系数；

  s_γ、s_q、s_c——基础形状系数；

  d_γ、d_q、d_c——基础埋置深度系数，其表达式可以参见表 8-2；

其他符号意义同前。

表 8-2 汉森公式的承载力修正系数表

系　　数	公　　式	说　　明
荷载倾斜系数	$i_\gamma = \left(1 - \dfrac{0.7H}{N + cA\cot\varphi}\right)^5 > 0$ $i_q = \left(1 - \dfrac{0.5H}{N + cA\cot\varphi}\right)^5 > 0$ $i_c = \begin{cases} 0.5 - 0.5\sqrt{1 - \dfrac{H}{cA}}, & \varphi = 0 \\[2mm] i_q - \dfrac{1 - i_q}{N_q - 1}, & \varphi > 0 \end{cases}$	N、H——作用在基础底面的竖向荷载与水平荷载； A——基础底面积，$A = b \times l$（偏心荷载时为有效面积 $A = b' \times l'$)
基础形状系数	$s_\gamma = 1 - 0.4 i_r K$ $s_q = 1 + i_q K \sin\varphi$ $s_c = 1 + 0.2 i_c K$	对于矩形基础，$K = \dfrac{b}{l}$； 对于方形或圆形基础，$K = 1$
深度系数	$d_\gamma = 1$ $d_q = \begin{cases} 1 + 2\tan\varphi(1 - \sin\varphi)^2 \dfrac{d}{b}, & \dfrac{d}{b} \leqslant 1 \\[2mm] 1 + 2\tan\varphi(1 - \sin\varphi)^2 \arctan\dfrac{d}{b}, & \dfrac{d}{b} > 1 \end{cases}$ $d_c = \begin{cases} d_q - \dfrac{1 - d_q}{N_q - 1}, & \varphi > 0 \\[2mm] \begin{cases} 1 + 0.4\dfrac{d}{b}, & \dfrac{d}{b} \leqslant 1 \\[2mm] 1 + 0.4\arctan\dfrac{d}{b}, & \dfrac{d}{b} > 1 \end{cases}, & \varphi = 0 \end{cases}$	偏心荷载作用下，b、l 均为有效宽度或长度 b'、l'

从式（8-20）可见，汉森计算公式考虑的承载力影响因素比较全面，在北欧等国外许多设计规范中得到广泛采用，例如丹麦的《基础工程实用规范》（DS 415—1965）等。下面对于汉森公式的使用作一简要的说明。

1）荷载偏心及倾斜的影响

若作用在基础底面的荷载是竖直偏心荷载，则计算极限承载力时，可引入假想的基础有效宽度 $b'=b-2e_b$ 来代替基础的实际宽度 b，其中 e_b 为荷载在宽度 b 方向的偏心距。若在两个方向上都存在偏心，则用基础的有效长度 $l'=l-2e_l$ 来代替基础的实际长度 l。

若作用荷载是倾斜的，汉森建议可以将中心竖向荷载作用时的承载力公式中的各项分别乘以荷载倾斜系数 i_γ、i_q、i_c，作为考虑荷载倾斜的影响。

2）基础底面形状及埋置深度的影响

矩形或圆形基础的极限荷载在数学上求解比较困难，目前都是根据各种形状基础所做的对比荷载试验，提出了将条形基础极限荷载公式逐项修正的公式。在表 8-2 中给出了基础形状修正系数 s_γ、s_q、s_c 的表达式。

前述的普朗特尔或太沙基公式都忽略了基底以上土的强度的影响，也就是假定滑裂面发展到基底水平面为止。这对于基础埋深较浅或基础底面以上土层较弱时是适用的，但是当基础埋深较大或基底以上土层的抗剪强度较大时，就应该考虑这一范围土的强度影响。汉森建议采用表 8-2 中的深度系数 d_γ、d_q、d_c 进行修正。

3）地下水的影响

式(8-20)中的第一项 γ 是基底以下最大滑动深度范围内地基土的重度，第二项（$q=\gamma d$）中的 γ 是基底以上地基土的重度，在进行承载力计算时，水下的土均取有效重度。如果在各自范围内的地基由重度不同的多层土组成，应按照层厚加权平均取值。

【例题8-2】 某条形浅基础宽 5m，基础埋深 1m，地基土为黏性土，其重度 $\gamma=18kN/m^3$，内摩擦角 $\varphi=15°$，黏聚力 $c=15kPa$，若该基础上作用竖直均布荷载，破坏时属于整体剪切破坏，分别采用太沙基公式及汉森公式确定其承载力。

解 （1）采用太沙基公式确定承载力。

由于地基属于整体剪切破坏，所以根据 $\varphi=15°$，查表 8-1 可得太沙基承载力系数为

$$N_\gamma=1.8, \quad N_q=4.45, \quad N_c=12.9$$

则根据式(8-16)，可得

$$p_u=\frac{1}{2}\gamma bN_\gamma+qN_q+cN_c=0.5\times18kN/m^3\times5m\times1.8+18kN/m^3\times1m\times4.45+15kPa\times12.9$$

$$=354.6kPa$$

（2）采用汉森公式确定承载力。

汉森承载力系数 N_q、N_c 根据式(8-10)、式(8-11)，可得

$$N_q=e^{\pi\tan\varphi}\tan^2\left(\frac{\pi}{4}+\frac{\varphi}{2}\right)=2.320\times1.698\approx3.94$$

$$N_c=\left[e^{\pi\tan\varphi}\tan^2\left(\frac{\pi}{4}+\frac{\varphi}{2}\right)-1\right]\cot\varphi=(3.94-1)\times3.732\approx11.0$$

$$N_\gamma=1.5(N_q-1)\tan\varphi=1.18$$

由于基础作用竖直荷载，根据表 8-2 中相应公式可得汉森荷载倾斜系数 $i_\gamma=i_q=i_c=1$；条形基础的形状系数 $s_\gamma=s_q=s_c=1$。

基础埋深系数根据表 8-2 中相应公式，可得

$$d_\gamma=1$$

$$d_q=1+2\tan\varphi(1-\sin\varphi)^2\frac{d}{b}=1+2\times\tan15°\times(1-\sin15°)^2\times0.2=1.06$$

$$d_c = 1 + 0.35\frac{d}{b} = 1.07$$

则根据式(8-20)，可得

$$
\begin{aligned}
p_u &= \frac{1}{2}\gamma b N_\gamma i_\gamma s_\gamma d_\gamma + q N_q i_q s_q d_q + c N_c i_c s_c d_c \\
&= \frac{18\text{kN/m}^3}{2} \times 5\text{m} \times 1.18 + 18\text{kN/m}^3 \times 1\text{m} \times 3.94 \times 1.06 + 15\text{kN/m}^3 \times 1\text{m} \times 11.0 \times 1.07 \\
&= 304.8\text{kPa}
\end{aligned}
$$

▌8.4 规范方法确定地基承载力

从前面的学习可以得知，地基承载力设计值除了与土的抗剪强度参数有关之外，还与基础形状、埋深有关，而且还涉及设计安全度的概念。

8.4.1 地基承载力的设计理论

为了满足地基的强度与稳定性的要求，设计时必须控制基底压力不得大于某一界限值。地基承载力设计可以按照三种理论进行，即容许承载力设计理论、单一安全系数法和分项安全系数法。

1. 容许承载力设计原则

容许承载力设计原则是我国最常用的方法。我国交通部 2007 年颁布的《公路桥涵地基与基础设计规范》(JTG D63—2007)就采用了容许承载力设计原则，并将地基容许承载力称为地基承载力容许值。

地基承载力容许值是指不仅满足强度和稳定性的要求，同时还必须满足建筑物容许变形的要求，即同时满足强度和变形的要求，其设计表达式为

$$p \leqslant [f_a] \tag{8-21}$$

式中　p——基础底面的平均压力；

$[f_a]$——地基承载力容许值。

地基承载力容许值可以由载荷试验求得，也可以根据理论公式计算。可以根据土层的特点和设计需要，采用不同的取值标准；用理论公式时也可根据需要，采用临塑荷载公式或者临界荷载计算公式。

2. 单一安全系数设计方法

实际上，承载力容许值已经隐含了保证安全度的安全系数，在设计表达式中不再出现安全系数。若将安全系数作为控制设计的标准，在设计表达式中出现的极限承载力设计方法，称为单一安全系数法，其设计表达式为

$$p \leqslant \frac{p_u}{K} \tag{8-22}$$

式中　p_u——地基极限承载力；

  K——安全系数。

  与确定地基承载力容许值类似，地基极限承载力也可以由载荷试验求得或用理论公式(如普朗特尔公式、太沙基公式或汉森公式等)计算。我国某些规范，如最近颁布的《港口工程地基规范》(JTS 147—1—2010)采用极限承载力公式，但是积累的工程经验不是很多。国外普遍采用极限承载力公式，其安全系数一般采用2~3。

  3. 分项安全系数法

  国际标准《结构可靠性总原则》(ISO 2394)对土木工程领域的设计采用了以概率理论为基础的极限状态设计方法。我国从20世纪80年代开始在建筑工程领域内采用概率极限状态设计原则。现行的中华人民共和国国家标准《建筑地基基础设计规范》(GB 50007—2011)就是根据这一原则制定的。不过该规范虽然采用概率极限状态设计原则确定地基承载力采用特征值，但是由于地基基础设计中，有些参数因为统计的困难和统计资料的不足，在很大程度上还要凭借经验确定。

  在本节，着重介绍《公路桥涵地基与基础设计规范》(JTG D63—2007)中的地基承载力容许值与《建筑地基基础设计规范》(GB 50007—2011)中的地基承载力特征值的确定。

8.4.2 地基承载力容许值的确定

  桥涵地基的承载力容许值，可以根据地质勘查、原位测试、野外载荷试验、邻近旧桥涵调查对比，以及既有的工程经验和理论公式的计算综合分析确定。另外，在我国《公路桥涵地基与基础设计规范》(JTG D63—2007)中给出了各类土的地基承载力容许值表及计算公式，以供公路桥涵设计时使用。

  1. 根据载荷板试验的 p-s 曲线确定承载力容许值

  从载荷试验曲线确定地基承载力容许值时，一般有三种确定方法。

  (1)用极限荷载 p_u 除以安全系数 K 可得到承载力容许值，一般安全系数取2~3。

  (2)取曲线上的比例界限荷载 p_{cr} 作为承载力容许值。

  (3)对于拐点不明显的试验曲线，可以用相对变形来确定地基承载力容许值。对于软塑或可塑黏性土，取相对沉降 $s=0.02b$(b 为载荷板宽度或直径)对应的压力为地基承载力容许值；对砂土或坚硬黏性土取 $s=(0.01\sim0.015)b$ 对应的压力为地基承载力容许值。

  2. 根据规范确定地基承载力容许值

  规范中给出了当设计的基础宽度 $b\leqslant2m$、埋深 $h\leqslant3m$ 时的地基承载力基本容许值，用 $[f_{a0}]$ 表示。若设计的基础宽度和埋深符合上述规定，地基承载力容许值就可以根据土的物理力学性质指标，直接从规范给出的地基承载力基本容许值表中选用。本节从规范中摘录了部分地基承载力基本容许值表格，以供学习参考(表8-3~表8-6)。详细内容需参阅规范中的有关条文。

表 8-3 一般黏性土地基承载力基本容许值 $[f_{a0}]$ 单位：kPa

e	0	0.1	0.2	0.3	0.4	0.5	0.6	0.7	0.8	0.9	1.0	1.1	1.2
0.5	450	440	430	420	400	380	350	310	270	240	220	—	—
0.6	420	410	400	380	360	340	310	280	250	220	200	180	—

（续）

e	0	0.1	0.2	0.3	0.4	0.5	0.6	0.7	0.8	0.9	1.0	1.1	1.2
0.7	400	370	350	330	310	290	270	240	220	190	170	160	150
0.8	380	330	300	280	260	240	230	210	180	160	150	140	130
0.9	320	280	260	240	220	210	190	180	160	140	130	120	100
1.0	250	230	220	210	190	170	160	150	140	120	110	—	—
1.1	—		160	150	140	130	120	110	100	90	—	—	—

注：1. 一般黏性土是指第四纪全新世（Q_4）（文化期以前）沉积的黏性土，一般为正常沉积的黏性土。

2. 土中含有粒径大于 2mm 的颗粒质量超过全部质量 30％以上的，$[f_{a0}]$ 可以适当提高。

3. 当 $e<0.5$ 时，取 $e=0.5$；$I_L<0$ 时，取 $I_L=0$。此外，超过表列范围的一般黏性土，$[f_{a0}]$ 可以按照下式计算：

$$[f_{a0}]=57.22E^{0.57s}$$

式中　　E_s——土的压缩模量（MPa）；

$[f_{a0}]$——一般黏性土的承载力基本容许值（kPa）。

表 8-4　老黏性土地基承载力基本容许值

E_s/MPa	10	15	20	25	30	35	40
$[f_{a0}]$/kPa	380	430	470	510	550	580	620

注：$E_s=\dfrac{1+e_1}{a_{1-2}}$。

式中　　e_1——压力为 0.1MPa 时，土样的孔隙比；

a_{1-2}——对应于 0.1～0.2MPa 压力段的压缩系数（MPa^{-1}）。

表 8-5　新近沉积黏性土地基承载力基本容许值 $[f_{a0}]$　　　　单位：kPa

e	I_L		
	<0.25	0.75	1.25
≤0.8	140	120	100
0.9	130	110	90
1.0	120	100	80
1.1	110	90	—

表 8-6　砂土地基承载力基本容许值 $[f_{a0}]$　　　　单位：kPa

土　名	湿度及水位	密实度			
		密实	中密	稍密	松散
砾砂、粗砂	与湿度无关	550	430	370	200
中砂	与湿度无关	450	370	330	150

（续）

土　名	湿度及水位	密实度			
		密实	中密	稍密	松散
细砂	水上	350	270	230	100
	水下	300	210	190	—
粉砂	水上	300	210	190	—
	水下	200	110	90	—

注：1. 砂土的密实度按照相对密度 D_r 或标准贯入试验锤击数 N 确定。
　　2. 在地下水位以上的地基土的湿度称为"水上"。
　　3. 在地下水位以下的地基土的湿度称为"水下"。

3. 地基承载力容许值的修正和提高

当设计的基础宽度 $b>2m$，埋深 $h>3m$，且 $\dfrac{h}{b}\leqslant4$ 时，地基承载力容许值 $[f_a]$ 可在 $[f_{a0}]$ 的基础上修正提高，规范给出了下述公式

$$[f_a]=[f_{a0}]+k_1\gamma_1(b-2)+k_2\gamma_2(h-3) \tag{8-23}$$

式中　$[f_a]$——地基土修正后的承载力容许值(kPa)；

　　　$[f_{a0}]$——按照规范相应表格查得的地基土承载力基本容许值(kPa)；

　　　b——基础验算剖面的底面最小边宽(或直径)(m) (当 $b<2m$ 时，取 $b=2m$；当 $b>10m$ 时，按照 $b=10m$ 计算)；

　　　h——基础的埋置深度(m) (对于受水流冲刷的基础，由一般冲刷线算起；对于不受水流冲刷的基础，由天然地面算起；位于挖方内的基础，由挖方后的地面算起；当 $h\leqslant3m$ 时，取 $h=3m$ 计算)；

　　　γ_1——基础底面下持力层土的天然重度(kN/m³)，若持力层在水下且为透水性土时，应采用浮重度；

　　　γ_2——基底以上土的重度(多层土时采用各层土重度的加权平均值)(kN/m³)(若持力层在水下且是不透水的，则不论基底以上土的透水性如何，应一律采用饱和重度；若持力层为透水的，则水中部分土层采用浮重度)；

　　　k_1、k_2——地基土的承载力容许值随基础宽度和埋深的修正系数，按持力层土的类别和性质由表8-7查取。

表8-7　地基土承载力容许值宽度、深度修正系数

系数＼土类	黏性土					黄土		
	老黏性土	一般黏性土		新近沉积黏性土	残积土	新近堆积黄土	一般新黄土	老黄土
		$I_L<0.5$	$I_L\geqslant0.5$					
k_1	0	0	0	0	0	0	0	0
k_2	2.5	2.5	1.5	1.0	1.5	1.0	1.5	1.5

（续）

| 土类 | 砂　　土 | | | | | | | | 碎石土 | | | |
| 系数 | 粉砂 | | 细砂 | | 中砂 | | 砾砂、粗砂 | | 碎石、圆砾、角砾 | | 卵石 | |
	中密	密实	中密	密实	中密	密实	中密	密实	中密	密实	中密	密实
k_1	1.0	1.2	1.5	2.0	2.0	3.0	3.0	4.0	3.0	4.0	3.0	4.0
k_2	2.0	2.5	3.0	4.0	4.0	5.5	5.0	6.0	5.0	6.0	6.0	10.0

注：1. 对于稍密和松散状态的砂、碎石土，k_1、k_2 值可采用表列中密值的50%。

2. 强风化和全风化的岩石，k_1、k_2 值可参考所风化成的相应土类取值，其他情况下的岩石不修正。

8.4.3　地基承载力特征值的确定

我国现行的《建筑地基基础设计规范》（GB 50007—2011）采用"特征值"，用以表示正常使用极限状态计算时采用的地基承载力和单桩承载力的值，其含义为在发挥正常使用功能时所允许采用的抗力设计值。地基承载力特征值是指由载荷试验测定的地基土压力变形曲线线性变形段内规定的变形所对应的压力值，其最大值为比例界限值。地基承载力特征值可由载荷试验或其他原位测试、公式计算，并结合工程实践经验等方法综合确定。

1. 按照载荷试验确定地基土承载力特征值

在现场通过一定尺寸的载荷板对扰动较小的地基土体直接施加荷载，所测得的成果一般能反映相当1~2倍载荷板宽度的深度以内土体的平均力学性质。载荷板试验比较可靠，能够比较真实地反映原位地基土体的承载力，但是一般费用较高，耗时较长，规范只要求对地基基础设计等级为甲级的建筑物采用载荷板试验、理论公式计算及其他原位试验等方法综合确定。除了载荷试验外，静力触探、动力触探、标准贯入试验等原位测试，在我国也积累了丰富经验，《建筑地基基础设计规范》（GB 50007—2011）允许将其应用于确定地基承载力特征值。但是强调必须有地区经验，即当地的对比资料，还应对承载力特征值进行基础宽度和埋置深度修正。该规范规定：当基础宽度大于3m或埋深大于0.5m时，从载荷试验或其他原位测试、经验值等方法确定的承载力特征值需要按照式（8-24）修正。

$$f_a = f_{ak} + \eta_b \gamma (b-3) + \eta_d \gamma_m (d-0.5) \qquad (8-24)$$

式中　f_a——修正后的地基承载力特征值（kPa）；

f_{ak}——根据载荷试验或其他原位测试、经验值等方法确定的地基承载力特征值（kPa）；

γ——基础底面以下土的重度，地下水位以下取浮重度；

b——基础底面宽度（m）（当基础宽度小于3m时，按3m取值；大于6m时，按照6m取值）；

γ_m——基础底面以上土的加权平均重度，地下水位以下取浮重度；

d——基础埋置深度(m),当 $d<0.5$m 时按 0.5m 取值,一般自室外地面标高算起(在填方整平地区,可自填土地面标高算起,但填土在上部结构施工后完成时,应从天然地面标高算起。对于地下室,若采用箱形基础或筏基时,基础埋深自室外地面标高算起;当采用独立基础或条形基础时,应从室内地面标高算起);

η_b、η_d——地基承载力特征值的宽度、深度修正系数,其值可查表 8-8。

表 8-8 地基承载力修正系数

土的类别		η_b	η_d
淤泥和淤泥质土		0	1.0
人工填土,e 或 I_L 大于等于 0.85 的黏性土		0	1.0
红黏土	含水比 $a_w>0.8$	0	1.2
	含水比 $a_w \leqslant 0.8$	0.15	1.4
大面积压实填土	压实系数人于 0.95、黏粒含量 $\rho_c \geqslant 10\%$ 的粉土	0	1.5
	最大干密度大于 2.1t/m³ 的级配砂石	0	2.0
粉土	黏粒含量 $\rho_c \geqslant 10\%$ 的粉土	0.3	1.5
	黏粒含量 $\rho_c<10\%$ 的粉土	0.5	2.0
e 和 I_L 都小于 0.85 的黏性土		0.3	1.6
粉砂、细砂(不包括很湿与饱和时的稍密状态)		2.0	3.0
中砂、粗砂、砾砂和碎石土		3.0	4.4

注:1. 强风化和全风化的岩石,可参照所风化的相应土类取值,其他状态下的岩石不修正。
  2. 地基承载力特征值按《建筑地基基础设计规范》(GB 50007—2011)附录 D 深层平板载荷试验确定时,深度修正系数 $\eta_d=0$。

同时还应注意,当地基基础设计等级为甲级和乙级时,应结合室内试验结果综合分析,不宜单独使用。

2. 按《建筑地基基础设计规范》(GB 50007—2011)推荐的理论公式确定承载力特征值

对于荷载偏心距 $e \leqslant 0.033b$(b 为偏心方向的基础底面宽度)时,根据土的抗剪强度指标确定地基承载力特征值可按式(8-25)计算,并应满足变形要求

$$f_a = M_b \gamma b + M_d \gamma_m d + M_c c_k \tag{8-25}$$

式中 f_a——由土的抗剪强度指标确定的地基承载力特征值(kPa);

  b——基础底面宽度(m)(大于 6m 时按照 6m 取值,对于砂土,小于 3m 时按3m 取值);

  c_k——基底下一倍短边宽度的深度范围内土的黏聚力标准值(kPa);

M_b、M_d、M_c——承载力系数,根据 φ_k 值查表 8-9 可得;

  φ_k——基底下一倍短边宽度的深度范围内土的内摩擦角标准值;

其他符号意义同式(8-24)。

表 8-9　承载力系数 M_b、M_d、M_c

土的内摩擦角 标准值 $\varphi_k/(°)$	M_b	M_d	M_c
0	0	1.00	3.14
2	0.03	1.12	3.32
4	0.06	1.25	3.51
6	0.10	1.39	3.71
8	0.14	1.55	3.93
10	0.18	1.73	4.17
12	0.23	1.94	4.42
14	0.29	2.17	4.69
16	0.36	2.43	5.00
18	0.43	2.72	5.31
20	0.51	3.06	5.66
22	0.61	3.44	6.04
24	0.80	3.87	6.45
26	1.10	4.37	6.90
28	1.40	4.93	7.40
30	1.90	5.59	7.95
32	2.60	6.35	8.55
34	3.40	7.21	9.22
36	4.20	8.25	9.97
38	5.00	9.44	10.80
40	5.80	10.84	11.73

【例题 8-3】　某桥墩基础底面宽度 $b=5$m，长度 $l=10$m，埋置深度（一般冲刷下）$h=4$m，作用在基础底面中心的竖直荷载 $N=10000$kN，地基土为一般黏性土，天然孔隙比 $e=0.85$，液性指数 $I_L=0.7$，地基土在水面以下的重度为 $\gamma_{sat}=26$kN/m³，试根据《公路桥涵地基与基础设计规范》(JTG D63—2007)验算地基承载力是否满足。

解　(1) 根据地基土的天然孔隙比 $e=0.85$，液性指数 $I_L=0.7$，查表 8-3，并由内插法可得

$$[f_{a0}]=\frac{(210+180)\text{kPa}}{2}=195\text{kPa}$$

(2) 根据地基土的液性指数 $I_L=0.7>0.5$，查表 8-7 可得：$k_1=0$，$k_2=1.5$。

由于基础持力层是水面以下的不透水层，所以不论基底以上土的透水性如何，一律采用饱和重度 $\gamma_2=\gamma_{sat}=26$kN/m³。则经过深宽修正后的地基承载力容许值为

$[f_a]=[f_{a0}]+k_1\gamma_1(b-2)+k_2\gamma_2(h-3)=195\text{kPa}+1.5\times26\text{kN/m}^3\times(4\text{m}-3\text{m})=234\text{kPa}$

（3）基底压力 $\sigma=\dfrac{N}{b\times l}=\dfrac{10000\text{kN}}{5\text{m}\times10\text{m}}=200\text{kPa}<[f_a]$，所以地基承载力满足要求。

【例题8-4】　某建筑场地地质条件为，第一层：杂填土，层厚1m，$\gamma=18\text{kN/m}^3$；第二层：粉质黏土，层厚6m，$\gamma=19\text{kN/m}^3$，$e=0.9$，液性指数 $I_L=0.91$，地基承载力特征值 $f_{ak}=135\text{kPa}$。基础采用箱形基础，底面尺寸为 $8.5\text{m}\times32\text{m}$，埋深为4m，试根据《建筑地基基础设计规范》（GB 50007—2011)求地基承载力特征值。

解　箱形基础宽度 $b=8.5\text{m}>6\text{m}$ 时，按照6m计算。

持力层为粉质黏土，且 $e=0.9>0.85$，故查表8-8，可得 $\eta_b=0$，$\eta_d=1.0$。

基础底面以上土的加权平均重度为

$$\gamma_m=\frac{(18\times1+19\times3)\text{kN/m}^3}{4}=18.75\text{kN/m}^3$$

地基承载力特征值为

$$f_a=f_{ak}+\eta_b\gamma(b-3)+\eta_d\gamma_m(d-0.5)$$
$$=135\text{kPa}+0\times19\text{kN/m}^3\times(6-3)\text{m}+1\times18.75\text{m}\times(4\quad0.5)\text{m}=200.6\text{kPa}$$

【例题8-5】　某建筑物承受竖向中心荷载的柱下独立基础底面尺寸为 $3.5\text{m}\times1.8\text{m}$，埋深为1.8m，地下水位线与基础底面持平，地基土为粉土，其饱和重度为 $\gamma_{sat}=17.8\text{kN/m}^3$，黏聚力和内摩擦角的标准值分别为 $c_k=2.5\text{kPa}$，$\varphi_k=30°$，试根据《建筑地基基础设计规范》（GB 50007—2011)确定该地基承载力特征值。

解　根据地基土内摩擦角的标准值 $\varphi_k=30°$，查表8-9可得

$$M_b=1.9,\quad M_d=5.59,\quad M_c=7.95$$

基础底面以下为透水的粉土，故采用浮重度 $\gamma=(17.8-10)\text{kN/m}^3=7.8\text{kN/m}^3$

则根据式(8-25)可得地基承载力特征值为

$$f_a=M_b\gamma b+M_d\gamma_m d+M_c c_k$$
$$=1.9\times7.8\text{kN/m}^3\times1.8\text{m}+5.59\times17.8\text{kN/m}^3\times1.8\text{m}+7.95\times2.5\text{kPa}=146.0\text{kPa}$$

8.5 关于地基承载力的讨论

地基承载力理论是土力学的主要经典课题之一，影响因素比较多，是一个非常复杂的问题。地基承载力大小的确定除了与地基土的性质有关以外，还取决于基础的形状、荷载作用方式以及建筑物对沉降控制的要求等多种因素。地基基础设计时，必须满足上部结构荷载通过基础传到地基土的压力不得大于地基承载力的要求，以确保地基土不丧失稳定性。因此本节中着重对前几节介绍的确定地基承载力的几种方法中的一些主要问题进行简要讨论，以便读者加深理解和准确运用。

1. 关于荷载板试验确定地基承载力

首先，在8.4节中所介绍的从荷载试验曲线中用三种方法确定的地基承载力，从理论上讲，均未包括基础埋置深度对地基承载力的影响。而基础的形式，尤其是基础的埋深对地基承载力的影响是很显著的。因此，用荷载试验曲线确定地基承载力容许值或地基承载力特征值时，应进行深度修正。

其次，大多数情况下，荷载试验的压板宽度总是小于实际基础的宽度，这种尺寸效应是不能忽略的。这里，一方面要考虑到基础宽度较压板宽度大而导致实际承载比试验承载力高（宽度修正）；另一方面要考虑到基础宽度大，必然导致附加应力影响深度增加而使基础的变形要远大于荷载试验结果。因此即使用相对变形方法确定的承载力容许值也不能确切反映基础的变形控制要求，因而有必要时应进行地基和基础的变形验算。

2. 关于临塑荷载和临界荷载

从8.2节临塑荷载与临界荷载计算公式推导中，可以得出以下几点结论。

（1）计算公式适用于条形基础。这些计算公式是从平面问题的条形均布荷载情况下导得的，若将它近似地用于矩形基础，其结果是偏于安全的。

（2）计算土中由自重产生的主应力时，假定土的侧压力系数 $K_0=1$，其实这是与土的实际情况不符的，但这样可使计算公式简化。一般来说，这样假定的结果会导致计算的塑性区范围比实际偏小一些。

（3）在计算临界荷载 $p_{1/4}$ 时，土中已出现塑性区，但这时仍按弹性理论计算土中应力，这在理论上是相互矛盾的，其所引起的误差是随着塑性区范围的扩大而加大。

3. 关于极限承载力计算公式

确定地基极限承载力的理论公式很多，但基本上都是在普朗特尔解的基础上经过不同修正发展起来的，适用于一定的条件和范围。对于平面问题，若不考虑基础形状和荷载的作用方式，则地基极限承载力的一般计算公式为

$$p_u=\gamma b N_\gamma + q N_q + c N_c \tag{8-26}$$

式(8-26)表明，地基极限承载力由换算成单位基础宽度的三部分土体抗力组成：①滑裂土体自重所产生的摩擦抗力；②基础两侧均布荷载所产生的抗力；③滑裂面上黏聚力 c 所产生的抗力。上述三部分抗力中，第一种抗力的大小，除了决定于土的重度 γ 和内摩擦角 φ 以外，还决定于滑裂土体的体积。由于滑裂土体的体积与基础的宽度大体上是平方的关系。因此，极限承载力将随基础宽度 b 的增加而线性增加。第二、第三种抗力的大小，首先决定于超载 q 和土的黏聚力 c，其次决定于滑裂面的形状和长度。由于滑裂面的长度大体上与基础宽度按相同的比例增加，因此，由黏聚力 c 所引起的极限承载力，不受基础宽度的影响。

另外，承载力系数 N_γ、N_q 和 N_c 的大小取决于滑裂面形状，而滑裂面的大小首先取决于 φ 值，因此 N_γ、N_q 和 N_c 都是 φ 的函数。但不同承载力公式对滑裂面形状有不同的假定，使得不同承载力公式的承载力系数不尽相同，但它们都有相同的趋势，分析它们的趋势，可得到如下结论。

（1）N_γ、N_q 和 N_c 随内摩擦角 φ 值的增加变化较大，特别是 N_γ 值。当 $\varphi=0$ 时，$N_\gamma=0$，这时可不计土体自重对承载力的贡献。随着 φ 值的增加，N_γ 值增加较快，这时土体自重对承载力的贡献增加。

（2）对于无黏性土（$c=0$），基础的埋深对承载力起着重要作用，这时，基础埋深太浅，地基承载力会显著下降。

不同极限承载力公式是在不同假定情况下推导出来的，因此在确定地基承载力容许值时，其选用的安全系数不尽相同。一般用太沙基极限承载力公式，安全系数采用3；用汉森公式，对于无黏土可取2，对于黏性土可取3。

应当指出的是，所有极限承载力公式都是在土体刚塑性假定下推导出来的。实际上，土体在荷载作用下不但会产生压缩变形而且也会产生剪切变形，这是目前极限承载力公式中共同存在的主要问题。因此对地基变形较大时，用极限承载力公式计算的结果有时并不能反映地基土的实际情况。

4. 关于按规范法确定地基承载力

在《公路桥涵地基基础设计规范》(JTG D63—2007)中所给出的各类土的地基承载力容许值表及有关计算公式，是根据大量的地基荷载试验资料及已建成桥梁的使用经验，经过统计分析后得到的。由于按规范确定地基承载力容许值比较简便，因此在一般的桥涵基础设计中得到广泛应用。但也应指出，由于我国地域广阔，土质情况比较复杂，制定规范时所收集的资料其代表性也有很大的局限性，因此有些地区的土类、特殊土类或性质比较复杂的土类，在规范中均未列入，或所给的数值与实际情况差异较大，这时就应采用多种方法综合分析确定。

在规范法确定地基承载力容许值时，要用修正公式进行宽度和深度修正。但应该指出，确定地基承载力容许值时，不仅要考虑地基强度，还要考虑基础沉降的影响。因此在表 8-7 中黏性土的宽度修正系数 k_1 均等于零，这是因为黏性土在外荷载作用下，后期沉降量较大，基础越宽，沉降量也越大，这对桥涵的正常运营很不利，故除在制定基本承载力时已经考虑基础平均宽度的影响外，一般不再做宽度修正。而砂土等粗颗粒土，其后期沉降量较小，对运营影响不大，故可做宽度修正提高。此外，在进行宽度修正时，还规定若基础宽度 $b>10\text{m}$ 时，只能按 $b=10\text{m}$ 计算修正，这是因为宽度越大，基础沉降也越大，故须对宽度修正做一定的经验性限制。

在进行深度修正时，规定只有在基础相对埋深 $h/b\leqslant 4$ 时才能修正。这是因为上述的修正公式(8-23)是按照浅基础概念制定的，当 $h/b>4$ 时，已经属于深基础范畴，故不能按式(8-23)修正，须另行考虑。

还应指出，对于一般工程和一般地质条件，在缺乏试验资料时，可结合当地具体情况和实践经验，按规范中所给表格数值及公式计算地基承载力容许值。对于重要工程或地质条件复杂时，应进行必要的室内外试验，经综合分析才能确定合适的地基承载力容许值。需要指出的是，《公路桥涵地基基础设计规范》(JTG D63—2007)给出的地基承载力容许值表主要是从强度方面定义承载力容许值(相对于极限承载力而言)。但是，我国幅员辽阔，土质相差巨大，地基承载力表的数值很难在全国各地都适用，不利于因地制宜确定建设场地的地基承载力。因此，在《建筑地基基础设计规范》(GB 50007—2011)取消了用土的物理性指标确定地基承载力特征值的表格。

背 景 知 识

容许承载力与承载力容许值

确定地基承载力有三种理论，容许承载力设计原则是其中一种，它是我国最常用的方法，也积累了丰富的工程经验。

按照我国的设计习惯，容许承载力一词实际上包括了两种概念：一种仅指取用的承载力满足强度与稳定性的要求，在荷载作用下地基土尚处于弹性状态仅局部出现了塑性区，取用的承载力值距极限承载力有足够的安全度；另一种概念是指不仅满足强度和稳定性的要求，同时还必须满足建筑物容许变形的要求，即同时满足强度和变形的要求。

前一种概念完全限于地基承载力能力的取值问题，是对强度和稳定性的一种控制标准，是相对于极限承载力而言的；后一种概念是对地基设计的控制标准，地基设计必须同时满足强度和变形两方面的要求，缺一不可。显然，这两个概念说的不是同一个范畴的问题，但由于都用了"容许承载力"这一术语，容易使人混淆概念，例如我国交通部1985年发布的《公路桥涵地基与基础设计规范》（JTJ 024—1985）。所以最近颁布的《公路桥涵地基与基础设计规范》（JTG D63—2007）为了区分这两个不同概念，将"地基容许承载力"称为"地基承载力容许值"，并定义地基承载力基本容许值为在地基土的压力 p-变形 s 曲线线性变形段内相应于不超过比例界限点的地基压力。公路桥涵地基承载力容许值，可根据地质勘测、原位测试、野外载荷试验等方法确定，其值不应大于地基极限承载力的一半。

本 章 小 结

为了保证建筑物的安全和正常使用，必须预先对建筑物地基的承载力进行估算。本章讲述的内容主要有地基的破坏模式、浅基础的临塑荷载和临界荷载、极限承载力、承载力容许值以及地基承载力特征值的选取等。

地基的破坏模式可分为整体剪切破坏、局部剪切破坏和刺入剪切破坏三种模式，地基的破坏形式除了与地基土的性质有关外，还与基础埋深、加荷速率等因素有关。极限承载力计算方法有普朗特尔承载力公式、太沙基承载力公式与汉森承载力公式等，不同极限承载力公式是在不同假定情况下推导出来的，因此在确定地基承载力容许值时，其选用的安全系数不尽相同。本章还介绍了确定地基承载力的规范方法，主要介绍了《公路桥涵地基与基础设计规范》（JTG D63—2007）中的地基承载力容许值与《建筑地基基础设计规范》（GB 50007—2011）中的地基承载力特征值的选取。

思 考 题 与 习 题

8-1　地基破坏的形式有哪几种，与土的性质有什么关系？

8-2　怎样根据地基塑性区开展深度来确定临界荷载？基本假定是什么？导出的公式存在什么缺点？

8-3　比较所介绍的几个极限承载力公式的特点。

8-4　地下水位的升降，对地基承载力有什么影响？

8-5　地基承载力容许值与地基承载力特征值在概念上有何区别？

8-6　按照式（8-23）对承载力容许值进行深宽修正时，为何必须限定 $h/b \leqslant 4$？

8-7　试说明所介绍的几个极限承载力公式共有的局限性。

8-8 将条形基础的极限荷载公式计算结果用于方形基础，是偏于安全还是不安全？

8-9 某条形浅基础宽 3m，埋深 2m，作用在基础底面的均布荷载 $p=180$kPa，地基土的内摩擦角 $\varphi=15°$，黏聚力 $c=15$kPa，重度 $\gamma=18$kN/m³。试求地基中塑性区范围。（参考答案：$z=9.84\sin2\alpha-5.09\alpha-5.11$）

8-10 条形基础宽 3m，埋深 2m，地基土为一般黏性土，内摩擦角 $\varphi=15°$，黏聚力 $c=15$kPa，重度 $\gamma=18$kN/m³。试求该基础的临塑荷载和临界荷载 $p_{1/4}$、$p_{1/3}$。（参考答案：155.6kPa，173.4kPa，179.3kPa）

8-11 某方形基础受中心竖直荷载作用，基础底面尺寸为 5m×5m，埋深为 2m，地基为坚硬黏土，重度 $\gamma=18.2$kN/m³，内摩擦角 $\varphi=20°$，黏聚力 $c=15$kPa，若地基发生整体剪切破坏。试分别根据太沙基公式及汉森公式确定地基极限承载力。（参考答案：964.2kPa，847.8kPa）

8-12 某建筑物承受中心竖向荷载的柱下独立基础尺寸为 2.5m×1.5m，埋深为 1.6m，地基土为粉土，内摩擦角标准值 $\varphi=22°$，黏聚力标准值 $c=1.2$kPa，重度 $\gamma=17.8$kN/m³。试确定地基承载力特征值。（参考答案：121.5kPa）

8-13 试用《公路桥涵地基与基础设计规范》（JTG D63—2007）方法以及太沙基极限荷载公式确定地基承载力容许值，对两种方法的计算结果进行比较。已知地基土为一般黏性土，$\gamma=19.1$kN/m³，$e=0.9$，$I_L=0.56$，$c=45.1$kPa，$\varphi=15°$。方形基础的宽度为 2m，埋深为 3m，载荷试验的比例界限 $p_{cr}=127.5$kPa。（参考答案：198kPa，288.1kPa，规范方法与载荷试验的比例界限更接近一些，而太沙基公式计算结果偏大）

第9章
土的动力特征

- **概念及基本原理**

【掌握】动荷载、砂土液化、土的压实度、最大干密度、最优含水量、设计基本地震加速度、动剪切模量、阻尼比

【理解】击实曲线、动力荷载影响土的强度及变形特性的机理

- **计算理论及计算方法**

【掌握】压实度、最大干密度、最优含水量之间的关系；地基液化的判别方法及步骤；规范法判别液化的基本原理

- **试验**

【掌握】击实试验

【理解】土动力特征参数测定方法

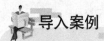 导入案例

振 动 液 化

砂土液化指饱水的砂土在震动作用下颗粒排列发生变化，表现出类似液体性状而失去承载力的现象(图9.0)。最简单的例子就是，河流两边的阶地看起来是干燥稳固的，其实里面含有水，在震动作用下水就会冒出来；再比如抹地铺地面时使用的水泥砂浆，拍着拍着砂浆就变成了流态。

图9.0 地震引起砂土液化

砂土液化有3种现象：一是喷砂冒水，这是砂土液化最明显的标志，与受压的液体类似，液化砂土在上部土层的压力下，会从覆盖薄弱的地方冒出地面，喷砂冒水严重的地方，大片农田和庄稼被淹埋，渠道、水井被淤；二是岸堤滑塌，河槽和公路、铁路的边沟覆盖层比较薄弱，这里的砂层更易发生液化，由于有临空面存在，往往造成河床、堤坎、路床产生沉陷、裂缝和滑塌，并使桥梁或其他设施发生严重破坏；三是地面开裂下沉，液化的砂土往往从地裂缝喷到地面上来，

此外，砂土液化也往往会加剧地面开裂，并且液化的砂层在重新沉积之后会加剧上部结构破坏。

砂土液化判别是地震安全性评价、抗震设防、震害预测等工作的一个重要环节。从我国台湾花莲地震、唐山地震，以及日本大阪地震、土耳其地震等近几十年来所发生的灾害性地震来看，砂土液化给人类带来极为广泛的灾害。在2008年5月12日发生的汶川地震中，也有砂土液化现象发生。

9.1 概 述

在土木工程建设中，土体经常会遇到天然振源的地震、波浪、风或人工振源的车辆、爆炸、打桩、强夯、动力机器基础等引起的动荷载作用。在这些动荷载作用下，土的强度和变形特性都将受到影响。动荷载可能造成土体的破坏，必须加以充分重视；动荷载也可被利用改善不良土体的性质，如地基处理中的爆炸法、强夯法、换填垫层法等。

天然振源和人工振源的振动频率、振动次数和振动波形各不相同。天然振源发生随机振动荷载，其振动周期、幅值及方向都是不规则的；人工振源有瞬时的冲击荷载，一次作用时间很短，但土的动应变较大；也有规则的周期荷载，土的动应变属小应变范围。在不同的动荷载作用之下，土的强度和变形各不相同，其共同特点是都受到加荷速率和加荷次数的影响。动荷载都是在很短的时间内施加的，一般是百分之几秒到十分之几秒，如爆炸荷载只有几毫秒，通常在10s以内时应看成是动力问题。按动荷载的加荷次数，可以分为：

① 一次快速施加的瞬时荷载，加荷时间非常短，所引起土体的振动，由于受到阻尼作用，振幅在不长的时间内衰减为零，称为冲击荷载（Impact Load），如图9.1(a)所示，例如爆炸和爆破作业等；

② 加荷几次至几十次甚至千百次的动荷载，荷载随时间的变化没有规律可循，称为不规则荷载（Erratic Load），如图9.1(b)所示，例如地震、打桩以及低频机器和冲击机器引起的振动等；

③ 加荷几万次以上的动荷载，以同一振幅和周期反复循环作用的荷载，称为周期荷载（Periodic Load），如图9.1(c)所示，例如车辆行驶对路基的作用、往复运动和旋转运动的机器基础对地基的作用等。

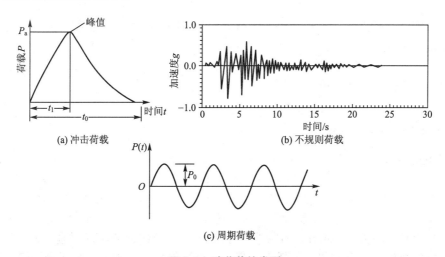

(a) 冲击荷载　　　　　(b) 不规则荷载

(c) 周期荷载

图 9.1 动荷载的类型

在土木工程建设中广泛应用填土工程（Fill Construction），施工时需要采用夯击、振动或碾压等动荷载方法压实填料，以提高它的密实度和均匀性。例如，公路路堤、土坝、飞机场跑道以及建筑场地的填土等，都是以土作为建筑材料并按一定要求堆填而成的。土体由于经过开挖、搬运及堆筑，原有结构遭到破坏，含水量发生变化，堆填时必然造成土体中留下很多孔隙，如不经分层压实，其会存在均匀性差、抗剪强度低、压缩性大、水稳定性不良等缺陷，往往难以满足工程的需要。土的压实是在动荷载作用下，使土颗粒克服粒间阻力而重新排列，土中孔隙减小、密度增加，进而在短时间内得到土体新的结构强度。土体在不规则荷载作用下其密度增加的特性，称为土的压实性。实践表明，土的压实性，受到含水量、土类及级配、压实功能等多种因素的影响，十分复杂，它是土工建筑物的重要研究课题之一。土的压实在地基处理中也有着广泛的应用。例如松软的地基土，由于其抗剪强度低、压缩性大，直接在其上修建建筑物，不能满足地基承载力、变形的设计要求，需进行加固处理。可直接选用表面的夯击、振动或碾压等方法，使浅层地基土得以密实；也可选用换填垫层法处理，通过分层压实改善地基土的不良性质。

当地基土特别是饱和松散的砂土和粉土受到动荷载作用（如地震荷载）时，地震造成建（构）筑物的破坏，除地震直接引起结构破坏外，还有场地条件的原因，如地震引起的地表错动与地裂、滑坡和土的振动液化等，会表现出类似于液体性质而完全丧失抗剪强度的现象，即土的振动液化，从而发生地表喷水、冒砂、振陷、滑坡、上浮（贮罐、管道等空腔埋置结构）及地基失稳等，最终导致建筑物或构筑物的破坏。1976 年唐山大地震时，液化区喷水高度达 8m，厂房沉降量达 1m，很多房屋、桥梁和道路路面结构出现破坏。需要特别指出的是，地震可以引起大面积甚至深层的土体液化，常能造成场地的整体性失稳，具有面积广、破坏性严重等特点。因此，土的振动液化问题已成为工程抗震设计中的重要内容之一。

本章主要介绍土的压实性及其对工程的评定标准、土的振动液化及其判别与防治，简单介绍在周期荷载下土的强度和变形特性以及土的动力特征参数。

9.2 土的压实性

土的压实性是指土体在不规则荷载作用下其密度增加的性状。土的压实性指标通常在室内采用击实试验测定。

9.2.1 击实试验及压实度

1. 击实试验和击实曲线

在实验室内进行击实试验，是研究土压实性的基本方法。土的压实程度可通过测量干密度的变化来反映。水电部《水电水利工程土工试验规程》（DL/T 5355—2006）将击实试验分轻型和重型两种。轻型击实试验适用于粒径小于 5mm 的黏性土，而重型击实试验采用大击实筒，当击实层数为 5 层时，适用于粒径不大于 20mm 的土，当采用 3 层击实时，最大粒径不大于 40mm，且粒径大于 35mm 的颗粒含量不超过全重的 5%。击实试验所用的主要设备是击实仪，包括击实筒、击锤及导筒等。如图 9.2 所示为轻型和重型两种击实仪，分别用于标准击实试验和改进的击实试验，击实筒容积分别为 947.4cm³ 和 2103.9cm³，击锤质量分别为 2.5kg 和 4.5kg，落高分别为 305mm 和 457mm。试验时，将含水量 w 为一个定值的扰动土样分层（共 3～5 层）装入击实筒中，每铺一层后均用击锤按规定的落距和击数（25 击）锤击土样，最后被压实的土样充满击实筒。由击实筒的体积和筒内被压实土的总质量计算出湿密度 ρ，同时按烘干法测定土的含水量 w，则可算出干密度 ρ_{d}，$\rho_{\mathrm{d}}=\rho/(1+w)$。

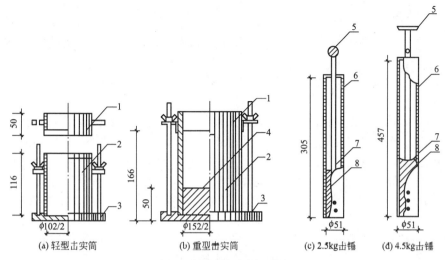

图 9.2 两种击实仪示意图

1—套筒；2—击实筒；3—底板；4—垫块；5—捏手；6—导筒；7—硬橡皮垫；8—击锤

由一组几个不同含水量（通常为 5 个）的同一种土样分别按上述方法进行试验，可绘制出一条击实曲线，如图 9.3 所示。击实曲线反映土的压实特性如下。

（1）对于某一土样，在一定的击实功能作用下，只有当土的含水量为某一适宜值时，土样才能达到最密实，因此在击实曲线上必然会出现一峰值，峰点所对应的纵坐标值为最大干密度 $\rho_{\mathrm{d,max}}$，对应的横坐标值为最优（佳）含水量 w_{op}。

（2）土在击实（压实）过程中，通过土粒的相互位移，很容易将土中的气体挤出，而要挤出土中水分来达到压实的效果，对于黏性土，不是短时间的加载所能办到的。因此，人工压实不是通过挤出土中水分而是通过挤出土中气体来达到压实目的的。同时，当土的含水量接近或大于最优含水量时，土孔隙中的气体越来越处于与大气不连通的状态，击实作用已不能将其排出土体之外。一般压实最好的土，气体含量也还有 3‰～5‰（以总体积计）留在土中，即击实土不可能被压实到完全饱和状态，击实曲线必然位于饱和曲线的左侧而不可能与饱和曲线相切或相交（图 9.3）。

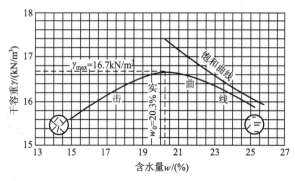

图 9.3 击实曲线

（3）当含水量低于最优含水量时，干密度受含水量变化的影响较大，即含水量变化对干密度的影响在偏干时比偏湿时更加明显。因此，击实曲线的左段（低于最优含水量）的坡度比右段要陡。

2. 土的压实度

土的压实度定义为现场土质材料压实后的干密度 ρ_d 与室内试验标准最大干密度 ρ_{dmax} 的比值，或称压实系数，可由下式表示：

$$\lambda_c = \rho_d / \rho_{d,max} \tag{9-1}$$

式中　λ_c——土的压实度，以百分率表示。

在工程中，填土的质量标准常以压实度来控制。要求压实度越接近于1，表明对压实质量的要求越高。根据工程性质及填土的受力状况，所要求的压实度是不一样的。必须指出，现场填土的压实，无论是在压实能量、压实方法还是在土的变形条件方面，与室内击实试验都存在着一定差异。因此，室内击实试验用来模拟工地压实仅是一种半经验的方法。

在工地上对压实度的检验，一般可用环刀法、灌砂（或水）法、湿度密度仪法或核子密度仪法等来测定土的干密度和含水量，具体选用哪种方法，可根据工地的实际情况决定。

现行《公路路基设计规范》（JTG D30—2004）中路基的压实度要求：应分层铺筑，均匀压实，压实度应符合相应的规定。现行《建筑地基基础设计规范》（GB 50007—2011）中压实填土的质量以压实系数控制，并应根据结构类型和压实填土所在部位按相应的数值确定。

3. 压实（填）土的压缩性和强度

公路路堤、土坝等土工建筑物都不可避免会浸水润湿，这样，对路堤、土坝等压实土的水稳定性的研究与控制就显得十分重要。

压实土的压缩性和强度，试验研究表明，与土体压实时的含水量有着密切的关系。压实土在某一荷载作用下，有些土样在压缩稳定后再浸水饱和，则在同一荷载下土样会出现明显的附加压缩，在同一干密度 ρ_d 条件下，偏湿的压实土样附加压缩的增加比较大，因此有必要研究压实土遇水饱和时不会产生附加压缩的最小含水量。如图 9.4 所示，对同样条件（除含水量外）的击实土试样，进行三轴不排水试验和固结不排水试验，所施加的侧压力同为 $\sigma_3 = 175\text{kPa}$，偏干击实土试样的强度较大，且不呈现明显的脆性破坏特征；如图 9.5 所示曲线表示，当压实土的含水量低于最优含水量时（即偏干状态），虽然干重度（密度）较小，强度却比最大干重度（密度）时的强度大得多。此时的击实虽未使土达到最密实状态，但它克服了土粒间引力等的连接，形成了新的结构，能量转化为土强度的提高。

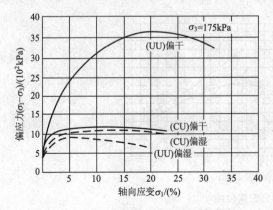

图 9.4　不同含水量压实土的三轴试验

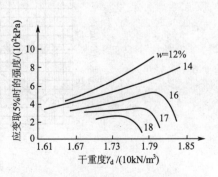

图 9.5　压实土的强度与干重度、含水量的关系

一般情况下，压实土的强度通常是比较高的。但压实土遇水饱和会发生附加压缩，同时，其强度也有潜在下降的一面，即浸水软化使强度降低，这就是所谓的水稳定性问题。通过在常体积下浸水软化后进行不排水强度试验发现，制备含水量在最优含水量的土样时，其浸水强度最大，水稳定性最好。这也是为什么填土在压实过程中非常重视最优含水量的原因。

9.2.2　土的压实机理及其影响因素

1. 压实机理

在外力作用之下土的压实机理，可以用结合水膜润滑及电化学性质等理论来解释。一般认为，在黏性土中含水量较低时，由于土粒表面的结合水膜较薄，土粒间距较小，粒间电作用力就以引力占优势，土粒的相对位移阻力大，在击实功能作用下，比较难以克服这种阻力，因此压实效果就差。随着土中含水量增加，结合水膜增厚，土粒间距也逐渐增加，这时斥力增加而引力相对减小，压实功能比较容易克服粒间引力而使土粒产生相互位移，趋于密实，压实效果较好。但当土中含水量继续增大时，虽能使粒间引力减小，但土中会出现自由水，击实时孔隙中过多的水分不易立即排出，势必阻止土粒的靠拢，同时排不出去的气体，以封闭气泡的形式存在于土体内部，击实时气泡暂时减小，很大一部分击实功能由孔隙气承担，转化为孔隙压力，粒间所受的力减小，击实仅能导致土粒更高程度的定向排列，而土体几乎不发生体积变化，所以压实效果反而下降。试验证明，黏性土的最优含水量与其塑限含水量十分接近，大致为 $w_{op} = w_p + 2\%$。

对于无黏性土，含水量压实性的影响虽然不像黏性土那样敏感，但仍然是有影响的。图 9.6 是无黏性土的击实试验结果。其击实曲线与黏性土击实曲线有很大差异。含水量接近于零时，它有较高的干密度；当含水量在某一较小的范围时，由于假黏聚力的存在，击实过程中一部分击实能量消耗在克服这种假黏聚力上，所以出现了最低的干密度；随着含水量的不断增加，假黏聚力逐渐消失，就又有较高的干密度。所以，无黏性土的压实性虽然也与含水量有关，但没有峰值点反映在击实曲线上，也就不存在最优含水量问题，最优含水量的概念一般不适用于无黏性土。一般在完全干燥或者充分饱水的情况下，无黏性土容易压实到较大的干密度。粗砂在含水量为 $4\% \sim 5\%$，中砂在含水量为

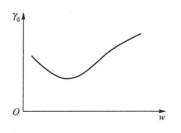

图 9.6　无黏性土的击实曲线

7% 左右时，压实后干密度最大。无黏性土的压实标准，常以相对密度 D_r 控制，一般不进行室内击实试验。

2. 土压实的影响因素

土压实的影响因素很多，包括土的含水量、土类及级配、击实功能、毛细管压力以及孔隙压力等，其中前三种影响因素是最主要的，现分述如下。

1) 含水量的影响

前已述及，对较干(含水量较小)的土进行夯实或碾压，不能使土充分压实；对较湿(含水量较大)的土进行夯实或碾压，非但不能使土得到充分压实，此时土体还极易出现软弹现象，俗称"橡皮土"；只有当含水量控制为某一适宜值，即最优含水量时，土才能得

到充分压实，达到最大干密度。

2）土类及级配的影响

在相同击实功能条件下，不同的土类及级配其压实性是不一样的。图9.7(a)所示为五种不同土料的级配曲线；图9.7(b)是其在同一标准的击实试验中所得到的五条击实曲线。图中可见，含粗粒越多的土样其最大干密度越大，而最优含水量越小，即随着粗粒土增多，曲线形态不变但朝左上方移动。

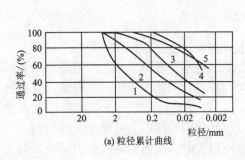

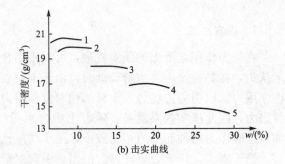

(a) 粒径累计曲线　　　　　　　　　　　(b) 击实曲线

图9.7　五种土的不同击实曲线

在同一土类中，土的级配对它的压实性影响也很大。级配不良的土（土粒较均匀），压实后其干密度要低于级配良好的土（土粒不均匀），这是因为级配不良的土体内，较粗土粒形成的孔隙很少有较细颗粒去充填，而级配良好的土有足够的较细颗粒去充填，因而可获得较高的干密度。

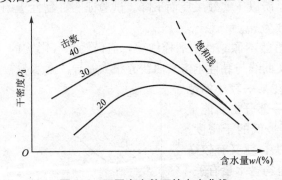

图9.8　不同击实数下的击实曲线

3）击实功能的影响

对于同一土料，加大击实功能，能克服较大的粒间阻力，会使土的最大干密度增加，而最优含水量减小，如图9.8所示。同时，当含水量较低时击数（能量）的影响较为显著。当含水量较高时，含水量与干密度的关系曲线趋近于饱和曲线，也就是说，这时靠加大击实功能来提高土的密实度是无效的。图中虚线为饱和线，即饱和度 $S_r = 100\%$ 时填土的含水量 w 与干密度 ρ_d 的关系曲线，$\rho_d = d_s/(1 + w d_s)$，d_s 为土粒相对密度。

9.3　土的振动液化

9.3.1　土的振动液化机理及其试验分析

土特别是饱和松散砂土、粉土，在振动荷载作用下，土（超）孔隙水压力逐渐累积，有效应力下降，当孔隙水压力累积至总应力时，有效应力为零，土粒处于悬浮状态，表现出类似于水的性质而完全丧失其抗剪强度,这种现象称为土的振动液化(Liquefaction)。地震、波浪以及车辆荷载、打桩、爆炸、机器振动等引起的振动力,均可能引起土的振动液化。振动力通常可引起无黏性土、低塑性黏性土、粉土、粉煤灰等的振动液化。

根据饱和土有效应力原理和无黏性土抗剪强度公式,$\tau_f = (\sigma - \mu)\tan\varphi' = \sigma'\tan\varphi'$,当有效应力为零即抗剪强度为零时,没有黏聚力的饱和松散砂土就丧失了承载能力,这就是饱和砂土振动液化的基本原理。

土的振动液化可由室内试验研究分析,但室内试验必须模拟现场土体实际的受力状态。如图9.9(a)表示现场微单元土体在地震前的应力状态,此时,单元土体的竖向有效应力和水平向有效应力分别为σ_v和$\sigma_h = K_0\sigma_v$,其中K_0为土的静止侧压力系数;如图9.9(b)表示地震作用时,单元土体的应力状态,此时,震动引起的往复剪应力τ_h作用在单元体上。因此,任何室内研究液化问题的试验,都必须模拟这样一种状态,有不变的法向应力和往复的剪应力作用在土样的某一个平面上。

室内研究液化问题的试验方法很多,如周期加荷三轴试验、周期加荷单剪试验等,其中周期加荷三轴试验是最普遍使用的试验。饱和砂样的室内周期加荷三轴试验,其方法是先给土样施加周围压力σ_3,完成固结,然后仅在轴向作用大小为σ_d的往复荷载,并不允许排水(图9.10)。在往复加荷过程中,可以测出轴向应变和超孔隙水压力。

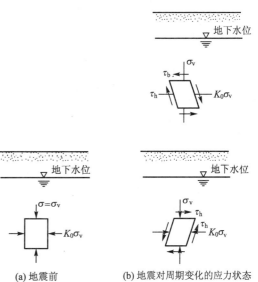

图9.9 在微单元体上地震前、后的应力状态

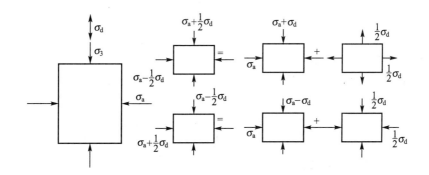

图9.10 周期加荷三轴试验剪切面上往复应力的模拟

图9.11是H.B.希得,K.L.里(Seed & Lee,1966)用饱和砂样做的周期加荷三轴压缩试验典型结果。砂样的初始孔隙比为0.87,初始周围压力和初始孔隙水压力分别为98.1kPa和196.2kPa,在周围98.1kPa固结压力的作用下,往复动应力σ_d(38.2kPa)以

2周/s 的频率作用在土样上。从图 9.11 中可以看出，每次应力循环后都残留一定的孔隙水压力，随着动应力循环次数的增加，孔隙水压力累积而逐渐上升直至孔隙水压力等于总应力而有效应力等于零时，应变突然增到很大，土体强度骤然下降而发生液化。图 9.12 是上述试验中土样发生液化时的 σ_d 值与往复加荷次数之间的关系曲线。可以看出，往复加荷的次数随 σ_d 值的减小而增加。这种试验得到的曲线是土体振动液化分析的基本依据。

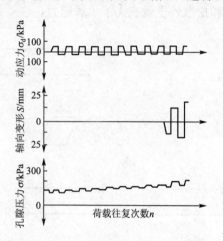 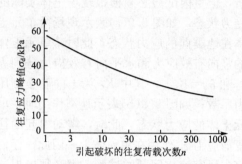

图 9.11　某饱和松砂样往复荷载试验
（初始孔隙比 $e = 0.87$，$\sigma_3 = 98.1\text{kPa}$）

图 9.12　某砂样液化时 σ_d 与 n 的关系
（初始孔隙比 $e = 0.87$，$\sigma_3 = 98.1\text{kPa}$）

试验研究与分析发现，并不是所有的饱和砂土、低塑性黏性土、粉土等在地震时都会发生液化现象，因此，必须充分了解影响土液化的因素，才能作出正确的判断。

9.3.2　土液化的影响因素

土液化的影响因素主要有土类、土的初始密实度、初始固结压力、往复应力强度与次数，介绍如下。

1. 土类的影响

土类是影响液化的一个重要因素。黏性土具有黏聚力，即使超孔隙水压力等于总应力，有效应力为零，抗剪强度也不会完全消失，因此一般难以发生液化；砾石等粗粒土因为透水性大，在振动荷载作用下超孔隙水压力能迅速消散，不会造成孔隙水压力累积到总应力而使有效应力为零，也难以发生液化；只有无黏聚力或黏聚力很小且处于地下水位以下的砂土和粉土，由于其渗透系数不大，孔隙水压力在第二次振动荷载作用之前未全部消散，逐渐积累的孔隙水压力使得其强度完全丧失而发生液化。所以，一般情况下塑性指数高的黏土不易液化，低塑性和无塑性的土易于液化。在振动作用下发生液化的饱和土，一般平均粒径小于 2mm，黏粒含量低于 $10\% \sim 15\%$，塑性指数低于 7。

2. 土的初始密实度的影响

土的初始密实度对液化的影响表示在图 9.13 中（周期加荷三轴压缩试验结果）。土中孔隙水压力等于固结压力 σ_3 是产生液化的必要条件，此时定义为初始液化。在大多数场合下，20％的全幅应变值被认为土样已经破坏。图 9.13(a)中的松砂(初始孔隙比 $e=$ 0.87，相对密度 $D_r=0.38$)，给定往复应力峰值 σ_d，初始液化和破坏同时发生；然而当砂的初始密实度增加时(初始孔隙比 $e=0.61$，相对密度 $D_r=1.00$)，引起 20％全幅应变和初始液化所需要的往复加荷次数的差别明显增大，如图 9.13(b)所示。这说明，土的初始密实度越大，在振动力作用下，土越不容易产生液化。1964 年日本新潟地震表明，相对密度 $D_r=0.50$ 的地方普遍发生液化，而相对密度 $D_r > 0.70$ 的地方则没有发生液化。我国《海城地震砂土液化考察报告》中也提出了类似的结论。

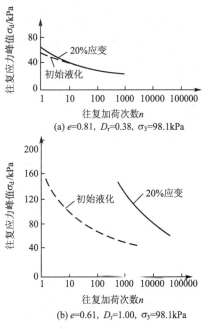

(a) $e=0.81$, $D_r=0.38$, $\sigma_3=98.1$kPa

(b) $e=0.61$, $D_r=1.00$, $\sigma_3=98.1$kPa

图 9.13　初始密实度对某砂土液化影响

　　另外，由不同初始孔隙比的同一种砂土在相同围压 σ_3 下受剪时，可以得出初始孔隙比 e_0 与体积变化 $\Delta V/V$ 之间的关系，相应于体积变化为零的初始孔隙比称为临界孔隙比 e_{cr}。如果饱和砂土的初始孔隙比 e_0 大于临界孔隙比 e_{cr}，在剪应力作用下由于剪缩必然使孔隙水压力增高，而有效应力降低，致使砂土的抗剪强度降低。孔隙水压力不断地增加，就有可能使有效应力降低到零，出现砂土的液化现象。

3. 土的初始固结压力的影响

　　如图 9.14 所示为固结压力(周围压力 σ_3)对液化的影响(周期加荷三轴压缩试验结果)，其中图 9.14(a)表示固结压力对初始液化的影响，而图 9.14(b)表示固结压力对 20％的全幅应变(土样破坏)的影响。从图中可以看出，对于给定的初始孔隙比($e=$ 0.61)、初始相对密度($D_r=1.00$)和往复应力峰值，引起初始液化和 20％全幅应变所需的往复荷载次数都将随着固结压力的增加而增加(对所有的相对密实度都适用)。这说明周围压力越大，在其他条件相同的情况下，越不容易发生液化。地震前地基土的固结压力可以用土层有效的覆盖压力乘以土的侧压力系数来表示，因此，地震时土层埋藏越深，越不易液化。

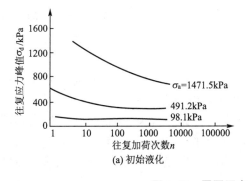

(a) 初始液化

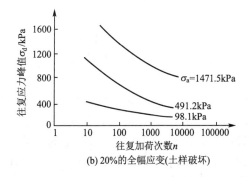

(b) 20％的全幅应变(土样破坏)

图 9.14　周围压力对某砂样液化的影响

4. 往复应力强度与次数的影响

如图 9.15 所示为周期加荷单剪仪液化试验的典型结果。从图中可以看出，对于给定

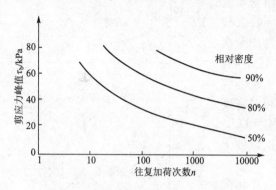

图 9.15 某砂样周期单剪试验的初始
液化曲线（$\sigma_v = 784.8\text{kPa}$）

的固结压力 σ_v 和不同的相对密度 D_r，就同一种土类而言，往复应力越小，则需越多的振动次数才可产生液化，反之，则在很少振动次数时，就可产生液化。现场的震害调查也证明了这一点。如 1964 年日本新潟地震时，记录到地面最大加速度为 $0.16 \times 10^{-2} \text{m/s}^2$，其余 22 次地震的地面加速度变化为 $0.12 \times 10^{-2} \sim 0.5 \times 10^{-2} \text{m/s}^2$，但都没有发生液化。同年美国阿拉斯加地震时，安科雷奇滑坡是在地震开始后 90s 才发生，这表明要在持续足够的应力周期后，才会发生液化和土体失稳。

9.3.3 地基液化判别与防治

1. 液化的初步判别

在场址的初步勘察阶段和进行地基失效区划时，常利用已有经验，采取对比的方法，把一大批明显不会发生液化的地段勾画出来，以减轻勘察任务、节省勘察时间与费用。这种利用各种界限勾画不液化地带的方法，被称为液化的初步判别。我国根据对邢台、海城、唐山等地地震液化现场资料的研究，发现液化与土层的地质年代、地貌单元、黏粒含量、地下水位深度和上覆非液化土层厚度有密切关系。利用这些关系可进行液化的初步判别。

《建筑抗震设计规范》（GB 50011—2010)规定：建筑所在地区遭受的地震影响，应采用相应于抗震设防烈度的设计基本地震加速度和设计特征周期来表征，或对已编制抗震设防区划的城市，可按批准的设计地震动参数来表征。抗震设防烈度为 6 度及以上地区的建筑，必须进行抗震设计。

所谓抗震设防烈度，定义为按国家规定的权限批准作为一个地区抗震设防依据的地震烈度。述及"抗震设防烈度为 6 度、7 度、8 度或 9 度"时，一般略去"抗震设防烈度"字样，简称"6 度、7 度、8 度或 9 度"。

所谓设计基本地震加速度，定义为50 年设计基准期超越概率10％的地震加速度的设计值。抗震设防烈度和设计基本地震加速度取值的对应关系，应符合表 9-1 的规定。这个取值与《中国地震动参数区划图 A1》所规定的"地震动峰值加速度"相当，即在 $0.10g$ 和 $0.20g$ 之间有一个 $0.15g$ 的区域，在 $0.20g$ 和 $0.40g$ 之间有一个 $0.30g$ 的区域，在这两个区域内建筑的抗震设计要求，除规范另有具体规定外，应分别按 7 度和 8 度的要求进行抗震设计。

表9-1　抗震设防烈度和设计基本地震加速度取值的对应关系(GB 50011—2010)

抗震设防烈度	6	7	8	9
设计基本地震加速度值	$0.05g$	$0.10(0.15)g$	$0.20(0.30)g$	$0.40g$

所谓设计特征周期，定义为抗震设计用的地震影响系数曲线中，反映地震震级、震中距和场地类别等因素的下降段起始点对应的周期值。建筑的设计特征周期应根据其所在地的设计地震分组和场地类别确定。对Ⅱ类场地，第一组、第二组和第三组的设计特征周期，应分别按0.35s、0.40s和0.45s采用。

对于饱和的砂土或粉土(不含黄土)，当符合下列条件之一时，可初步判别为不液化或可不考虑液化影响。

(1) 地质年代为第四纪晚更新世(Q_3)及其以前时，7度、8度时可判为不液化土。

(2) 粉土的黏粒(粒径小于0.005mm的颗粒)含量百分率，7度、8度和9度分别不小于10、13和16时，可判为不液化土(注：用于液化判别的黏粒含量系采用六偏磷酸钠作分散剂测定，采用其他方法时应按有关规定换算)。

(3) 天然地基的建筑，当上覆非液化土层厚度和地下水位深度符合下列条件之一时，可不考虑液化影响

$$d_u > d_0 + d_b - 2 \tag{9-2}$$
$$d_w > d_0 + d_b - 3 \tag{9-3}$$
$$d_u + d_w > 1.5d_0 + 2d_b - 4.5 \tag{9-4}$$

式中　d_w——地下水位深度(m)，宜按设计基准期内年平均最高水位采用，也可按近期内年最高水位采用；

d_u——上覆盖非液化土层厚度(m)，计算时宜将淤泥和淤泥质土层扣除；

d_b——基础埋置深度(m)，不超过2m时应采用2m；

d_0——液化土特征深度(m)，对于饱和粉土，7度、8度、9度时，分别取6m、7m、8m，对于饱和砂土，则分别取7m、8m、9m。

当初步判别未得到满足，即不能判为不液化土时，需要进行第二步的液化判别。

《公路桥涵设计通用规范》(JTG D60—2004)规定：地震动峰值加速度等于0.10g、0.15g、0.20g、0.30g地区的公路桥涵，应进行抗震设计。地震动峰值加速度大于或等于0.40g地区的公路桥涵，应进行专门的抗震研究和设计。地震动峰值加速度小于或等于0.05g地区的公路桥涵，除有特殊要求者外，可采用简易设防。做过地震烈度区划的地区，应按主管部门审批后的地震动参数进行抗震设计。此规定修改了《公路工程抗震设计规范》(JTJ 004—89)有关公路工程包括桥涵工程的抗震设计，根据《中国地震动参数区划图》(GB 18306)，不再采用地震基本烈度的概念，取而代之为地震动峰值加速度系数。地震基本烈度与地震动峰值加速度系数之间的关系见表9-2。

表9-2　地震基本烈度与地震动峰值加速度系数的对应关系

地震动峰值加速度系数	<0.05g	0.05g	0.10g	0.15g	0.20g	0.30g	0.40g	>0.40g
地震基本烈度	<4	6	7	7	8	8	9	>11

《公路工程抗震设计规范》(JTJ 004—1989)适用于中国地震烈度区划图中所规定的基本烈度为 7 度、8 度、9 度地区的公路工程抗震设计；对于基本烈度大于 9 度的地区，公路工程的抗震设计应进行专门研究；基本烈度为 6 度地区的公路工程，除国家特别规定外，可采用简易设防。当在地面以下 20m 范围内有饱和砂土或饱和亚砂土（即粉土）层时，可根据下列情况初步判定其是否有可能液化。

(1) 地质年代为第四纪晚更新世（Q_3）及其以前时，7 度、8 度时可判为不液化。

(2) 基本烈度为 7 度、8 度、9 度地区，亚砂土的黏粒（粒径＜0.005mm 的颗粒）含量百分率 P_c（按质量计）分别不小于 10、13、16 时，可判为不液化。

(3) 基础埋置深度不超过 2m 的天然地基，可根据图 9.16 中规定的上覆非液化土层厚度 d_u 或地下水位深度 d_w，判定土层是否考虑液化影响。

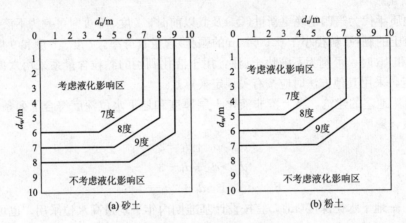

图 9.16　液化初判图

经初步判定有可能液化的土层，可通过标准贯入试验（有成熟经验时也可采用其他方法），进一步判定土层是否液化。

2. 液化判别方法

1)《建筑抗震设计规范》方法

《建筑抗震设计规范》(GB 50011—2010)规定：当初步判别认为需进一步进行液化判别时，应采用标准贯入试验判别法判别地面下 20m 深度范围内土的液化；对本规范规定可不进行天然地基及基础的抗震承载力验算的各类建筑，可只判别地面下 15m 范围内土的液化。当饱和土的标准贯入锤击数（未经杆长修正）小于液化判别标准贯入锤击数临界值时，应判为液化土；当有成熟经验时，尚可采用其他判别方法。

在地面下 20m 深度范围内，液化判别标准贯入锤击数临界值可按下式计算：

$$N_{cr} = N_0 B[\ln(0.6d_s + 1.5) - 0.1d_w]\sqrt{3/\rho_c} \tag{9-5}$$

式中　N_{cr}——液化判别标准贯入锤击数临界值；

$\quad\quad N_0$——液化判别标准贯入锤击数基准值，应按表 9-3 采用；

$\quad\quad d_s$——标准贯入点深度(m)；

$\quad\quad d_w$——地下水位深度(m)；

$\quad\quad \rho_c$——黏粒含量百分率，当小于 3 或为砂土时，应采用 3；

$\quad\quad \beta$——调整系数，设计地震第一组取 0.80，第二组取 0.95，第三组取 1.05。

表9-3　液化判别准贯入锤击数基准值 N_0 (GB 50011—2010)

表9-3　液化判别准贯入锤击数基准值 N_0 (GB 50011—2010)

设计基本地震加速度	0.1g	0.15g	0.20g	0.30g	0.40g
液化判别标准贯入锤击数基准值	1	10	12	16	19

2)《公路工程抗震设计规范》方法

《公路工程抗震设计规范》(JTJ 004—1989)规定：当按式(9-6)计算的土层实测的修正标准贯入锤击数 N_1 小于按式(9-7)计算的修正液化临界标准贯入锤击数 N_c 时，则判为液化，否则为不液化。

$$N_1 = C_n N \tag{9-6}$$

$$N_c = \left[11.8 \left(1 + 13.06 \frac{\sigma_0}{\sigma_e} K_h C_v \right)^{1/2} - 8.09 \right] \xi \tag{9-7}$$

式中　C_n——标准贯入锤击数的修正系数，应按表9-4采用；

N——实测的标准贯入锤击数；

K_h——水平地震系数，应按表9-5采用；

d_w——地下水位深度(m)；

σ_0——标准贯入点处土的总上覆压力(kPa)，$\sigma_0 = \gamma_u d_w + \gamma_d (d_s - d_w)$；

σ_e——标准贯入点处土的有效上覆压力(kPa)，$\sigma_e = \gamma_u d_w + (\gamma_d - 10)(d_s - d_w)$；

γ_u——地下水位以上土的重度，砂土为 18.0kN/m³，粉土为 18.5kN/m³；

γ_d——地下水位以下土的重度，砂土为 20.0kN/m³，粉土为 20.5kN/m³；

d_s——标准贯入点深度(m)；

d_w——地下水位深度(m)；

C_v——地震剪应力随深度的折减系数，应按表9-6采用；

ξ——黏粒含量修正系数，$\xi = 1 - 0.17(P_c)^{1/2}$；

P_c——黏粒含量百分率(%)。

表9-4　标准贯入锤击数的修正系数 C_n (JTJ 004—1989)

σ_0/kPa	0	20	40	60	80	100	120	140	160	180
C_n	2	1.70	1.46	1.29	1.16	1.05	0.97	0.89	0.83	0.78
σ_0/kPa	200	220	240	260	280	300	350	400	450	500
C_n	0.72	0.69	0.65	0.60	0.58	0.55	0.49	0.44	0.42	0.40

表9-5　水平地震系数 K_h (JTJ 004—1989)

基本烈度/度	7	8	9
水平地震系数 K_h	0.1	0.2	0.4

表9-6　地震剪应力随深度的折减系数 C_v (JTJ 004—1989)

d_s/m	1	2	3	4	5	6	7	8	9	10
C_v	0.994	0.991	0.986	0.976	0.965	0.958	0.945	0.935	0.920	0.902
d_s/m	11	12	13	14	15	16	17	18	19	20
C_v	0.884	0.866	0.844	0.822	0.794	0.741	0.691	0.647	0.631	0.612

3. 液化土层的液化等级划分

对存在液化土层的地基，应探明各液化土层的深度和厚度。按式(9-8)计算每个钻孔的液化指数，并按表9-7综合划分地基的液化等级。

$$I_{IE} = \sum_{i=1}^{n} (1 - N_i/N_{cri}) d_i W_i \qquad (9-8)$$

式中 I_{IE}——液化指数；

n——在判别深度范围内每一个钻孔标准贯入试验点的总数；

N_i、N_{cri}——分别为 i 点标准贯入击数的实测值和临界值(当实测值大于临界值时应取临界值的数值；当只需要判别 15m 范围以内的液化时，15m 以下的实测值可按临界值采用)；

d_i——i 点所代表的土层厚度(m)，可采用与该标准贯入试验点相邻的上、下两标准贯入试验点深度差的一半，但上界不高于地下水位的深度，下界不深于液化深度；

W_i——i 土层单位土层厚度的层位影响权函数值(m^{-1})，当该层中点深度不大于 5m 时应采用 10，等于 20m 时应采用零值，5~20m 时按线性内插法取值。

表9-7　液化等级(GB 50011—2010)

液化等级	轻微	中等	严重
液化指数 I_{IE}	$0<I_{IE}\leqslant6$	$5<I_{IE}\leqslant18$	$I_{IE}>18$

4. 地基液化防治

对于可能产生液化的地基，必须采取相应的工程措施加以防治。

一般采用桩基础或其他深基础、全补偿筏板基础、箱形基础等防治。当采用桩基时，桩端伸入液化深度以下稳定土层中的长度(不包括桩尖部分)，应按计算确定，且对碎石土，砾、粗、中砂，坚硬黏性土和密实粉土尚不应小于 0.5m，对其他非岩石土尚不宜小于 1.5m；采用深基础时，基础底面应埋入液化深度以下的稳定土层中，其深度不应小于 0.5m。对于穿过液化土层的桩基础，桩周摩擦力应视土层液化可能性大小，或全部扣除，或作适当折减。对于液化指数不高的场地，仍可采用浅基础，但适当调整基底面积，以减小基底压力和荷载偏心；或者选用刚度和整体性较好的基础形式，如筏板基础等。

采用地基处理方法防治。可以采用振冲、振动加密、挤密碎石桩、强夯、胶结、设置排水系统等方法处理地基，也可用非液化土替换全部液化土层。加固时，应处理至液化深度下界。振冲或挤密碎石桩加固后，桩间土的标准贯入锤击数不宜小于规范规定的液化判别标准贯入锤击数临界值；采用加密法或换土法处理时，在基础边缘以外的处理宽度，应超过基础底面下处理深度的 1/2 且不小于基础宽度的 1/5。胶结法包括使用添加剂的深层搅拌和高压喷射注浆，设置排水通道往往与挤密结合起来，材料可以用碎石和砂。

9.4 周期荷载下土的强度和变形特征

动荷载一是具有时间性，通常在 10s 以内应作为动力问题；二是荷载的反复性（加卸荷）或周期性（荷载变向）。由于动荷载的这两个特性，使得土在动荷载作用下，其力学性质与静荷载作用时相比有很大差异。

图 9.17 反映了荷载作用次数对土强度的影响。图中 τ_f 为静力破坏强度，τ_{df} 为动应力幅值，τ_0 是在加动应力前对土样所施加的一个小于 τ_f 的初始剪应力。由图所示，动荷载反复作用次数越少，动强度（$\tau_0 + \tau_{df}$）越高，随着反复作用次数的增加，土的强度逐渐降低，当反复作用 100 次（压实黏性土）或 50 次（饱和软黏土）时，动强度已接近或低于静强度了，若作用次数再增加，则低于静强度。动强度还与初始剪应力的大小有关，初始剪应力越大，荷载作用次数对土强度的影响越小。

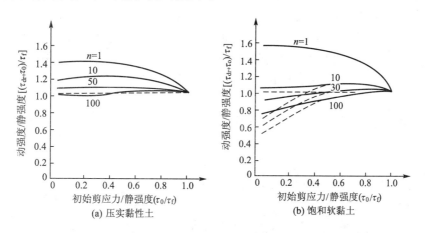

图 9.17 荷载振次 n 对土强度的影响

土的动强度可以用数种动力试验方法确定。根据试验的加荷方式，动力试验方法可分为四种类型，如图 9.18 所示。

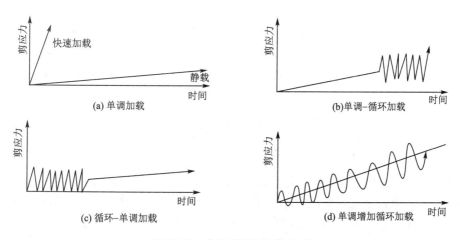

图 9.18 动力试验的加载方式

图 9.18(a)所示的单调加载试验的加荷速率是可变的。传统的静力加载试验所采用的加载速率控制在使试样达到破坏的时间在几分钟的量级，单调加载试验的加荷速率控制在使试样达到破坏的时间小于数秒时称为快速加载试验。快速加载试验或瞬时加载试验用于确定土在爆炸荷载作用下的强度。

图 9.18(b)所示的动荷载加载方式用于确定土在地震运动作用下的强度。初始阶段施加的单调静剪应力用于模拟地震前土中的静应力状态，例如斜坡场地中土单元的应力状态，后续阶段施加的循环荷载模拟地震运动作用下土中的循环剪应力。

图 9.18(c)所示的动荷载加载方式用来研究地震运动作用下土的强度和刚度的衰减或降低。在若干次循环荷载结束后，土样变得软弱，土的静强度和变形性能与加循环荷载前的初始状态不一样，因此，这种试验的土体性能可用于地震后土坝或路堤的稳定性分析。

图 9.18(d)所示的加载方式有时用于研究受到振动影响的土的静强度。地基中靠近桩或板桩的土体，由于受到打桩引起的振动的影响，土的静强度可能会有所降低，在这种情况下土的强度可采用土样放在振动台上进行振动试验。

图 9.19 反映了反复荷载作用下土的变形特性，表示受控竖向应力 σ_z 作用下某砂振动的一些试验结果。所有这些试样的起始相对密实度为 $D_r = 0.60$，荷载作用的频率为 $1.8\sim 6\mathrm{Hz}$，由图可知，应变随作用次数的增加而增加、随动应力与竖向应力之比 σ_d/σ_z 值的增加而增加。

同样，动荷载的加荷速度，对土的强度与变形也将产生影响。如图 9.20 所示，加荷速度越慢，其强度越低，但承受的应变范围越大。

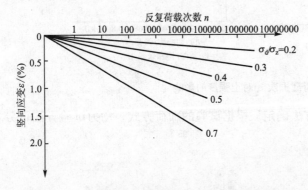

图 9.19 在受控竖向应力作用下某砂的振动压实
$(D_r = 0.60, \ \sigma_z = 138.2\mathrm{kPa})$

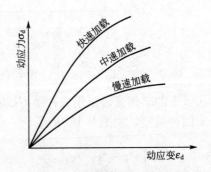

图 9.20 加荷速度对土的应力-应变的影响

9.5 土的动力特征参数简介

土的动力特征参数包括：动弹性模量或动剪切模量、阻尼比或衰减系数、动强度或液化周期剪应力以及振动孔隙水压力增长规律等。其中动剪切模量和阻尼比是表征土的动力特征的两个主要参数，本节简介这两个动力特征参数。

土的动剪切模量 G_d 是指产生单位动剪应变时所需要的动剪应力，即动剪应力 τ_d 与动

剪应变 ε_d 的比值，按下式计算

$$G_d = \tau_d / \varepsilon_d \tag{9-9}$$

土体作为一个振动体系，其质点在运动过程中由于黏滞摩擦作用而有一定的能量损失，这种现象称为阻尼，又称黏滞阻尼。在自由振动中，阻尼表现为质点的振幅随振次而逐渐衰减。在强迫振动中，则表现为应变滞后于应力而形成滞回圈。土的阻尼比 ζ 是指阻尼系数与临界阻尼系数的比值。由物理学可知，非弹性体对振动波的传播有阻尼作用，这种阻尼力作用与振动的速度成正比关系，比例系数即为阻尼系数，使非弹性体产生振动过渡到不产生振动时的阻尼系数，称为临界阻尼系数。阻尼比是衡量吸收振动能量的尺度。地基或土工建筑物振动时，阻尼有两类，一类是逸散阻尼，另一类是材料阻尼。前者是土体中积蓄的振动能量以表面波或体波（包含剪切波和压缩波）向四周和下方扩散而产生的，后者是土粒间摩擦和孔隙中水与气体的黏滞性产生的。

土动力问题研究应变的范围很大，从精密设备基础振幅很小的振动到强烈地震或核爆炸的震害，剪应变从 $10^{-6} \sim 10^{-2}$。在这样广阔的应变范围内，土动力计算中所用的特征参数，需用不同的测试方法来确定。对于动剪切模量和阻尼比，可用表 9-8 和表 9-9 所列各种室内外试验方法测定。

表 9-8　动剪切模量和阻尼比的室内试验方法

试验方法	动剪切模量	阻尼比	试验方法	动剪切模量	阻尼比
超声波脉冲	√		周期单剪	√	√
共振柱	√	√	周期扭剪	√	√
周期加荷三轴剪		√			

表 9-9　动剪切模量和阻尼比的原位试验方法

试验方法	动剪切模量	阻尼比	试验方法	动剪切模量	阻尼比
折射法	√		钻孔波速法	√	
反射法	√		动力旁压试验		√
表面波法	√		标准贯入试验	√	

土动力测试和其他土工试验一样，尽管原位测试可以得到代表实际土层性质的测试资料，但限于原位试验的条件和较大的试验费用，通常在原位只做小应变试验，而在实验室内则可以做从小应变到大应变的试验。

土的动力特征参数的室内测定，由于周期加荷三轴剪试验相对比较简单，故一般用它来确定土的动剪切模量 G_d（换算得到）和阻尼比 ζ。周期加荷三轴试验仪器如图 9.21 所示（由于加荷方式有用电磁激振器激振、气压或液压激振，故周期加荷三轴仪的形式也有多种）。试验时，对圆柱形土样施加轴向周期压力，直接测量土样的应力和应变值，从而绘出应力-应变曲线，如图 9.22 所示，称滞回曲线。试验所得滞回曲线是在周期荷载作用下的结果，所以求得的模量称动弹性模量 E_d，而动剪切模量 G_d 则可由下式求出

$$G_d = E_d / 2(1 + \mu) \tag{9-10}$$

式中　μ——土的泊松比。

土的阻尼比可由图 9.22 所示的滞回圈按下式求得

$$\zeta = \Delta F / 4\pi F \tag{9-11}$$

式中　ΔF——滞回圈包围的面积，表示加荷与卸荷的能量损失；

　　　F——滞回圈顶点至原点的连线与横坐标所形成的直角三角形 AOB 的面积，表示加荷与卸荷的应变能。

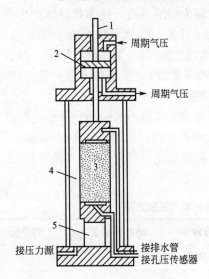

图 9.21　周期加荷三轴仪图

1—活塞杆；2—活塞；3—试样；

4—压力室；5—压力传感器

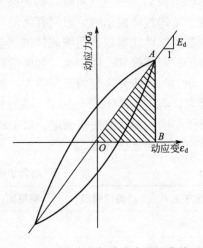

图 9.22　动应力与动应变关系曲线

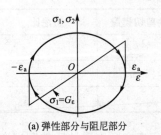

(a) 弹性部分与阻尼部分

(b) 应力与应变滞回圈

图 9.23　黏弹性体的应力与应变关系曲线

另一种测定阻尼比的方法是让土样受一瞬间荷载作用，引起自由振动，量测振幅的衰减规律，用下式求土的阻尼比

$$\zeta = (\omega_r / 2\pi\omega) \ln(U_k / U_{k+1}) \tag{9-12}$$

式中　ω_r、ω——有阻尼和无阻尼时土样的自由振动频率；

　　　U_k、U_{k+1}——第 k 和 $k+1$ 次循环的振幅。

一般 ω_r 与 ω 差别不大，故上式可简化为

$$\zeta = (1/2\pi) \ln(U_k / U_{k+1}) \tag{9-13}$$

必须指出，在小应变时把土体作为线弹性体，在周期应力作用下，应力可分为弹性部分 σ_1 和阻尼部分 σ_2，弹性部分的应力与应变成正比，阻尼部分的应力与应变沿椭圆变化，两者相加即为实际的滞回曲线，如图 9.23 所示，当周期应力的幅值增大或减小，滞回圈保持相似的形状扩大或减小。因此，表征动力特征参数的动剪切模量 G_d 和阻尼比 ζ 即可视为常数。而当大应变时，土体呈现非线性变形特征，弹性部分的应力与应变不是直线关系，阻尼部分的

应力与应变也不再是椭圆变化，两种非线性变化的曲线合成后的滞回圈的性状随应力的变化而变化(图9.24)，使得动剪切模量 G_d 和阻尼比 ζ 也在不断变化。所以，在动力分析选用动力参数时，由于非线性的特点，应根据具体情况选用相应应力应变条件下的滞回圈，从而确定动剪切模量 G_d 和阻尼比 ζ 值。

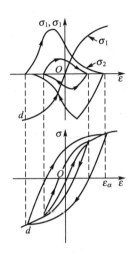

图9.24 非线性变形体的应力与应变关系曲线

背 景 知 识

土的动力性质

土的动力性质是指动力作用下的土的力学性能。当土的应变(纵向应变或剪应变)在 $10^{-6}\sim10^{-4}$ 范围(如由于动力机器基础、车辆行驶等所引起的振动)时，土显示出近似弹性的特性；当应变在 $10^{-4}\sim10^{-2}$ 范围(如打桩、中等程度的地震等所引起的振动)时，土具有弹塑性的特性；当应变达到百分之几的量级(如 $0.02\sim0.05$)时，土将发生振动压密、破坏、液化等现象。因此，土的主要动力特性通常以 10^{-2} 的应变值作为大、小应变的界限值。在小应变幅情况下，主要是研究土的动剪切模量和阻尼；在大应变幅情况下则主要研究土的振动压密和动强度问题；而振动液化则是特殊条件下的动强度问题。所以，土的动力性质主要是指动剪切模量、阻尼、振动压密、动强度和液化等五个方面。

1) 土的动剪切模量

小应变幅的动剪切模量常用野外波速法和室内共振柱试验测定，也可用经验公式估算。

影响土的动剪切模量的变量有剪应变幅、有效平均主应力、孔隙比、颗粒特征、土的结构、应力历史、振动频率、饱和度和温度等，其中有几个变量是相互联系的(如土的孔隙比、结构和颗粒特征)。对小应变幅动剪切模量，剪应变幅的影响可以忽略。

2) 波速法

根据所测得的从振源到拾振器之间的距离和剪切波(或压缩波)到达拾振器所需要的时间来计算剪切波波速。波速法按其激振和接收方式的不同，有表面波波速法、上孔法、下孔法和跨孔法（两个或更多个钻孔）等，以后者用得较多（见工程地球物理勘探）。

3）共振柱法

在实心或空心的圆柱形土样上施加纵向振动或扭转振动，并逐级增大驱动频率，直到试样发生共振为止。

用共振柱法试验时，土的最大粒径不大于5.0mm；但也报道了极粗粒土（如铁路道砟粒径达45mm）的共振柱法试验研究。在共振柱法中，如考虑到次时间效应（对砂土，可忽略），就会使试验结果较接近于现场实测值，且误差在10%以内。

（1）土的阻尼。分几何阻尼（或称辐射阻尼）和内阻尼（或称材料阻尼），几何阻尼是由于振动通过弹性波向外传播时因波面增大而使能量耗失，内阻尼是由于土的滞后和黏性效应所产生的内部能量损失。几何阻尼可用弹性半空间理论计算。

土的阻尼比随着应变幅的增加而增大，并分别随着有效平均主应力、孔隙比和加荷循环次数的增加而减小。

（2）土的振动压密。松土，特别是无黏性土，由于振动作用，其孔隙比将逐渐减小，并导致振陷，其值可达几十厘米。当无外荷载作用时，不同饱和度的砂土将在下述振动加速度下（如干砂为0.2～1.2g，饱和砂为0.5～2.0g，湿砂为2.0g）振动压密到密实状态。当有外荷载作用时，只有当振动加速度超过某一临界振动加速度时，土才会产生振动压密作用，随着振动加速度的增加，振动压密将达到某一特定的孔隙比或振动压密指数。

（3）土的动强度。通常指土在一定振动循环次数下产生某一破坏应变［对均压固结或偏压固结分别采用5%（双幅应变）或10%（综合应变）］时所需的动应力，常用振动三轴仪、振动单剪仪、振动扭剪仪测定。

在快速加载情况下，土的动强度大于静强度，如砂土约增10%～20%，饱和黏性土约增50%～200%，部分饱和土约增50%～150%，而且土的含水量越大，动强度增加得越多（尤以黏土为甚）。

在周期荷载作用下，饱和黏土的动强度有可能小于或大于其静强度，视土的类别和动荷特性（如振次）而定。黏性土的动强度一般变化不大，但随着振次的增加，其强度降低，并接近于或小于其静强度，这在软黏土中减少得更为明显；振次越多，动强度越小。

本 章 小 结

在土木工程建设中，土体经常会遇到地震、波浪、风或人工振源的车辆、爆炸、打桩、强夯、动力机器基础等引起的动荷载作用。动荷载影响土的强度和变形特性，也可能造成土体的破坏；动荷载也可被利用改善不良土体的性质，如地基处理等。本章主要介绍土的压实性及其对工程的评定标准、土的振动液化及其判别与防治，简介在周期荷载下土的强度和变形特性以及土的动力特征参数。

土的压实性指标通常在室内采用击实试验测定，其指标有压实度、最大干密度、最优含水量等。土液化的影响因素主要有土类、土的初始密实度、初始固结压力、往复应力强度与次数；地基液化判别分为液化的初步判别和按抗震设计规范采用标准贯入试验判别两类，动荷载具有时间性和周期性（荷载变向），由于这两个特性，使得土在动荷载作用下，其力学性质与静荷载作用时相比有很大差异。

动剪切模量和阻尼比是表征土的动力特征的两个主要参数，土的动力特征参数的室内测定，一般用周期加荷三轴剪试验来确定。

思考题与习题

9-1 试分析土料、含水量以及击实功能对土压实性的影响。

9-2 黏性土和粉土与无黏性土的压实标准区别何在？

9-3 试述土的振动液化机理及其影响因素。

9-4 为什么黏性土和砾石土一般难以发生液化？

9-5 土的液化初步判别有何意义？如何判别？土的液化判别方法有哪些？

9-6 某黏性土土样的击实试验结果列于表9-10，试绘制出该土样的击实曲线，确定其最优含水量与最大干密度。

表9-10 击实曲线试验结果

$w/(\%)$	14.4	16.6	18.6	20.0	22.2
$\rho/(g/cm^3)$	1.71	1.88	1.98	1.95	1.88

9-7 某土料场土料为黏性土，天然含水量 $w=21\%$，土粒比重 $G_s=2.70$，室内标准击实试验得到的最大干密度 $\rho_{dmax}=1.85g/cm^3$，设计要求压实度 $\lambda_c=0.95$，并要求压实饱和度 $S_r\leqslant 0.90$。试问碾压时土料应控制多大的含水量。（参考答案：17.8%）

参 考 文 献

[1] 史如平，韩选江. 土力学与地基工程 [M]. 上海：上海交通大学出版社，1990.

[2] 郭继武. 建筑地基基础 [M]. 北京：高等教育出版社，1991.

[3] 陈仲颐，周景星，王洪瑾. 土力学 [M]. 北京：清华大学出版社，1997.

[4] 赵明华. 土力学与地基基础 [M]. 武汉：武汉工业大学出版社，2000.

[5] 钱家欢. 土力学 [M]. 南京：河海大学出版社，1994.

[6] 华南理工大学. 地基及基础 [M]. 3 版. 北京：中国建筑工业出版社，1998.

[7] 陈希哲. 土力学地基基础 [M]. 北京：清华大学出版社，1991.

[8] 高大钊. 土力学与基础工程 [M]. 北京：中国建筑工业出版社，1998.

[9] 雍景荣，朱凡，胡岱文. 土力学与基础工程 [M]. 成都：成都科技大学出版社，1995.

[10] 郭莹，郭承侃，陆尚谟. 土力学 [M]. 2 版. 大连：大连理工大学出版社，2003.

[11] 杨英华. 土力学 [M]. 北京：地质出版社，1990.

[12] 肖仁成，俞晓. 土力学 [M]. 北京：北京大学出版社，2006.

[13] 袁聚云. 土质学与土力学 [M]. 4 版. 北京：人民交通出版社，2009.

[14] 赵明华. 土力学地基与基础疑难释义 [M]. 北京：中国建筑工业出版社，1999.

[15] 邵全，韦敏才. 土力学与基础工程 [M]. 重庆：重庆大学出版社，1998.

[16] 陆培毅. 土力学 [M]. 北京：中国建材工业出版社，2000.

[17] 李相然. 土力学应试指导 [M]. 北京：中国建材工业出版社，2001.

[18] 东南大学. 土力学 [M]. 北京：中国建筑工业出版社，2005.

[19] 李镜培，梁发云，赵春风. 土力学 [M]. 北京：高等教育出版社，2007.

[20] 杨平. 土力学 [M]. 北京：机械工业出版社，2005.

[21] 张克恭. 土力学 [M]. 北京：中国建筑工业出版社，2001.

[22] 中华人民共和国国家标准. 建筑地基基础设计规范(GB 50007—2011) [S]. 北京：中国建筑工业出版社，2011.

[23] 中华人民共和国国家标准. 公路桥涵地基与基础设计规范(JTG D63—2007) [S]. 北京：人民交通出版社，2007.

[24] 中华人民共和国国家标准. 公路土工试验规程(JTG E40—2007) [S]. 北京：人民交通出版社，2007.

北京大学出版社土木建筑系列教材(已出版)

序号	书名	主编	定价	序号	书名	主编	定价
1	建筑设备(第2版)	刘源全 张国军	46.00	50	土木工程施工	石海均 马哲	40.00
2	土木工程测量(第2版)	陈久强 刘文生	40.00	51	土木工程制图(第2版)	张会平	45.00
3	土木工程材料(第2版)	柯国军	45.00	52	土木工程制图习题集(第2版)	张会平	28.00
4	土木工程计算机绘图	袁果 张渝生	28.00	53	土木工程材料(第2版)	王春阳	50.00
5	工程地质(第2版)	何培玲 张婷	26.00	54	结构抗震设计(第2版)	祝英杰	37.00
6	建设工程监理概论(第3版)	巩天真 张泽平	40.00	55	土木工程专业英语	霍俊芳 姜丽云	35.00
7	工程经济学(第2版)	冯为民 付晓灵	42.00	56	混凝土结构设计原理(第2版)	邵永健	52.00
8	工程项目管理(第2版)	仲景冰 王红兵	45.00	57	土木工程计量与计价	王翠琴 李春燕	35.00
9	工程造价管理	车春鹏 杜春艳	24.00	58	房地产开发与管理	刘薇	38.00
10	工程招标投标管理(第2版)	刘昌明	30.00	59	土力学	高向阳	32.00
11	工程合同管理	方俊 胡向真	23.00	60	建筑表现技法	冯柯	42.00
12	建筑工程施工组织与管理(第2版)	余群舟 宋会莲	31.00	61	工程招投标与合同管理(第2版)	吴芳 冯宁	43.00
13	建设法规(第2版)	肖铭 潘安平	32.00	62	工程施工组织	周国恩	28.00
14	建设项目评估	王华	35.00	63	建筑力学	邹建奇	34.00
15	工程量清单的编制与投标报价	刘富勤 陈德方	25.00	64	土力学学习指导与考题精解	高向阳	26.00
16	土木工程概预算与投标报价(第2版)	刘薇 叶良	37.00	65	建筑概论	钱坤	28.00
17	室内装饰工程预算	陈祖建	30.00	66	岩石力学	高玮	35.00
18	力学与结构	徐吉恩 唐小弟	42.00	67	交通工程学	李杰 王富	39.00
19	理论力学(第2版)	张俊彦 赵荣国	40.00	68	房地产策划	王直民	42.00
20	材料力学	金康宁 谢群丹	27.00	69	中国传统建筑构造	李合群	35.00
21	结构力学简明教程	张系斌	20.00	70	房地产开发	石海均 王宏	34.00
22	流体力学(第2版)	章宝华	25.00	71	室内设计原理	冯柯	28.00
23	弹性力学	薛强	22.00	72	建筑结构优化及应用	朱杰江	30.00
24	工程力学(第2版)	罗迎社 喻小明	39.00	73	高层与大跨建筑结构施工	王绍君	45.00
25	土力学(第2版)	肖仁成 俞晓	25.00	74	工程造价管理	周国恩	42.00
26	基础工程	王协群 章宝华	32.00	75	土建工程制图	张黎骅	29.00
27	有限单元法(第2版)	丁科 殷水平	30.00	76	土建工程制图习题集	张黎骅	26.00
28	土木工程施工	邓寿昌 李晓目	42.00	77	材料力学	章宝华	36.00
29	房屋建筑学(第2版)	聂洪达 郤恩田	48.00	78	土力学教程(第2版)	孟祥波	34.00
30	混凝土结构设计原理	许成祥 何培玲	28.00	79	土力学	曹卫平	34.00
31	混凝土结构设计	彭刚 蔡江勇	28.00	80	土木工程项目管理	郑文新	41.00
32	钢结构设计原理	石建军 姜袁	32.00	81	工程力学	王明斌 庞永平	37.00
33	结构抗震设计	马成松 苏原	25.00	82	建筑工程造价	郑文新	39.00
34	高层建筑施工	张厚先 陈德方	32.00	83	土力学(中英双语)	郎煜华	38.00
35	高层建筑结构设计	张仲先 王海波	23.00	84	土木建筑CAD实用教程	王文达	30.00
36	工程事故分析与工程安全(第2版)	谢征勋 罗章	38.00	85	工程管理概论	郑文新 李献涛	26.00
37	砌体结构(第2版)	何培玲 尹维新	26.00	86	景观设计	陈玲玲	49.00
38	荷载与结构设计方法(第2版)	许成祥 何培玲	30.00	87	色彩景观基础教程	阮正仪	42.00
39	工程结构检测	周详 刘益虹	20.00	88	工程力学	杨云芳	42.00
40	土木工程课程设计指南	许明 孟苗超	25.00	89	工程设计软件应用	孙香红	39.00
41	桥梁工程(第2版)	周先雁 王解军	37.00	90	城市轨道交通工程建设风险与保险	吴宏建 刘宽亮	75.00
42	房屋建筑学(上:民用建筑)	钱坤 王若竹	32.00	91	混凝土结构设计原理	熊丹安	32.00
43	房屋建筑学(下:工业建筑)	钱坤 吴歌	26.00	92	城市详细规划原理与设计方法	姜云	36.00
44	工程管理专业英语	王竹芳	24.00	93	工程经济学	都沁军	42.00
45	建筑结构CAD教程	崔钦淑	36.00	94	结构力学	边亚东	42.00
46	建设工程招投标与合同管理实务(第2版)	崔东红	49.00	95	房地产估价	沈良峰	45.00
47	工程地质(第2版)	倪宏革 周建波	30.00	96	土木工程结构试验	叶成杰	39.00
48	工程经济学	张厚钧	36.00	97	土木工程概论	邓友生	34.00
49	工程财务管理	张学英	38.00	98	工程项目管理	邓铁军 杨亚频	48.00

序号	书名	主编	定价	序号	书名	主编	定价
99	误差理论与测量平差基础	胡圣武　肖本林	37.00	126	建筑工程管理专业英语	杨云会	36.00
100	房地产估价理论与实务	李　龙	36.00	127	土木工程地质	陈文昭	32.00
101	混凝土结构设计	熊丹安	37.00	128	暖通空调节能运行	余晓平	30.00
102	钢结构设计原理	胡习兵	30.00	129	土工试验原理与操作	高向阳	25.00
103	钢结构设计	胡习兵　张再华	42.00	130	理论力学	欧阳辉	48.00
104	土木工程材料	赵志曼	39.00	131	土木工程材料习题与学习指导	鄢朝勇	35.00
105	工程项目投资控制	曲　娜　陈顺良	32.00	132	建筑构造原理与设计(上册)	陈玲玲	34.00
106	建设项目评估	黄明知　尚华艳	38.00	133	城市生态与城市环境保护	梁彦兰　阎　利	36.00
107	结构力学实用教程	常伏德	47.00	134	房地产法规	潘安平	45.00
108	道路勘测设计	刘文生	43.00	135	水泵与水泵站	张　伟　周书葵	35.00
109	大跨桥梁	王解军　周先雁	30.00	136	建筑工程施工	叶　良	55.00
110	工程爆破	段宝福	42.00	137	建筑学导论	裘　鞠　常　悦	32.00
111	地基处理	刘起霞	45.00	138	工程项目管理	王　华	42.00
112	水分析化学	宋吉娜	42.00	139	园林工程计量与计价	温日琨　舒美英	45.00
113	基础工程	曹　云	43.00	140	城市与区域规划实用模型	郭志恭	45.00
114	建筑结构抗震分析与设计	裴星洙	35.00	141	特殊土地基处理	刘起霞	50.00
115	建筑工程安全管理与技术	高向阳	40.00	142	建筑节能概论	余晓平	34.00
116	土木工程施工与管理	李华锋　徐　芸	65.00	143	中国文物建筑保护及修复工程学	郭志恭	45.00
117	土木工程试验	王吉民	34.00	144	建筑电气	李　云	45.00
118	土质学与土力学	刘红军	36.00	145	建筑美学	邓友生	36.00
119	建筑工程施工组织与概预算	钟吉湘	52.00	146	空调工程	战乃岩　王建辉	45.00
120	房地产测量	魏德宏	28.00	147	建筑构造	宿晓萍　隋艳娥	36.00
121	土力学	贾彩虹	38.00	148	城市与区域认知实习教程	邹　君	30.00
122	交通工程基础	王富	24.00	149	幼儿园建筑设计	龚兆先	37.00
123	房屋建筑学	宿晓萍　隋艳娥	43.00	150	房屋建筑学	董海荣	47.00
124	建筑工程计量与计价	张叶田	50.00	151	园林与环境景观设计	董　智　曾　伟	46.00
125	工程力学	杨民献	50.00				

相关教学资源如电子课件、电子教材、习题答案等可以登录 www.pup6.cn 下载或在线阅读。

扑六知识网(www.pup6.com)有海量的相关教学资源和电子教材供阅读及下载(包括北京大学出版社第六事业部的相关资源),同时欢迎您将教学课件、视频、教案、素材、习题、试卷、辅导材料、课改成果、设计作品、论文等教学资源上传到 pup6.com,与全国高校师生分享您的教学成就与经验,并可自由设定价格,知识也能创造财富。具体情况请登录网站查询。

如您需要免费纸质样书用于教学,欢迎登录第六事业部门户网(www.pup6.cn)填表申请,并欢迎在线登记选题以到北京大学出版社来出版您的大作,也可下载相关表格填写后发到我们的邮箱,我们将及时与您取得联系并做好全方位的服务。

扑六知识网将打造成全国最大的教育资源共享平台,欢迎您的加入——让知识有价值,让教学无界限,让学习更轻松。

联系方式:010-62750667,donglu2004@163.com,pup_6@163.com,欢迎来电来信咨询。

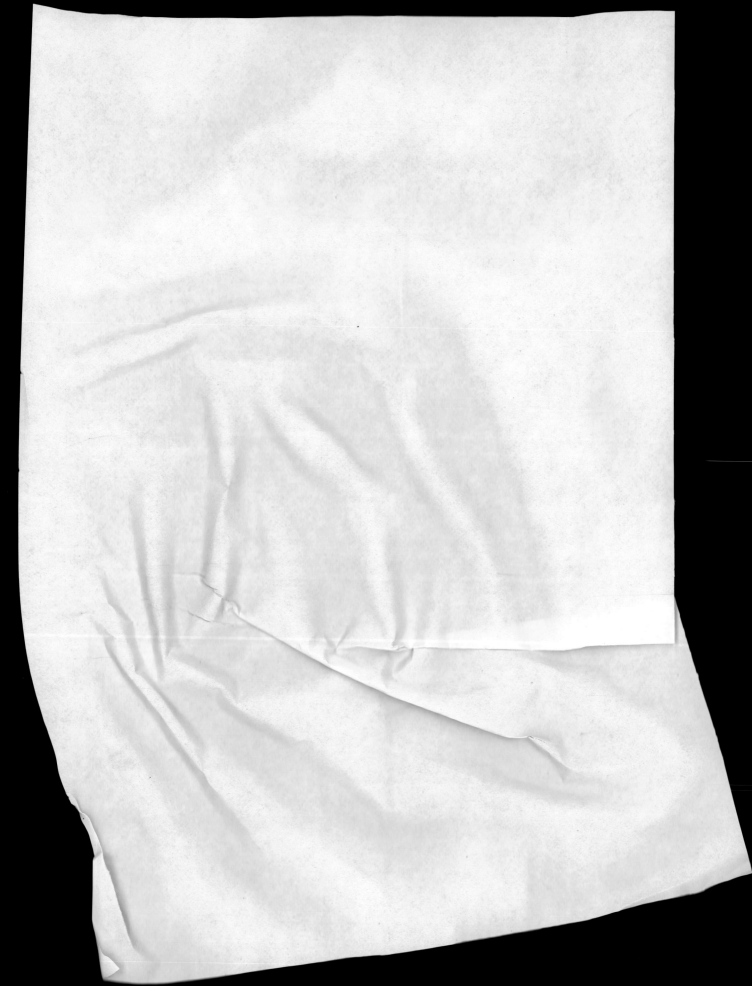